全国水利水电高职教研会规划教材

数字化测图

主　编　张　博　蒋　喆　程小兵
副主编　王玉振　刘　皓

中国水利水电出版社
www.waterpub.com.cn

内 容 提 要

本书按照学生的认知规律和数字化测图的工作过程，将全书分成了1个课程导入和8个项目：项目1“大比例尺数字测图技术设计”，项目2“野外数据采集”，项目3“数据处理（大比例尺数字地形图绘制）”，项目4“数字测图成果质量评定与技术总结”，项目5“地形图的图形输出”，项目6“地形图数字化”，项目7“单项实训”，项目8“综合实训”。

本书可供高职高专测绘类专业如工程测量技术、工程测量与监理、摄影测量与遥感技术、地理信息系统与地图制图技术、地籍测绘与土地管理信息技术、矿山测量、测绘地理信息技术等专业使用，也可供相关专业和从事测绘生产的工程技术人员阅读参考。

本书配有电子教案，读者可从中国水利水电出版社“行水云课”平台免费下载，同时也可扫描书后二维码查看。

图书在版编目（CIP）数据

数字化测图 / 张博，蒋喆，程小兵主编. -- 北京 : 中国水利水电出版社，2016.6(2022.1重印)
全国水利水电高职教研会规划教材
ISBN 978-7-5170-4518-2

Ⅰ. ①数… Ⅱ. ①张… ②蒋… ③程… Ⅲ. ①数字化测图—高等职业教育—教材 Ⅳ. ①P231.5

中国版本图书馆CIP数据核字(2016)第199226号

书　名	全国水利水电高职教研会规划教材 **数字化测图**
作　者	主编　张博　蒋喆　程小兵　副主编　王玉振　刘皓
出版发行	中国水利水电出版社 （北京市海淀区玉渊潭南路1号D座　100038） 网址：www.waterpub.com.cn E-mail：sales@waterpub.com.cn 电话：（010）68367658（营销中心）
经　售	北京科水图书销售中心（零售） 电话：（010）88383994、63202643、68545874 全国各地新华书店和相关出版物销售网点
排　版	中国水利水电出版社微机排版中心
印　刷	北京市密东印刷有限公司
规　格	184mm×260mm　16开本　16印张　379千字
版　次	2016年6月第1版　2022年1月第3次印刷
印　数	4001—6000册
定　价	**51.00元**

前　言

qianyan

“数字化测图”是测绘类专业实践性较强的专业核心课程，也是进行职业能力训练的主要课程之一。本课程的教学目标为：培养学生具有数字化测图的基础理论知识和基本技能，使学生掌握全站仪、RTK数据采集的操作，掌握导线测量、高程测量等图根控制测量的方法和技能，掌握碎部测量的方法和技能，掌握利用CASS软件进行地形图测绘的能力和技巧，获得数字化测图较系统的专业能力，同时获得较扎实的方法能力和较全面的社会能力。

本书的编写，以时下流行的项目教学的要求为标准，同时也吸取了以往高职教材的优点，充分考虑现阶段高职院校学生的实际情况，充分考虑测绘生产单位对高职院校毕业生的具体要求，充分考虑测绘生产现状，也充分考虑各高职院校的测绘设备和测绘软件的使用情况，同时兼顾各级职业技能竞赛对测绘设备和测绘软件的要求，力争使本教材符合项目教学的要求，满足各高职院校的教学要求，从而适应现阶段的高等职业教育。

本书的编写，紧密结合高职培养目标，以培养学生技能、提高学生从业综合素养和能力为主。理论叙述力求深入浅出，通俗易懂；内容安排力求结合生产实践，并参照我国现行数字测图规范；写作上力求理论分析与生产实践相结合。理论以够用为度，重点解决学生操作仪器的能力、绘制地形图的能力、发现问题和解决问题的能力，培养其工程师的基本素质，为从事数字化测图生产奠定坚实的基础。

本书共分1个课程导入和8个项目，每个项目又划分成了若干项任务。课程导入介绍了有关数字测图的基本知识；项目1“大比例尺数字测图技术设计”，介绍了技术设计书的编写，提供了技术设计书案例。项目2“野外数据采集”，介绍了图根控制测量、全站仪数据采集、GNSS-RTK数据采集。项目3“数据处理（大比例尺数字地形图绘制）”，介绍了数据传输、用CASS9.1软件绘制平面图、用CASS9.1软件绘制等高线、地形图的分幅与整饰、数字地形图在工程建设中的应用、地籍图的绘制。项目4“数字测图成果质量评定与技术总结”，介绍了数字测图成果质量评定、数字测图技术总结，提供了技术总结案例。项目5“地形图的图形输出”，介绍了地形图的屏幕输出、地形图的打印输出。项目6“地形图数字化”，介绍了利用南方CASS9.1扫描矢量化、利用南方CASSCAN扫描矢量化。项目7“单项实训”，选取了13项典型工作任务。项目8“综合实训”，提供了全野外数字化测图综合实训的任务书和指导书。

本书编写由张博（辽宁水利职业学院）任第一主编，蒋喆（广西水利电力职业技术学院）任第二主编，程小兵（安徽水利水电职业技术学院）任第三主编，王玉振（河南水利与环境职业学院）、刘皓（辽宁水利职业学院）任副主编。教材编写工作由张博主持，集体讨论，分工负责。“课程导入”由张博编写；项目1“大比例尺数字测图技术设计”由蒋喆编写；项目2“野外数据采集”由刘皓编写；项目3“数据处理（大比例尺数字地形图绘制）”当中的任务1至任务5由程小兵编写，任务6由蒋喆编写；项目4“数字测图成果质量评定与技术总结”由张博编写；项目5“地形图的图形输出”由张博编写；项目6“地形图数字化”由王玉振编写；项目7“单项实训”、项目8“综合实训”由张博编写。各项目、各任务分别编写完成后，张博对一些项目、任务予以补充、修改，并负责统稿定稿。

本书可供高职高专测绘类专业如工程测量技术、工程测量与监理、摄影测量与遥感技术、地理信息系统与地图制图技术、地籍测绘与土地管理信息技术、矿山测量、测绘地理信息技术等专业使用，建议以60学时外加3周综合实训作为基本教学学时。

本书在编写过程中，参阅了大量文献（包括纸质版文献和电子版文献），引用了同类书刊中的一些资料，引用了南方测绘CASS地形地籍成图系统使用手册和拓普康GTS—102n系列全站仪、科力达KTS—452L全站仪用户手册以及南方S82、科力达风云K6使用手册的部分内容。在此，谨向有关作者和单位表示感谢！同时对中国水利水电出版社为本书的出版所做的辛勤工作表示感谢！

限于作者水平，书中不妥和遗漏之处在所难免，恳请读者批评指正。

编者

2016年1月于沈阳

目　　录

课　程　导　入

1 概　　述

1.1 数字地图概述

1.1.1 传统地图的概念

传统概念上的地图是按照一定数学法则，用规定的图式符号和颜色，把地球表面的自然和社会现象，有选择地缩绘在平面图纸上的图。如普通地图、专题地图、各种比例尺地形图、影像地图、立体地图等。国家基本比例尺地形图和通常意义上的大比例尺地形图，都属于地图的范畴。

国家基本比例尺地形图，简称“国家基本图”。它是根据国家颁布的统一测量规范、图式和比例尺系列测绘或编绘而成的地形图，是国家经济建设、国防建设和军队作战的基本用图，也是编制其它地图的基础。各国的地形图比例尺系列不尽一致，我国规定1∶1万、1∶2.5万、1∶5万、1∶10万、1∶20万（现为1∶25万）、1∶50万、1∶100万七种比例尺地形图为国家基本比例尺地形图。其测制精度和成图数量、质量是衡量一个国家测绘科学技术发展水平的重要标志之一。

大比例尺地形图，通常是指1∶5000、1∶2000、1∶1000、1∶500或更大比例尺地形图。

传统的地图测绘方法是图解法测图，称为白纸测图或手工测图。这种方法是利用测量仪器对地球表面局部区域内的各种地物、地貌点的空间位置进行测定，并以一定的比例尺、按规定的图式符号将其绘制在图纸上（白纸或聚酯薄膜）。在绘图过程中，数据的精度由于展点、绘图以及图纸伸缩变形等因素的影响会有较大的降低，而且白纸测图工序多、劳动强度大、质量管理难，纸质地形图难以承载更多的图形信息，图纸更新也极不方便，已不能适应信息时代经济建设的需要。

1.1.2 数字地图的概念

电子技术、计算机技术、通信技术的迅猛发展，使人类进入了一个全新的时代——信息时代。信息时代的特征就是数字化，或者说数字化技术是信息时代的平台。数字化是实现信息采集、存储、处理、传输和再现的关键。数字化技术对测绘学科产生了深刻的影响，甚至使地图制图领域发生了革命性的变化。数字化技术改变了人们对传统地图的定义和认识，改变了传统地图的生产工艺和流程，从而产生了地图产品的一个全新品种——数字地图。

数字地图就是以数字形式存储全部地形信息的地图，是用数字形式描述地形要素的属性、定位和关系信息的数据集合，是存储在具有直接存取性能的介质上的关联数据文件。

与数字地图关系密切的另一个地图品种是电子地图。将绘制地形图的全部信息存储在设计好的数据库中，经绘图软件处理可在屏幕上将需要的地形图显示出来，用这种方式来阅读的地图称为电子地图。数字地图是电子地图的基础，电子地图是经视觉化处理后的数字地图。

1.1.3 数字地图的特点

数字地图与纸质地图相比较有以下特点：

（1）数字地图的载体不是纸张而是计算机存储介质（磁盘、光盘）。

（2）数字地图不像纸质地图那样以线划、颜色、符号、注记来表示地物类别和地形，而是以一定的计算机可识别的数学代码系统来反映地表各类地理属性特征。

（3）数字地图没有比例尺的限定，显示地图内容的详略程度可以随时调控，内容可以分块分层显示，而纸质地图是固定不变的。

（4）数字地图的内容可以随时修改更新，并且能把图形、图像、声音和文字合成在一起，而纸质地图则不能。

（5）数字地图的使用必须借助于计算机及其配套的外部设备，而纸质地图则不需要。

1.2 数字测图概述

1.2.1 数字测图的概念

随着电子技术和计算机技术日新月异的发展及其在测绘领域的广泛应用，20 世纪 80 年代产生了全站型电子速测仪、电子数据终端，并逐步构成了野外数据采集系统，将其与计算机辅助制图系统相结合，形成了一套从野外数据采集到内业制图实现了全过程数字化和自动化的测量制图系统，人们通常将这种测图方式称为数字化测图，简称数字测图。近些年，随着电子全站仪和 GNSS - RTK 等先进测量仪器和技术的普及，数字测图得到了突飞猛进的发展，并逐步取代了白纸测图方法。

数字化测图实质上是一种全解析计算机辅助测图的方法，它使得地形测量成果不再仅仅是绘制在纸上的地形图，而是以计算机存储介质为载体的，可供计算机传输、处理、多用户共享的数字地形信息。数字地形信息以其存储与传输方便、精度与比例尺无关、不存在变形及损耗，能方便、及时地进行局部修测更新，便于保持地形图现势性的巨大优势，极大地提高了地形测量资料的应用范围，使其能在经济建设各部门发挥出更大的作用。另外，利用数字地图可以生成电子地图和数字地面模型（DTM），以数学描述和图像描述的数字地形表达方式，可实现对客观世界的三维描述。而且，数字地形信息作为地理空间数据的基本信息之一，已成为地理信息系统（GIS）的重要组成部分。所以，数字化测图的出现，标志着地形测量理论与实践的革命性进步。

广义地讲，制作以数字形式表示的地图的方法和过程就是数字测图，主要包括：全野外数字化测图（地面数字测图）、地图数字化成图、数字摄影测量和遥感数字测图。狭义的数字测图指全野外数字化测图，本书主要介绍全野外数字化测图。

1.2.2 数字测图与白纸测图的区别

数字测图是在白纸测图的基础上发展起来的，但数字测图外业采用了电子全站仪、GNSS - RTK 等先进测量仪器，内业采用计算机辅助制图，它实质上是一种全解析、全数字的测图方法。所以，数字测图与白纸测图相比，具有无可比拟的优越性。

1. 测图、用图的自动化

白纸测图主要是手工作业，外业测量人工记录计算，人工绘制地形图；用图时在图上人工量算坐标、距离和面积等。数字测图则使野外测量自动记录、自动解算，使内业数据自动处理、自动绘图、自动成图；用图时，向用图者提供可处理的数字地图，用户可自动提取所需要的图数信息。数字测图实现了测图、用图的自动化。

2. 图形数字化

用计算机存储介质保存的数字地图，存储了图中具有特定意义的数字、文字、符号等各类数据信息，可方便地进行传输、处理和供多用户共享。数字地图不仅可以自动提取点位坐标、两点距离、方位，自动计算面积、土方，自动绘制纵横断面图，还可以方便地将其传输到 AutoCAD、MAPGIS 等软件设计系统中，供工程设计部门进行计算机辅助设计和供地理信息系统建库使用。数字地图的管理，既节省空间，操作又十分方便。

3. 点位精度高

平板仪白纸测图，地物点平面位置的误差主要受解析图根点的测定误差和展绘误差、测定地物点的视距误差和方向误差、地形图上地物点的展点误差等影响，综合影响使地物点平面位置的测定误差图上约为±0.5mm（1∶1000）。经纬仪视距法测定地形点高程时，即使在较平坦地区（0°～6°）、视距为 150m，地形点高程测定误差也达±0.06m，而且随着倾斜角的增大，高程测定误差会急剧增加。

用全站仪采集数据，测定地物点距离在 450m 内的误差约为±22mm，测定地形点的高程误差约为±21mm；若距离在 300m 以内，则测定地物点误差约为±15mm，测定地形点的高程误差约为±18mm。在数字测图中野外采集的数据精度毫无损失，并与测图比例尺无关。数字测图的高精度为地籍测量、管线测量、房产测量、工程规划设计等工作提供了保障。

4. 便于成果更新

数字测图的成果是以点的定位信息和属性信息存入计算机，当实地有变化时，只需输入变化信息的坐标、编码，经过编辑处理，很快便可以得到更新的地图，从而可以确保地图的现势性和可靠性，可谓“一劳永逸”。

5. 避免因图纸伸缩带来的各种误差

白纸测图图形信息表示在图纸上，随着时间的推移，会因图纸的伸缩变形而产生误差。数字测图的成果以数字形式保存，摆脱了对图纸的依赖性。

6. 能以各种形式输出成果

数字测图成果可以直接输出在显示器或投影仪上，甚至可以在显示器上观看不同视角的立体图，输出立体景观；计算机与打印机联机时，可以打印各种需要的资料信息，如打印数据表格、当图形精度要求不高时可以直接打印图形；计算机与绘图仪联机，可以输出各种不同比例尺的地形图、专题图等，以满足不同用户的需要。

7. 方便成果的深加工利用

数字测图不同的数据分层存放，数字地图可以存储海量的地面信息，这是白纸测图无法比拟的。不受图面负载量的限制，从而便于成果的深加工利用，拓宽测绘工作的服务面。比如 CASS 软件中定义了 26 个层（用户可以根据需要定义新层），控制点、房屋、道路、交通设施、管线设施、水系设施、地貌土质、植被园林等均存放于不同的层中。通过关闭层、打开层等操作来提取相关信息，可方便地得到所需要的测区内各类专题图、综合图，如路网图、电网图、水系图、地形图等。又如在数字地籍图的基础上，可以综合相关内容，补充加工成不同用户所需的城市规划用图、城市建设用图、房地产图以及各种管理用图和工程建设用图。

8. 可作为地理信息系统（GIS）的重要信息源

地理信息系统（GIS）具有强大的空间信息查询检索功能、空间分析功能以及辅助决策功能，在国防建设、城市规划、交通管理以及人们的日常生活中得到了广泛的应用。数据采集是建立地理信息系统最基础的工作，而且建立一个地理信息系统，花在数据采集上的时间和精力约占整个工作量的80%。地理信息系统欲发挥辅助决策功能，必然需要现势性强的地理信息基础数据。数字测图能提供现势性强的地理基础信息，经过一定的格式转换，其成果即可进入地理信息系统数据库并更新数据库。一个好的数字测图系统应该是地理信息系统的一个子系统。

1.2.3 数字测图的发展与展望

数字测图首先是由机助地图制图开始的。机助地图制图技术酝酿于20世纪50年代。到70年代末和80年代初自动制图主要包括数字化仪、扫描仪、计算机及显示系统四部分，数字化仪数字化成图成为主要的自动成图方法。20世纪50年代末，航空摄影测量都是使用立体测图仪及机械连动坐标绘图仪，采用模拟法测图原理，利用航测像对测绘出线划地形图。到60年代就有了解析测图仪。80年代末、90年代初，又出现了全数字摄影测量系统。全数字摄影测量系统在我国迅速推广和普及，目前已基本取代了解析摄影测量。

作为数字化测图方法之一的航空摄影测量，起源于20世纪50年代末期，当时的航空摄影测量都是使用立体测图仪及机械连动坐标绘图仪，采用模拟法测图原理，利用航测像对测绘出线划地形图。到60年代出现了解析测图仪，它是由精密立体坐标仪、电子计算机和数控绘图仪等三个部分组成，将模拟测图创新为解析测图，其成果依然是图解地图80年代初，为了满足数字测图的需要，我国在生产、使用解析绘图仪的同时，对原有模拟立体量测仪和立体坐标量测仪，逐渐的改装成数字绘图仪。将量测的模拟信息经过编码器转换为数字信息，由计算机接受并处理，最终输出数字地形图。80年代末、90年代初，又出现了全数字摄影测量系统。全数字摄影测量系统大致作业过程如下：将影像扫描数字化，利用立体观测系统观测立体模型（计算机视觉），利用系统提供的扫描数据处理、测量数据管理、数字定向、立体显示、地物采集、自动提取DTM、自动生成正射影像等一系列量测软件，使量测过程自动化。全数字摄影测量系统在我国迅速推广和普及，目前已基本取代了解析摄影测量。

大比例尺地面数字测图，是20世纪70年代在轻小型、自动化、多功能的电子速测仪问世后，在机助制图系统的基础上发展起来的。80年代初到1987年为第一阶段，主要是引进外国大比例尺测图系统的应用与开发及研究阶段。1988—1991年为第二阶段，这一阶段研制成功了数十套大比例尺数字化测图系统，并都在生产中得到应用。1991—1997年为总结、优化和应用推广阶段，提出了一些新的数字化测图方法。1997年后为数字测图技术全面成熟阶段，数字测图系统成为GIS（地理信息系统）的一个子系统。我国测绘事业开始进入数字测图时代。目前我国地面数字测图（全野外数字化测图）主要采用全站仪数字测记模式，即全站仪外业采集数据，绘制草图或编制编码，内业成图。也有采用“全站仪＋便携机（笔记本电脑）”的电子平板测绘模式，即利用笔记本电脑的屏幕模拟测板在野外直接观测，把全站仪测得的数据直接展绘在计算机屏幕上，用软件的绘图功能边测边绘。近些年，随着GNSSS技术的日臻成熟，GNSSS－RTK数字测记模式已被广泛地应用于数据采集。GNSS－RTK数字测记模式采用GNSS实时动态地位技术，实地测定地形点的三维坐标，并自动记录定位信息。GNSS－RTK技术的出现，提高了数字测图的效率，GNSS－RTK数字测图将成为开阔地区数字化测图的主要方法。而且，随着俄罗斯GLONASS卫星定位系统的逐步完善、欧盟的伽利略全球定位系统和我国的北斗导航卫星定位系统的建立，几种全球定位系统必将联合应用，到那时GNSS－RTK数字测图在城镇测量中也将起到巨大的作用。

今后数字化测图的发展方向应该是一种无点号、无编码的镜站遥控电子平板测图系统。镜站遥控电子平板作业可形成单人测图系统，只要一名测绘员在镜站立对中杆，遥控测站上带伺服马达的全站仪瞄准镜站反光镜，并将测站上测得的三维坐标用无线电传输到电子平板（便携机），自动展点和注记高程，绘图员实时地把展点的空间关系在电子平板上描述出来。这种测图模式需要数据无线通信设备及带伺服马达的全站仪，对设备要求太高，但无疑是今后的一种发展方向。

近几年又出现了视频全站仪和三维激光扫描仪等快速数据采集设备，快速测绘数字景观图成为可能。通过在全站仪上安装数字相机（视频全站仪）的方法，可在对被测目标进行摄影的同时，测定相机的摄影姿态，经过计算机对数字影像处理，得到数字地形图或数字景观图；利用三维激光扫描仪，通过空中或地面激光扫描获取高精度地表及构筑物三维坐标，经过计算机实时或事后对三维坐标及几何关系的处理，得到数字地形图或数字景观图。这种快速测绘数字景观的成图模式可能成为今后建立数字城市的主要手段。

2 基 础 知 识

2.1 数字测图的基本原理

2.1.1 数字测图的基本思想

白纸测图实质上是将测得的观测值（数值）用图解的方法转化为图形。这一转化过程几乎都是在野外实现的，即使是原图的室内整饰一般也要在测区驻地完成，因此劳动强调较大；再则，这个转化过程将使测得的数据所达到的精度大幅度降低。特别是在信息剧增，建设日新月异的今天，一纸之图已难载诸多图形信息；变更、修改也极不方便，实在难以适应当前经济建设的需要。

数字测图就是要实现丰富的地形信息和地理信息数字化和作业过程的自动化或半自动化。它希望尽可能缩短野外测图时间，减轻野外劳动强度，而将大部分作业内容安排到室内去完成。与此同时，将大量手工作业转化为电子计算机控制下的机械操作，这样不仅能减轻劳动强度，而且不会降低观测精度。

数字测图的基本思想：数字测图就是将采集的各种有关的地物和地貌信息（模拟量）

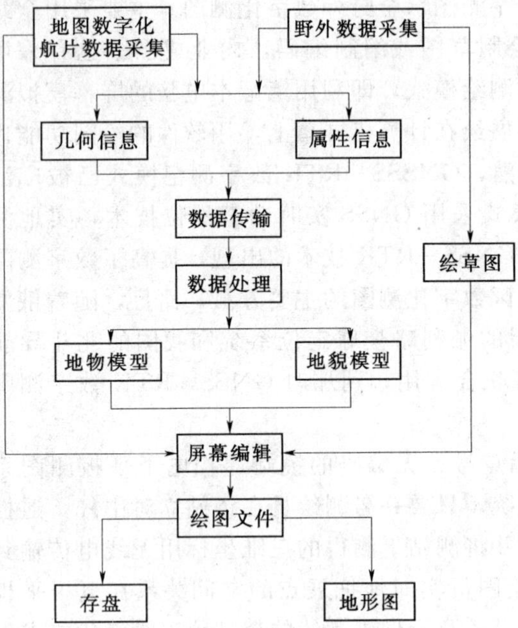

图 1　数字测图的基本思想和过程

转化为数字形式，通过数据接口传输给计算机进行处理，得到内容丰富的电子地图，需要时由电子计算机的图形输出设备（如显示器、绘图仪）绘出地形图或各种专题地图。将模拟量转化为数字形式这一过程通常称为数据采集。目前数据采集方法主要有野外数据采集、航片（卫片）数据采集、地图数字化法采集。数字测图的基本思想和过程如图 1 所示。

数字测图就是通过采集有关的绘图信息并及时记录在数据终端（或直接传输给便携机），然后在室内通过数据接口将采集的数据传输给计算机，并由计算机对数据进行处理，再经过人机交互的屏幕编辑，形成绘图数据文件。最后由计算机控制绘图仪自动绘制所需的地形图，最终由磁盘等存储介质保存电子地图。数字测图虽然生产产品仍然以提供图解地形图为主，但是它以数字形式保存着地形模型及地理信息。

2.1.2　数字测图的图形描述

一切地图图形都可以分解为点、线、面三种图形要素，其中点是最基本的图形要素。这是因为一组有序的点可连成线，而线可以围成面。但要准确地表示地图图形上点、线、面的具体内容，还要借助一些特殊符号、注记来表示。独立地物可以由地物定位点及其符号表示，线状地物、面状地物由各种线划、符号或注记表示，等高线由高程值表达其意义。

测量的基本工作是测定点位。传统方法是用仪器测得点的三维坐标，或者测量水平角、竖直角及距离来确定点位，然后绘图员按坐标（或角度与距离）将点展绘到图纸上。跑尺员根据实际地形向绘图员报告测的是什么点（如房角点），这个（房角）点应该与哪个（房角）点连接等，绘图员则当场依据展绘的点位按图式符号将地物（房屋）描绘出来。就这样一点一点地测和绘，一幅地形图也就生成了。

数字测图是经过计算机软件自动处理（自动计算、自动识别、自动连接、自动调用图式符号等），自动绘制地形图。因此数字测图野外测绘时除测定点位的三维坐标外，还必须采集点位的连接信息和描述其性质的属性信息。

点位的三维坐标是定位信息亦称点位信息，使用全站仪观测并自动计算存储在内存或电子手簿中，各个点之间以点号区别；连接信息是指测点的关联关系，它包括相邻连接点号和连接线型，绘图系统据此方可将相关的点连接成一个地形符号。点位信息和连接信息合称为图形信息，又称为几何信息，据此可以绘制房屋、道路、河流、地类界、等高线、陡坎等线性图形。

属性信息又称为非几何信息，包括定性信息和定量信息。属性的定性信息用来描述地图图形要素的分类或对地图图形要素进行标名，一般用拟定的符号和文字表示，如植被类型、地名、河流名等。属性的定量信息是说明地图要素的性质、特征或强度的，例如面积、楼层、人口、产量、流速等，一般用数字表示。

连接信息与属性信息只能靠观测员实地观察确定，没有准确、完整的连接与属性信息，点位信息作为孤立的点，是没有价值的。所以，对于大比例尺数字化测图而言，观察与记录连接与属性信息，是细致、复杂的工作，需要观测员具有良好的地形表现能力和专业素质。

所以，进行数字测图时不仅要测定地形点的位置（点位信息），还要知道是什么点（属性信息），是道路还是房屋，当场记下该测点的编码和连接信息，显示成图时，利用测图系统中的图式符号库，只要知道编码，就可以直接从库中调出与该编码对应的图式符号成图。

2.1.3 数字测图的数据格式

地图图形要素按照数据获取和成图方法的不同，可区分为矢量数据和栅格数据两种数据格式。矢量数据采用定位信息（x，y）的有序集合，来描述点、线、面等三种基本类型的图形元素，并结合属性信息实现地形元素的表述；栅格数据结构是将整个绘图区域划分成一系列大小一致的栅格，形成栅格数据矩阵，按照地理实体是否通过或包含某个栅格，使其以不同的灰度值表示，从而形成不同的图像。由野外直接采集、解析测图仪获得或手扶跟踪数字化仪采集的数据是矢量数据；由扫描仪和遥感方法获得的数据是栅格数据。矢量数据结构是人们最熟悉的图形数据结构，从测定地形特征点位置到线划地形图中各类地物的表示以及各类数字图的工程应用基本上都使用矢量格式数字图。而栅格格式的数字图，存在不能编辑修改、不便于工程量算、放大输出时图形不美观等问题，而且一般情况下，同样大小的区域，栅格格式的地形图数据量比矢量数据量大得多，所以，对于量角、距离换算、展点、绘图等众多环节出错几率大，使得地形图成果质量难以保证。因此数字测图通常采用矢量数据格式，若采集的数据是栅格数据，必须将其转换为矢量数据。而且，由计算机控制输出的矢量图形不仅美观，而且更新方便，应用非常广泛。

2.1.4 数字测图解决的问题

归纳起来，数字测图所要解决的问题如下：

（1）使采集的图形信息和属性信息为计算机识别。

（2）由计算机按照一定的要求对这些信息进行一系列的处理。

（3）将经过处理的数据和文字信息转换成图形，由屏幕输出或绘图仪输出各种所需的图形。

（4）按照一定的要求自动实现图形数据的应用问题。

自动绘制地图图形是数字测图的首要任务，但这只是最基本的任务。数字测图还解决电子地图应用问题，尤其要使数字测图成果满足地理信息系统的需要。数字测图的最终目的是实现测图与设计和管理一体化、自动化。

2.2 数字测图系统

2.2.1 数字测图系统的概念

数字测图是通过数字测图系统来实现的。数字测图系统是以计算机为核心，在外连输入、输出设备硬件和软件的支持下，对地形空间数据进行采集、输入、成图、处理、绘图、输出、管理的测绘系统。数字测图系统主要由数据输入、数据处理和数据输出三部分组成，如图 2 所示。

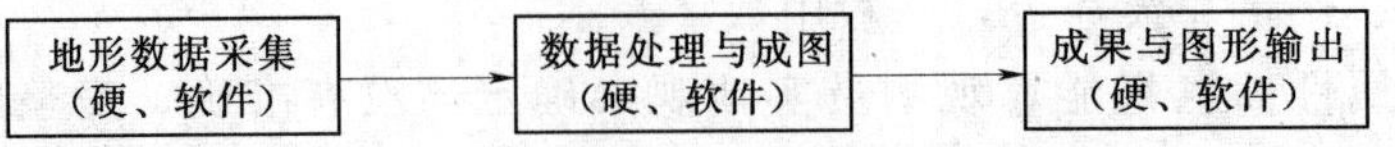

图 2　数字测图系统的概念框图

2.2.2　数字测图系统的结构

目前大多数数字测图系统内容丰富，具有多种数据采集方法，具有多功能和多种应用范围，能输出多种图形和数据资料，其结构如图 3 所示。

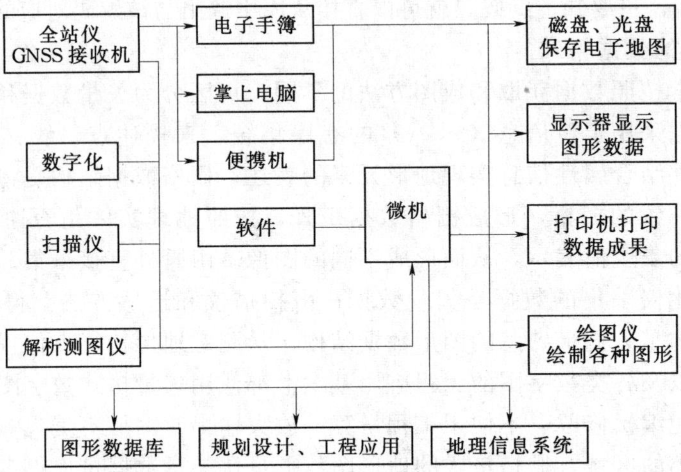

图 3　数字测图系统结构框图

数字测图系统的数据输入、数据处理和数据输出三部分，每一部分都包含一系列的硬件和软件。用于野外采集数据（数据输入）的硬件设备有全站仪或 GNSS 接收机等；用于室内输入的设备有数字化仪、扫描仪、解析测图仪等；用于数据输出的设备主要有磁盘、显示器、打印机和数控绘图仪等；便携机或微机是数字测图系统的硬件控制设备，既用于数据处理、又用于数据采集（数据输入）和数据输出。

数字测图系统的软件包括系统软件和应用软件。数字测图的软件是数字测图系统的关键，一个功能完善的数字测图系统软件，应集数据采集、数据处理（包括图形数据的处理、属性数据及其它数据格式的处理）、图形编辑与修改、成果输出与管理于一体，且通用性强，稳定性好，并提供与其它软件进行数据转换的接口。目前，国内测绘行业使用的测绘软件主要有：广州南方测绘仪器公司开发的地形地籍成图系统 CASS 系列，北京清华山维新技术开发有限公司开发的电子平板全息测绘系统 EPSW 系列，武汉瑞得信息工程有限公司开发的数字化测图系统 RDMS 系列等。本书讲授的就是南方 CASS 地形地籍成图系统。

2.2.3　数字测图系统的分类

数字测图系统由于硬件配置、工作方式、数据输入方法、输出成果内容的不同，可组成多种不同的数字测图系统。按输入方法分为：原图数字化数字成图系统、航测数字成图系统、野外数字测图系统、综合采样（集）数字测图系统；按硬件配置分为：全站仪配合电子手簿测图系统、电子平板测图系统等；按输出成果内容分为：大比例尺数字测图系统、地形地籍测图系统、地下管线测图系统、房地产测量管理系统、城市规划成图管理系统等。

2.3 数字测图的基本过程

数字测图的作业过程依据使用的设备和软件、数据源及图形输出目的的不同而有所区别，但不论是测绘地形图，还是制作种类繁多的专题图、行业管理用图，只要是测绘数字图，都必须包括数据采集、数据处理、图形输出三个基本过程。

2.3.1 数据采集

地形图、航空航天遥感像片、图形数据或影像数据、统计资料、野外测量数据或地理调查资料等，都可以作为数字测图的信息源。数据资料可以通过键盘或转储的方式输入计算机；图形和图像资料一定要通过图数转换成计算机能够识别和处理的数据。

目前我国数据采集主要有以下几种方法：

（1）GNSS 法：即通过 GNSS 接收机采集野外碎部点的信息数据。

（2）大地测量仪器法：即通过全站仪、测距仪、经纬仪等大地测量仪器实现碎部点野外数据采集。

（3）航测法：即通过航空摄影测量和遥感手段采集地形点的信息数据。

（4）数字化仪法：即通过数字化仪在已有地图上采集信息数据。

前两者是野外采集数据，后两者是室内采集数据。

野外数据采集是通过全站仪或 GNSS 接收机实地测定地形点的平面位置和高程，自动存储在仪器内存或电子手簿中，再传输到计算机。若野外使用便携机，可直接将点位信息存储在便携机中。每个地形点的记录内容包括点号、平面坐标、高程、属性编码和与其它点的连接关系等。点号通常是按测量顺序自动生成的，也可以按需要外业现场编辑；平面坐标和高程是全站仪或 GNSS 接收机自动解算的；属性编码指示了该点的性质，野外通常只输入简编码，或不输入编码，用绘草图等形式形象记录碎部点的属性信息，内业可用多种手段输入属性编码；点与点之间的连接关系通常采用绘草图或在便携机上边测边绘来确定。由于目前全站仪与 GNSS 接收机的测量精度高，很容易达到厘米级的精度，所以全野外数字测图（地面数字测图）是数字测图精度最高的方法，是城镇大比例尺（尤其是 1∶500）测图中主要的测图方法。

对于已有纸质地形图的地区，如纸质地形图现势性较好，图面表示清晰、正确，图纸变形小，则数据采集可在室内通过数字化仪和扫描仪在相应地图数字化软件的支持下进行。早期采用数字化仪进行数字化，得到的数字地图精度低于原图，作业效率也低，这种数字化法已被扫描数字化法所取代。扫描数字化法是先用扫描仪扫描得到栅格数据，再用扫描矢量化软件将栅格图形转换成矢量图形。扫描矢量化作业模式，不仅速度快（扫描一幅图不过几分钟）、劳动强度小，而且精度几乎没有损失。该方法已经成为地图数字化的主要方法，它适宜于各种比例尺地形图的数字化，对大批量、复杂度高的地形图更具有明显的优势。

航测法以航空摄影获取的航空像片作为数据源，利用测区的航空摄影测量获得的立体像对，在解析绘图仪上或在经过改装的立体量测仪上采集地形特征点并自动转换成数字信息。由于受精度的限制，该法已逐渐被全数字摄影测量系统所取代。基于影像数字化仪、计算机、数字摄影测量软件和输出设备构成的数字摄影测量工作站是摄影测量、计算机立体视觉影像理解和图像识别等学科的综合成果，计算机不但能完成大多数摄影测量工作，而且借助模式识别理论，实现自动或半自动识别，从而大大提高了摄影测量的自动化程度。全数字摄影测量系统大致作业过程为：将影像扫描数字化，利用立体观测系统观测立体模型（计算机视觉），利用系统提供的一系列量测功能——扫描数据处理、测量数据管理、数字定向、立体显示、地物采集、自动提取 DTM、自动生成正射影像等功能，使量测过程自动化。原武汉测绘大学推出的 VirtuoZo 全数字摄影测量系统，已被很多测绘单位采用，并得到了迅速的推广和普及。

2.3.2 数据处理

数据处理阶段是指在数据采集以后到图形输出之前对图形数据的各种处理。数据处理主要包括数据传输、数据预处理、数据转换、数据计算、图形生成、图形编辑与整饰、图幅接边、图形信息的管理与应用等。

(1) 数据传输指将全站仪内存或电子手簿中的数据传输至计算机。

(2) 数据预处理包括坐标变换、各种数据资料的匹配、比例尺的统一等。

(3) 数据转换内容很多，如将碎部点记录数据文件转换为坐标数据文件；带简码的数据文件或无码数据文件转换为带绘图编码的数据文件，供自动绘图使用，将 AutoCAD 的图形数据文件转换为 GIS 的交换文件。

(4) 数据计算主要是针对地貌关系的。当数据输入到计算机后，为建立数字地面模型绘制等高线，需要进行插值模型建立、插值计算、等高线光滑处理三个过程的工作。数据计算还包括对房屋类呈直角拐弯的地物进行误差调整，消除非直角化误差等。

数据处理通过计算机软件实现，经过数据处理后，可产生平面图形数据文件和数字地面模型文件。欲得到规范的地形图，还要对数据处理后生成的初始图形进行修改、编辑、整理，还需要加上文字注记、高程注记等，并填充各种面状地物符号，还要进行图形整饰、图幅接边、图形信息的管理等工作，所有这些工作都属于数据处理。

数据处理是数字测图的关键阶段，数字测图系统的优劣取决于数据处理功能的强弱。

2.3.3 图形输出

经过数据处理以后，即可得到数字地图，也就是形成一个图形文件，存储在磁盘或光盘上，可永久保存。可以将该数字地图转换成地理信息系统的图形数据，用于建立和更新 GIS 图形数据库。可以将数字地图打印输出成纸质地图。输出图形是数字测图的主要目的，通过对层的控制，可以编制和输出各种专题地图（包括平面图、地籍图、地形图、管网图、带状图、规划图等），以满足不同用户的需要。也可采用矢量绘图仪、栅格绘图仪、图形显示器、缩微系统等绘制或显示数字地图。

2.4 全野外数字测图作业模式

由于使用的硬件设备不同，由于软件设计者的思路不同，数字测图有不同的作业模式。就目前全野外数字测图而言，可区分为两种不同的作业模式：数字测记模式（简称测记式）和电子平板测绘模式（简称电子平板）。

2.4.1 数字测记模式

数字测记模式是一种野外数据采集、室内成图的作业方法。根据野外数据采集硬件设备的不同，可将其进一步分为全站仪数字测记模式和 GNSS - RTK 数字测记模式。

全站仪数字测记模式是目前最常见的测记式数字测图作业模式，为大多数软件所支持。该模式是用全站仪实地测定地形点的三维坐标，并用内存储器（或电子手簿）自动记录观测数据，到室内将采集的数据传输给计算机，由人工编辑成图或自动成图。该法野外采集数据速度快、效率高。采用全站仪，由于测站和镜站的距离可能较远（1km 以上），测站上很难看到所测点的属性和与其它点的连接关系，通常使用对讲机保持测站与镜站之间的联系，以保证测点编码（简码）输入的正确性；或者在镜站手工绘制草图并记录测点属性、点号及其连接关系，供内业绘图使用。

随着 GNSS 技术的日臻成熟，GNSS - RTK 数字测记模式已被广泛地应用于数据采集。GNSS - RTK 数字测记模式采用 GNSS 实时动态地位技术，实地测定地形点的三维坐标，并自动记录定位信息。采集数据的同时，在移动站输入编码、绘制草图或记录绘图信息，供内业绘图使用。目前，移动站的设备已高度集成，接收机、天线、电池与对中杆集于一体，重量仅几千克，使用和携带很方便。使用 GNSS - RTK 采集数据的最大优势是不需要测站和碎部点之间通视，只要接收机与空中 GNSS 卫星通视即可；且移动站与基准站的距离在 20km 以内可达厘米级的精度（如果采用网络传输数据则不受距离的限制）。实践证明，在非居民区、地表植被较矮小或稀疏区域的地形测量中，用 GNSS - RTK 比全站仪采集数据效率更高。

2.4.2 电子平板测绘模式

电子平板测绘模式就是"全站仪＋便携机＋相应测绘软件"实施的外业测图模式。这种模式用便携机（笔记本电脑）的屏幕模拟测板在野外直接测图，即把全站仪测定的碎部点实时地展绘在便携机屏幕上，用软件的绘图功能边测边绘。这种模式现场完成绝大多数测图工作，实现数据采集、数据处理、图形编辑现场同步完成，外业即测即所见，外业工作完成图也就绘制出来了，实现了内外业一体化。但该方法对设备要求较高，便携机不适应野外作业环境（如供电时间短、液晶屏幕光强看不清等）是主要的缺陷。目前主要用于房屋密集的城镇地区的测图工作。

电子平板测绘模式按照便携机所处位置，区分为测站电子平板和镜站遥控电子平板。测站电子平板是将装有测图软件的便携机直接与全站仪连接，在测站上实时地展点，观察测站周围的地形，用软件的绘图功能边测边绘，可以及时发现并纠正测量错误，图形的数学精度高。但测站电子平板受视野所限，对碎部点的属性和碎部点点间的连接关系不易判断准确。而镜站遥控电子平板是将便携机放在镜站，使手持便携机的作业员在跑点现场指挥立镜员跑点，并发出指令遥控驱动全站仪观测（自动跟踪或人工照准），观测结果通过无线传输到便携机，并在屏幕上自动展点。电子平板在镜站现场能够"走到、看到、绘到"，不易漏测，便于提高成图质量。

针对目前电子平板测图模式的不足，许多公司研制开发掌上电子平板测图系统，用基于 Window CE 的 PDA（掌上电脑）取代便携机。PDA 体积小、重量轻、待机时间长。

这种掌上电子平板测图系统的出现，使电子平板作业模式更加方便、实用。

知 识 检 验

1. 什么是传统地图？什么是数字地图？
2. 数字地图与纸质地图相比较有哪些特点？
3. 什么是数字测图？数字测图和白纸测图有哪些区别？
4. 简述数字测图的基本思想。
5. 目前我国数据采集主要有哪几种方法？
6. 简述数字测图的基本过程。

项目1　大比例尺数字测图技术设计

项目描述

技术设计的目的是制定切实可行的技术方案，保证测绘成果符合技术标准和用户要求，并获得最佳的经济效益和社会效益。因此，每项测绘项目作业前都应进行技术设计。

数字测图的技术设计规范了整个数字测图工作过程。从硬件配置开始，到数字化成图软件系统的选配，测量方案、测量方法及精度的确定，数据和图形文件的生成及计算机处理，直至各工序之间的密切配合、协调等，以及数字测图的各类成果、数据和图形文件符合规范、图示要求和用户的需要，每一步工作都应在数字测图技术设计的指导下进行。

本项目由2项任务组成，“任务1.1大比例尺数字测图技术设计书编写”主要包括：大比例尺数字测图技术设计的目的、依据和基本原则，大比例尺数字测图技术设计书的主要内容。任务1.2的主要内容是大比例尺数字测图技术设计书案例学习。通过本项目的学习，使学生深入理解大比例尺数字测图技术设计、学会编写技术设计书。

任务1.1　大比例尺数字测图技术设计书编写

1.1.1　技术设计的概念

根据测绘行业标准《测绘技术设计规定》（CH/T 1004—2005）要求，为测绘项目制定切实可行的技术方案，保证测绘成果（或产品）符合技术标准和满足顾客要求，并获得最佳的社会效益和经济效益，每个测绘项目作业前都应进行技术设计。

测绘技术设计分为项目设计和专业技术设计。项目设计是对测绘项目进行的综合性整体设计，一般由承担项目的法人单位负责编写；专业技术设计是对测绘专业活动的技术要求进行设计，它是在项目设计基础上，按照测绘活动内容进行的具体设计，是指导测绘生产的主要技术依据，专业技术设计一般由具体承担相应测绘专业任务的法人单位负责编写。对于工作量较小的项目，可根据需要将项目设计和专业技术设计合并为项目设计。而数字测图项目的技术设计是项目的组织者或生产者根据测图比例尺、测图面积、测图方法以及用图单位的具体要求，结合测区的自然地理条件和本单位的仪器设备、技术力量及资金等情况，灵活运用测绘学的有关理论和方法，制定在技术上可行、经济上合理的技术方案、作业方法和实施计划，并将其编写成技术设计书。

1.1.2　技术设计的基本原则

（1）先整体后局部，且顾及发展；满足用户要求，重视社会效益。

（2）从测区的实际情况出发，考虑人员素质和准备情况，选择最佳作业方案。

（3）充分利用已有的测绘成果和资料。

（4）尽量采用新技术、新方法和新工艺。

（5）当测区面积较大，可以分区分别进行设计。

1.1.3　技术设计的主要依据

1. 上级下达的文件或合同书

这种指令性的技术文件包含工程项目或编号、测量目的、测区范围及工作量、对测量工作的主要要求及上交资料的种类和施测工期要求等内容。

2. 有关的法规和技术标准

目前数字测图技术设计依据的规范（规程）主要如下：

（1）《工程测量规范》（GB 50026—93）。

（2）《城市测量规范》（CJJ/T 8—2011）。

（3）《地籍测绘规范》（CH 5002—94）和《地籍图图式》（CH 5003—94）。

（4）《国家基本比例尺地形图第一部分：1：500　1：1000　1：2000 地形图图式》（GB/T 20257.1—2007）。

（5）《1：500　1：1000　1：2000 地形图数字化规范》（GB/T 17160—2008）。

（6）《大比例尺地形图机助制图规范》（GB/T 14912—1994）。

（7）《城市基础地理信息系统技术规程》（CJJ 100—2004）。

（8）《1：500　1：1000　1：2000 外业数字测图技术规程》（GB/T 14912—2005）。

（9）《基础地理信息系统技术规范》（GB/T 13923—2006）。

另外，还包括文件或合同书中要求执行的其它技术规范（规程）等。

3. 地形测量的生产定额、成本定额等

此部分内容略。

4. 测区已有的水文、地质、环境等资料

此部分内容略。

1.1.4　大比例尺数字测图技术设计书的编写

1.1.4.1　编写要求

（1）内容明确，文字简练。

（2）采用新技术、新方法和新工艺成图时，要对其可行性及能达到的精度进行充分的论证。

（3）技术设计书中使用的名词、术语、公式、符号、代号和计量单位等应与有关规范和标准一致。

1.1.4.2　主要内容

1. 任务概述

任务概述应包括任务来源、测区范围、地理位置、行政隶属、测区面积、测图比例尺、技术依据、计划实施起止时间等内容。

2. 测区概况

重点介绍测区社会、自然、地理、经济和人文等方面的基本情况。主要包括：海拔高程、相对高差、地形类别和困难类别；居民地、道路、水系、植被等要素的分布与主要特征；气候、风雨季节、交通情况及生活条件等。

3. 已有资料情况

设计书中应说明已有资料的全部情况，包括控制测量成果的等级、精度，现有图的比例尺、等高距、施测单位和年代，采用的图式规范，平面和高程系统等。并对其主要质量进行分析评价，提出已有资料利用的可能性和利用方案。

4. 作业依据

（1）国家及部门颁布的有关技术规范、规程及图式。

（2）任务文件及合同书。

（3）经上级部门批准的有关部门制定的适合本地区的一些技术规定。

5. 控制测量方案

（1）平面控制测量方案。方案中应包括坐标系统的确定，测量方案的选择，基本控制网的等级与加密层次，硬、软件的配置及施测方法，平差方法，各项主要限差及精度指标等。

（2）高程控制测量方案。方案中应包括高程系统的选择，首级高程控制的等级及起算数据的配置，加密方案及图形结构，路线长度及点的密度，标志类型及埋设，仪器和施测方法，平差方法，各项主要限差及精度指标等。

6. 数字测图方案

方案中应包括地形图采用的分幅和编号方法，图幅大小，地形图的分幅编号图，测站点的观测方法和要求，对地形要素的表示和对地形的要求等。

（1）数据采集。

1）图根控制测量。2011 年颁布的《城市测量规范》（CJJ/T 8—2011）中规定了大比例尺数字化成图平坦开阔地区图根点密度见表 1.1。

表 1.1　　图根点的密度

测图比例尺	1∶500	1∶1000	1∶2000
图根点数/km^2	64	16	4

2）数据采集作业模式的选择。作业模式包括：数字测记模式、电子平板测绘模式、地图数字化模式。

3）碎部测量。包括坐标和高程的测量方法；碎部测量的设站要求；野外草图的绘制方法与要求；碎部测量数据取位及测距最大长度要求；高程注记点的间距、分布及位数要求；测绘内容及取舍要求；外业数据文件及其格式要求等。

（2）数据处理、图形处理、成果输出。数据处理是数字化成图的主要工序之一，其目的是将用不同方法采集的数据进行转换、分类、计算、编辑，为图形处理提供必要的绘图信息数据文件；图形处理是将数据处理成果转换成图形文件；成果输出就是将图形文件按照选定的分幅与编号方法和图幅大小，利用打印机、绘图机等输出设备打印出来。

7. 检查验收方案

方案应包括数字地形图的检测方法；实地检测工作量与要求；中间工序检查的方法与要求；自检、互检、组检方法与要求；各级各类检查结果的处理意见等。

8. 工作量统计、作业计划和经费预算

工作量统计是根据设计方案，分别计算各工序的工作量。作业计划是根据工作量统计和计划投入的人力物力，参照生产定额，分别列出各期进度计划和各工序的衔接计划。

经费预算是根据设计方案和作业计划，参照有关生产定额和成本定额，编制分期经费和总经费计划，并作必要的说明。

9. 上交资料清单

（1）地形图图形文件。

（2）地形图分幅编号图。

（3）成果说明文件。

（4）控制测量成果文件。

（5）数据采集原始数据文件。

（6）图根点成果文件。

（7）碎部点成果文件。

（8）图形信息数据文件。

10. 建议与措施

对如何组织力量、提高效益、保证质量；如何充分、全面、合理预见工程实施过程中可能遇到的技术难题、组织漏洞和各种突发事件等，并有针对性地制定处理预案，提出切实可行的解决方法。指出业务管理、物资供应、膳宿安排、交通设备、安全保障等方面必须采取的措施。

任务1.2 大比例尺数字测图技术设计书案例学习

案例：1∶500数字地形图测绘技术设计书

1.2.1 任务概况

为满足×××建设用地的需要，受×××的委托，某公司对×××东西约500m、南北约900m的测区进行1∶500数字地形图测绘工作。

测区概况：测区位于×××。地形图测绘具体范围：东至×××，南至×××，西至×××，北至×××。

地理位置：东经：××°××′××″，北纬：××°××′××″。

测区地貌：测区地势平坦，平均高程在××m左右，以水浇地、菜地为主，地面附着物以民用建筑及其附属设施为主，测区交通便利，沟渠纵横。测区地形困难类别定为一般地区Ⅰ类。

作业时间为9、10、11三个月，因受季风气候影响，加以测区内草木茂盛，给测绘工作带来一定的难度。

1.2.2 作业依据

（1）中华人民共和国标准《全球定位系统（GPS）测量规范》（GB/T 18314—2001）。

（2）中华人民共和国标准《国家基本比例尺地形图第一部分：1∶500 1∶1000 1∶

2000 地形图图式》（GB/T 20257.1—2007）（以下简称《图式》）。

（3）中华人民共和国标准《国家三、四等水准测量规范》（GB 12898—1991）。

（4）中华人民共和国行业标准《城市测量规范》（CJJ/T 8—2011）。

1.2.3　已有测绘资料的利用方案

1. 平面控制点资料

测区附近有我公司 2003 年施测的 E 级点 D002 和 C 级点 HA002 两个 GPS 点。经踏勘检查，标志完好，成果可供利用。

2. 高程控制点资料

在测区附近有我公司 2005 年 6 月测的 SW09 和 WD10 两个国家四等水准成果。经踏勘检核无误，成果可作为本次测量起算成果。

3. 地图资料

测区有 1997 年 1∶10000 的××县土地利用详查图，可以参考进行测区技术设计、控制网布设和踏勘选点工作。

4. 现有电子地形图资料

测区内有部分 1∶500 平面图，可作为本次工程的一部分使用。

1.2.4　坐标系统和高程系统

1. 平面坐标系统

本次平面控制测量将采用中央子午线为 120°的 3 度带投影的 1954 年北京坐标系，将测区附近的 C、E 级 GPS 点作为起算点。

2. 高程系统

采用 1985 年国家高程基准。

1.2.5　地形图的比例尺及成图方法

本测区成图比例尺为 1∶500，基本等高距 0.5m。

野外采用带有内存的全站仪以及 RTK 进行施测，内业用计算机进行数字化成图。

1.2.6　采用的软件系统

本测区数字化成图采用南方公司的 CASS6.0 数字化地形地籍成图软件。软件系统的运行环境：①Windows XP Professional 操作系统；②AutoCAD 软件 2002 版本。

1.2.7　控制测量

1.2.7.1　平面控制测量

（1）以 C 级 GPS 点 HA002 为起算点，使用我公司为××城区所计算的国际第五推荐参考椭球与克拉索夫斯基参考椭球之间的转换参数。使用 RTK（9800）直接布设图根点，以测区内 D002（E 级）进行测区校正。图根点相对于 D002，点位中误差不得大于 5cm。测站点相对于邻近图根点的点位中误差，不得大于 15cm。

（2）控制点的命名、编号。图根点编号为 S01、S02 等。

（3）控制点的设置。控制点应选在符合观测条件，通视良好，便于长期保存以及便于以后扩展的地方，在硬性路面宜埋石的点，打入铁钉（桩顶直径 1.5cm 以上）作标志，在铁钉顶用小钉凿出小眼，并在路面上用红漆圈示；在农田中埋设木桩，桩顶钉入钢钉作为中心标志。

（4）野外数据采集。野外观测采用南方公司的天王星 9800 型 GPS 动态接收机（标称精度为±2cm＋1ppm·D，D 为水平距离，单位为 km，$1ppm=10^{-6}$）。经省测绘专用仪器计量站年检合格。

1.2.7.2 高程控制测量

以测区东侧的四等水准点 WS09 为起算点附合到测区北侧的四等水准点 WD10。采用 DZS_3 自动安平水准仪进行施测。测量方法：中丝读数法，读上、下丝计算距离，观测顺序为后-后-前-前。图根点相对于 D002 高程中误差不得大于 5cm。测站点相对于邻近图根点的高程中误差不得大于 5cm。

1.2.8 数字化测图

1.2.8.1 图根控制及其技术要求

因测区内农田较多，工矿居民点成条形分布，故直接在图根点上发展支导线，支导线须观测左、右角，具体技术要求详见表 1.2。

表 1.2　图根支导线的主要技术要求

项　目	要　求	项　目	要　求
支导线最长长度	900m	测角回数	1
单边最大边长	300m	圆周角闭合差	≤±40″
支导线最多边数	3	测边回数	单向 1 测回

1.2.8.2 数据采集

1. *数据采集方法*

碎部点数据采集采用 TOPCON GTS—211D 及 TOPCON GTS—311 型全站仪在测站上直接采集碎部点坐标，存储在仪器内，现场实时绘制测站草图，供数字化成图时参考，主要技术要求见表 1.3。

表 1.3　碎部点数据采集主要技术要求

项　目	要　求	项　目	要　求
图根点数/km^2	60	测站定向角检核	≤1′
最大测距	地物点 320m，地形点 500m	固定方向归零检查	≤1′
距离读至	1mm	仪器对中误差	≤2mm
角度读至	1″		

2. *地形图测绘基本要求*

（1）地形测图时，每一测站上的文件以当天日期命名。仪器架设在测站上，以较远的一点定向，用其它点进行检核，其角度检测与原角值之差不应大于 1′。检测值超限时，应查明原因，在记录手簿上应写明。每站定向和检核后，可选远处目标固定明显、成像清晰的尖状构筑物（如电视塔顶、避雷针等）或房角为固定方向，测图过程中，应随时检查固定方向，固定方向归零差不应大于 1′。定向点、检核点方向值以及每次固定方向检查值应存进测站文件中。当固定方向归零差超限时，应将固定方向值配置至原来方向值。碎部点测量从上一次固定方向归零检查处重测。

(2) 测站点至碎部点的距离一般不得大于定向边的长度，特殊情况不得大于定向边长 2 倍。

(3) 测量地物点时，应尽量多采集它们轮廓明显点坐标；测量地形点时，应尽量多采集地形特征点坐标。对于少数施测困难的地方，可用钢尺量取尺寸到厘米，在草图上标明，最大量距为 30m。

(4) 测量碎部点时，棱镜应尽量放置在所测点最近处，仪器应照准碎部点，测取碎部点坐标；对电杆以及近处的地物点进行偏心观测。

1.2.8.3　地物、地貌要素测绘及《图式》运用

地物、地貌的各项要素的表示方法和取舍原则按《图式》规定执行。

1. 测量控制点

图根点用《图式》3.1.8 节的方法表示。

2. 居民地和垣栅

(1) 房屋的轮廓应以墙基外角连线为准，对房屋不同层次、不同结构性质、主要房屋和附加房屋之间的关系，都应用分割线区分表示出来。

(2) 房屋基脚轮廓线凹凸在图上小于 0.4mm，简易房屋小于图上 0.6mm 时，可适当综合取舍。

(3) 居民住房不注结构性质，只注层次。对房屋楼层高度低于 2.2m 和该层实际投影面积不足下层楼房面积范围 1/2 的假楼可不反映。图上房屋层次注记从 2 层起注。

(4) 已建屋基或虽然基本成型但未建成的房屋，应绘出墙基外角的连线并加注“建”说明注记。

(5) 居民院内高度不超过正常围墙高度的房屋，破坏房屋，面积小于 $2m^2$ 的房屋，临时性的围墙、工棚，可搬移的售货亭不表示。

(6) 凡土墙以及用草、油毛毡、石棉瓦、塑料制品等材料制成的屋顶和用铁皮构建的房屋，均用简易房屋符号表示。

(7) 房屋没有支柱的檐廊可不表示；有柱的檐廊用《图式》4.1.7 节的方法表示，支柱配置表示，不代表实际位置；两端有支撑墙而中间无支柱的檐廊，用《图式》4.3.1.3 表示；建筑部分超出房屋墙基的楼层称挑层，涉及三种情况，表示方法如下：①挑层宽度大于 1m，挑层与主体房屋的分界线用虚线表示，当挑层宽度大于 3m 时，挑层应注记起、止楼层；②挑层小于 1m 时，虚线不绘，房屋的轮廓线以挑层的投影为准；③挑层下若有支柱，支柱配置表示，不代表实际位置。

(8) 房屋中间或一角凹进，且上有盖顶，凹进部分外廓用虚线表示。

3. 道路及附属设施

道路测绘，要求等级分明、位置正确，应按真实路边线位置表示，线段曲直和交叉位置的形式要反映逼真，道路通过居民地不宜中断，可根据实际情况正确表示。

(1) 等级公路应绘出铺面线、路基线。路肩宽度图上大于 1mm 依比例尺表示；小于

1mm 时以 1mm 绘出，并在图上每隔 15～20cm 注出公路技术等级代码，并加注材质。

（2）宽度在 3～4m，能通行手扶拖拉机的道路，用大车路符号表示（《图式》6.4.1）。

（3）乡村路较密集时，可视通行情况依小路符号表示（《图式》6.4.3），但应成网，并反映疏密特征。双线道路下的涵管选取主要的表示。

（4）图上宽度 1mm 以上的桥梁依比例尺用《图式》6.6.4a 表示，其余的不依比例尺，用《图式》6.6.4b 表示。

（5）宽度大于 1m 的涵洞用《图式》6.5.1a 表示，小于 1m 的涵洞用《图式》6.5.1b 表示。

（6）单位内部道路用《图式》6.4.4 表示，并注记材质。

4. 管线及附属设施

（1）永久性的电力线、通讯线均表示，电杆、铁塔均按真实位置测绘。同一杆架上有多种线路时，只表示主要的一种，但在分叉、中断处需交代清楚。电力线、通讯线图内不连线，但应在杆架处和内图廓处绘出 10kV 以上电力线连线方向。进入房屋的简易线路可不表示。

（2）主要道路上、两边及单位内部的上水、下水、电力、通讯等检修井宜测绘表示。消防栓均应逐个表示。

5. 水系及附属设施

（1）池塘岸边线以上边线内侧绘出。水塘、鱼塘应加注“塘”或“鱼”，有水生作物的水塘，应加注水生作物名称。

（2）沟渠宽度超过 0.5m 以上以双线依比例尺表示。小于 0.5m 以单线表示，有堤的沟渠，其堤高出地面 0.5m 以上，按有堤岸沟渠用《图式》8.3.2 表示。所有河流、沟渠均应绘出水流方向，单线沟渠在单线上注明水流方向。

6. 地貌

（1）不绘制等高线。

（2）比高大于 0.5m 的堤、坎、坡等均应表示。各种陡坎、斜坡图上长度小于 5mm 的可不表示；当坎、坡较密时可适当取舍。

（3）田埂宽度大于 0.5m 的用双线符号表示，其余用单线表示。田埂较密时可适当取舍。

7. 植被

（1）沿道路、沟渠、土堤、河流、水塘等成行排列的树林以行树符号表示。

（2）一年内分几季种植不同作物的耕地，应以夏季主要作物为准配置符号表示；其它旱地、水生经济作物以及园地均按《图式》规定表示。房前屋后、单位院子里的零星菜地不表示。植被符号按“品”字形标注，间距应均匀。

（3）居民住宅前的水泥场地面积大于图上 $1cm^2$ 的用地类界表示其范围，并加注“水泥”，有线状地物的其范围以线状地物代替。

8. 碎部点高程测注

（1）高程注记点用 RTK 直接施测。

（2）高程注记点应尽量分布均匀，高程注记点间距 15～23m。

（3）对于田角、房角、桥中心、道路交叉转折点、地形起伏变化处、单位的主要出入口等地形特征点应优先测注高程，双线道路、主要堤堆顶，图上每隔 10～15cm 测注一点。

9. 地理名称和注记

（1）工矿企业单位、机关、学校、医院以及有名称的桥、闸、河流都应正确注记名称。

（2）村组名称以村组合并后名称为准。全名称较长者可省略注出，但含义要确切。

（3）所有名称应使用国务院批准的简化字，方言字、地方字应注出拼音字母和汉字谐音。

（4）注记字体要清晰易读，指向明确。

10. 避让原则

地形图上各种要素配合表示，采用次要地物避让重要地物的方法，应符合下列规定：

（1）当房屋等建筑物边线与陡坎、斜坡、围墙等边线重合时，应以房屋等建筑物为准，其它地物可避让，位移 0.3mm（地形图上，下同）表示。当简易房、棚房以围墙为其墙时，以围墙表示简易房、棚房的墙。

（2）当两个地物中心重合或接近，难以准确表示时，可将重要的地物准确表示，次要地物移位 0.3mm 或缩小 1/3 表示。

（3）房屋、围墙等高出地面的建筑物与道路（双线路边线、单线路中心线）重合时，以建筑物边线为准，道路可移位 0.3mm。

（4）独立性地物与道路、水系等其它地物重物时，可中断其它符号，间隔 0.3mm，将独立性地物完整绘出。

（5）双线路边与双线沟边重合时，双线沟边移位 0.2mm 表示；双线路边与单线沟边重合时，单线沟移位 0.3mm 表示；单线路边与双线沟边、单线沟边重合时，单线路移位 0.3mm 表示。

（6）地类界与地面上有实物的线状符号（如道路、河渠、围墙等）重合，可省略不绘；与地面无实物的线状符号（如境界、电力线、通讯线等）重合时，可将地类界移位绘出，不得省略；当植被被线状符号分割时，应在每块被分割的范围内至少绘出一个能说明植被属性的相应符号。

1.2.8.4　数据、图形处理

1. 测量数据编辑

野外采集数据存储在全站仪内，应及时传输到计算机中，数据传输软件采用南方 CASS6.0 数字化地形地籍成图软件。对野外采集的原始数据，不得作任何删改。计算机中所存传输进的野外数据文件名，应与全站仪内所存文件名相同，各天所采集数据以前一天点号＋1 向后延续或在展点号后以不同色彩加以区别，以便于数字地形图的编辑。

2. 数字化地形图成图

（1）数字化地形图成图采用南方 CASS6.0 数字化地形地籍成图软件。

（2）地形图分层，按表 1.4 执行。

表 1.4　　地形要素分层及各层主要内容

层名	主 要 内 容
KZD	GPS点、平面控制点、高程控制点
GCD	碎部高程注记点
JMD	一般房屋、简单房屋、棚房、厕所、建筑中房屋等
GXYZ	电力线、铁塔、电杆、变压器、通讯线、通讯杆、路灯、消防栓、上水、下水等
DLDW	工业设备、水塔、抽水机站、田埂、窑、坟地等
DLSS	公路、大车路、小路、路崖、桥梁、涵洞等
SXSS	河流边线、水涯线、池塘、沟渠、水闸、流向等
DMTZ	陡坎、斜坡等
ZBTZ	水稻田、旱地、菜地、果园、桑园、绿化带、行树、地类界等
TK	图廓、坐标格网线、图廓外注记
ZJ	地名、单位名、道路名、河流名、桥梁名、各种说明、注记等
JJ	境界线如：县界、乡镇界、村界、组界
ZDH	展点号
0	其它未列入上述图层的要素

（3）数字化成图的线条、注记应清晰美观，线型、线宽以及注记的规格、字体、字向、字距、字列按《图式》12.1～12.5规定执行。

（4）居民地建筑物及面状附属物的边线应严格闭合，建筑物及其附属物的边线相交联结时必须使用“捕捉”方式生成。

1.2.9　检查验收

（1）对本工程各项成果实行小组自查互校基础上的专职检查人员、技术负责人二级检查制度。

（2）作业小组对所做成果必须要全面地进行自查，确认无误后方可上交专职检查人员检查。

（3）生产期间，作业组必须加强过程检查，专职检查人员严格把住质量关，保证成果的质量。

（4）对成果质量检查的比例是：作业小组必须达到100%；专职检查人员室内检查100%，室外不低于20%的检查；检查验收室外检查应达到10%。

1.2.10　提交资料

应上交的成果资料及附图如下：

（1）技术设计书1份。

（2）控制点成果表1份。

（3）控制点点位略图1份。

（4）数字化地形图（格式为.dwg图形数据文件格式）。

（5）技术总结。

项 目 小 结

本项目介绍了大比例尺数字测图的技术设计如下：

（1）技术设计的概念。

（2）技术设计的依据和基本原则。

（3）技术设计的主要内容，技术设计书的编写。

（4）大比例尺技术设计案例。

大比例尺数字测图涉猎的内容纷繁复杂，即涉及《控制测量》《GPS测量技术》等其它课程，也涉及后续其它项目的内容。通过本项目的学习，不足以解决技术设计的全部内容，只要掌握大比例尺技术设计书的编写格式即可，有关的具体技术问题，需要在以后的项目中以及后续课程中继续学习。

知 识 检 验

1. 技术设计的依据和基本原则是什么？

2. 技术设计书应包括哪些内容？

殊，此时最高测尺频率和最低测尺频率之间相差达万倍。使得电路中放大器和调制器难以对各种测尺频率具有相同的增益和相移稳定性。于是，有些远程测相位式测距仪改用一组数值上比较接近的测尺频率，利用其差频频率作为间接测尺频率，可得到与直接测尺频率方式同样的效果。

c. 测尺频率的确定。测尺频率方式选定之后，就必须解决各测尺长度及测尺频率的确定问题。一般将用于决定仪器测距精度的测尺频率称精测尺频率；而将用于扩展测程的测尺频率称为粗测尺频率。

对于采用直接测尺频率方式的测距仪，精测尺频率的确定，依据测相精度，主要考虑仪器的测程和测量结果的准确衔接，还要使确定的测尺长度便于计算。测尺频率可依式（2.6）确定：

$$f_i=\frac{c}{2L_{1i}}=\frac{c_0}{2nL_i} \tag{2.6}$$

式中　c——光波在大气中的传播速度；

n——大气折射率；

c_0——光波在真空中的传播速度；

f_i——调制频率（测尺频率）。

电磁波在真空中的传播速度 c_0，即光速，是自然界一个重要的物理常数。20 世纪以来，许多物理学家和大地测量学家用各种可能的方法，多次进行了光速值的测量。1957 年国际大地测量及地球物理联合会同意采用新的光速暂定值，建议在一切精密测量中使用，这个光速暂定值为

$$c_0=299792458(\pm1.2)\text{m/s},\frac{\partial c_0}{c_0}\approx4\times10^{-9}$$

由物理学知，光波在大气中传播时的折射率 n，取决于所使用的波长和在传播路径上的气象因素（温度 t、气压 p 和水汽压 e）。光波折射率随波长而改变的现象称为色散，也就是说，不同波长的单色光，在大气中具有不同的传播速度。

（3）全站仪的补偿器原理。全站仪在架设、精确整平以后，由于受作业条件、地面疏松、各种气象等条件的影响，会使仪器整平失常；也就是仪器的竖轴偏离垂直，存在一定的倾斜，这种竖轴不垂直的误差称为竖轴误差。在测量作业时，竖轴误差经常存在。竖轴倾斜会造成垂直角、水平角的误差，而这些误差通过观测的方法是不能消除的。目前，全站仪大都采用电子式自动倾斜补偿机构，使仪器在倾斜时自动改正因倾斜而引发的角度误差。

1）单轴倾斜补偿器。单轴倾斜补偿器的功能是：仪器竖轴倾斜时能自动改正由于竖轴倾斜对竖盘读数的影响。为了达到同时补偿水平度盘读数，可以用两个单轴补偿器，安装时使它们位置相互垂直。

单轴倾斜补偿器原理如图 2.5 所示，将线圈绕在封有磁性流体和气泡的水泡管的中央，并接通电源。传感器在水平状态下，气泡距中央、左右两端应相等，检测线圈的电压（即电势）也相等。当向左或向右倾斜时气泡就移动，左右检测线圈产生电势差，根据电

势差求得倾斜方向和倾斜角度。

2）双轴倾斜补偿器。双轴倾斜补偿器的功能是：仪器竖轴倾斜时能自动改正由于竖轴倾斜对竖直度盘和水平度盘读数的影响，采用一个补偿器即可以满足对竖盘以及水平盘读数的补偿改正。

双轴倾斜补偿器原理如图2.6所示，从发光二极管发出的光透过透镜，射在气泡上的光被遮掉，在接收基板上装有数只距离相等的接收光敏二极管。当仪器完全整平时，气泡在接收基板的中央；若仪器稍微有一点倾斜时，气泡就相应移动，接收光敏二极管所接收的光能量也就发生变化，通过光能量变化比可以求得倾斜角度。

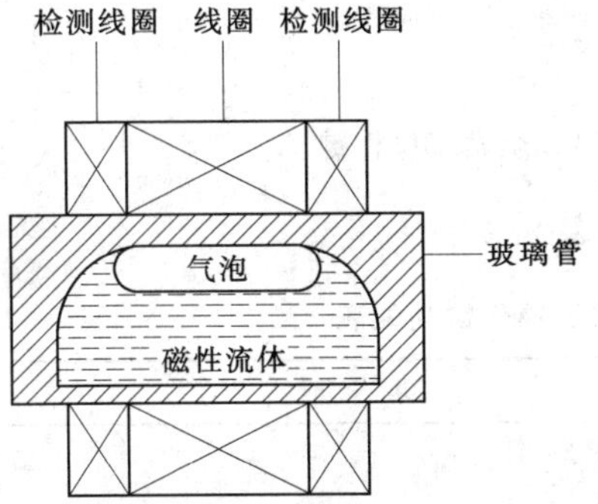

图2.5　单轴倾斜补偿器

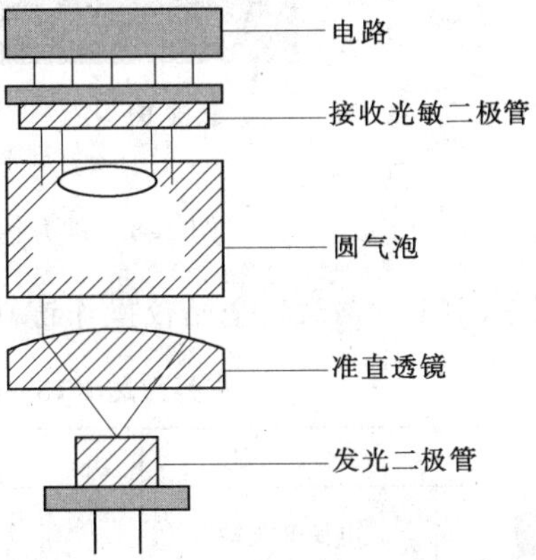

图2.6　双轴倾斜补偿器

3. 科力达全站仪的基本测量功能

以科力达KTS—452L全站仪为例介绍全站仪的基本功能，仪器的外观如图2.7所示。

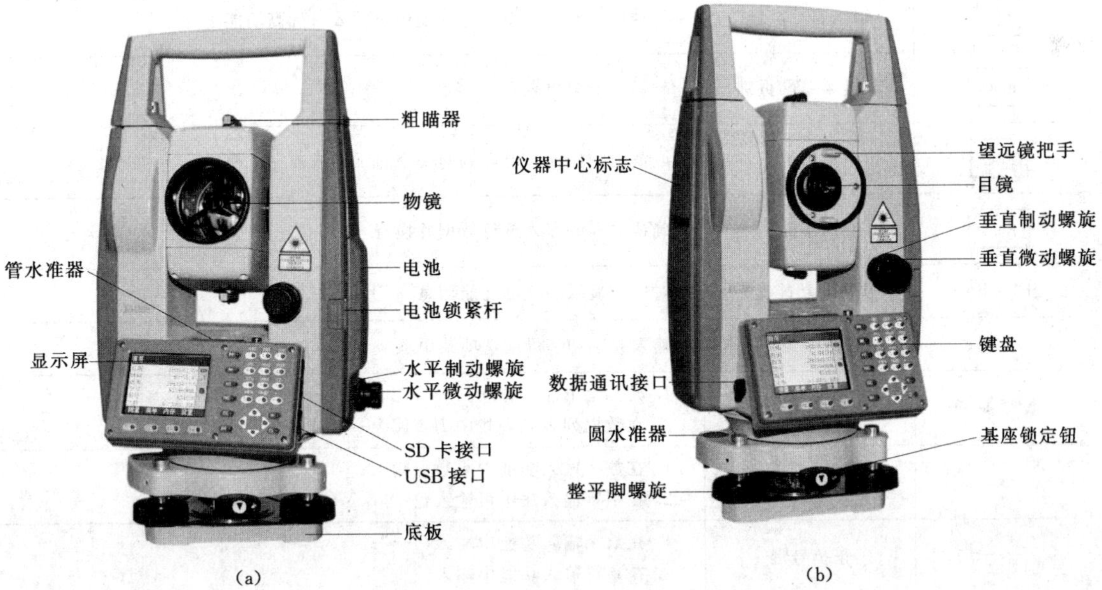

图2.7　科力达KTS—452L全站仪

仪器的操作键和功能，如图 2.8 所示。

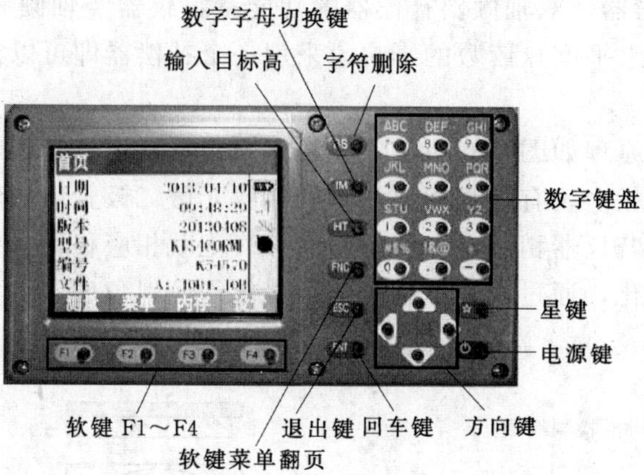

图 2.8　科力达 KTS—452L 全站仪操作键

科力达 KTS—452L 全站仪操作键功能，见表 2.3。

表 2.3　　**科力达 KTS—452L 全站仪操作键功能表**

键	名　称	功　能
	电源开关键	1. 打开电源：按住 2s； 2. 关闭电源：按住 3s
BS	字符删除键	删除左边一个空格
IM	数字字母切换键	在输入法中切换字母和数字功能
HT	输入目标高键	在放样、对边、悬高等功能中可输入目标高功能
FNC	软键菜单翻页键	软键功能菜单翻页
ESC	退出键	取消前一操作，退回到前一个显示屏或前一个模式
ENT	回车键	确认输入或存入该行数据并换行
F1～F4	软键（功能键）	对应于显示的软键功能信息
0～9	数字键	输入数字和字母或选项菜单项
▲▼▶◀	方向键	1. 光标上下左右移动； 2. 在数据列表和查找中为查阅上一个或者下一个数据
•	特殊符号键	1. 在数字输入功能中小数点输入； 2. 在字符输入法中可输入：! \ & \ @
+/−	正负号键	1. 在数字输入功能中输入“−”； 2. 在字符输入功能中输入“+”

科力达 KTS—452L 全站仪显示的符号及其含义见表 2.4。

表 2.4　　显示符号及其含义

符号	含　义	符号	含　义
PC	棱镜常数	H	平距
PPM	气象改正数	V	高差
ZA	天顶距（天顶0°）	HAR	右角
VA	垂直角（水平0°/水平0°±90°）	HAL	左角
%	坡度	⊥	倾斜补偿有效
S	斜距		

（1）角度测量。

1）水平角（右角）和垂直角测量（表2.5）。安置仪器并对中整平后，首先确认仪器处于角度测量模式，按以下程序进行水平角HR（右角）和竖直角V的测量。

表 2.5　　水平角（右角）和垂直角测量

操作过程	操作	显示
①照准第一个目标 *A*	照准目标 *A*	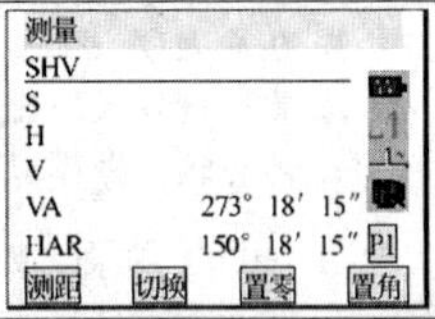
②设置目标 *A* 的水平角为 0°00′00″	F3	
		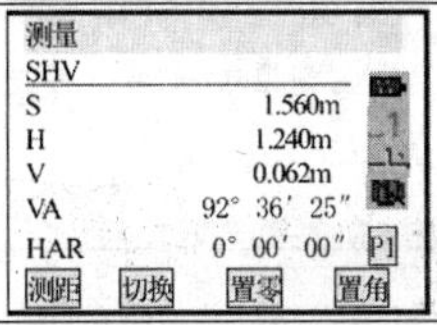
③照准第二个目标 *B*，显示目标 *B* 的 V/H	照准目标 *B*	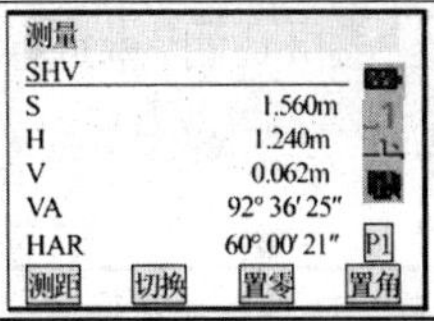

2）水平角（左角/右角）的切换（表2.6）。

表 2.6　　水平角（左角/右角）的切换

操作过程	操作	显示
①在测量模式下，使之显示出 左右 功能，此时水平角以右角HAR形式显示	按"键功能分配"中介绍的方法将 左右 定义到键上	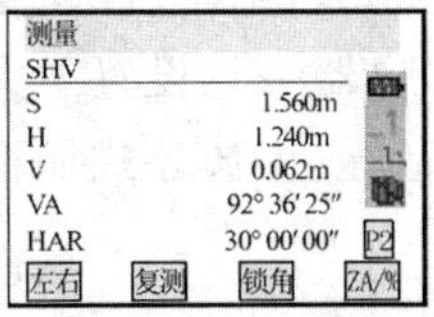
②按 左右，水平角显示由右角HAR形式转换成左角HAL。二者的关系为：HAL＝360°－HAR，若再按 左右，又转换成右角形式	右角	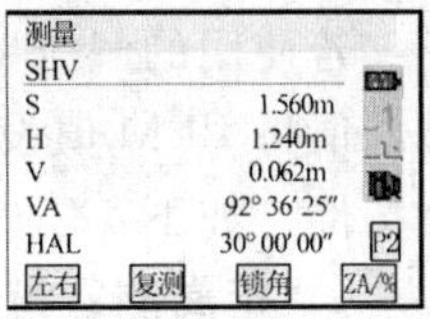

3）水平角的设置（表 2.7）。

表 2.7　　水平角的设置

操作过程	操作	显示
①照准目标后，在测量模式第1页菜单下，按置角键，显示窗如右图所示，等待输入已知方向值。其中右角和左角分别用 HAR 和 HAL 表示	置角	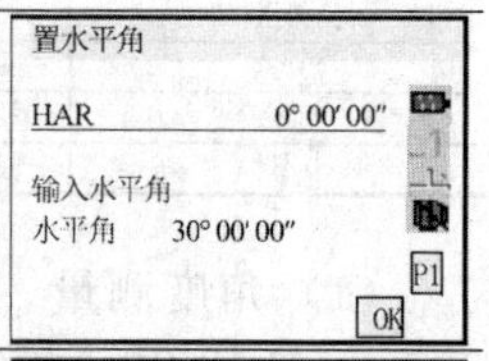
②由键盘输入已知方向值后按 OK 或 OK 键，此时，显示的为输入的已知值	输入已知方向值＋ OK	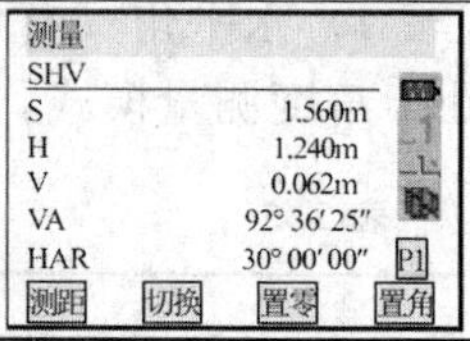

注　1. 在输入度、分、秒之间按・键来设定角度符号。

2. 修改已输入的数据时，BS：删除光标左侧的一个字符；ESC：删除所输入的数据。

3. 停止输入操作：ESC。

4）垂直角百分度（%）的设置（表 2.8）。

表 2.8　　垂直角百分度（%）的设置

操作过程	操作	显示
①在测量模式下，使之显示出 ZA/% 功能	按"键功能分配"中介绍的方法将 ZA/% 定义到键上	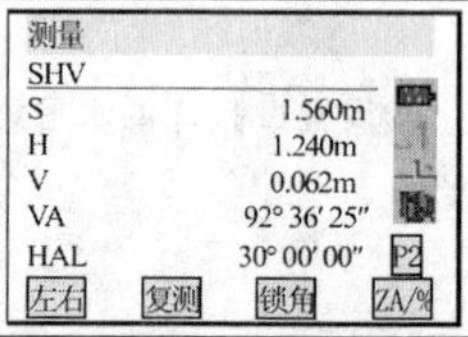
②按 ZA/% ，利用◀ ▶键可以转换"水平零，VA%，天顶零，±90°"。若欲恢复垂直角显示再按一次 ZA/% 利用◀ ▶键转换	ZA/%	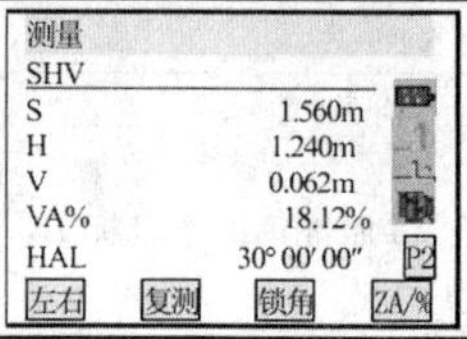

注　1. 坡度显示范围：±100%以内。

2. 当垂直角格式设为"水平 0°"或者"水平 0°±90°"时，"ZA"显示为"VA"。

（2）距离测量。进行距离测量之前设置好以下参数：大气改正；棱镜常数改正；测距模式。

其中大气改正是全站仪所发射的红外光的光速，随着大气温度和压力的改变而改变，本仪器一旦设置了大气改正值，即可自动对测距结果实施大气改正。

改正数公式如下：

$$\text{PPM}=273.8-\frac{0.2900\times\text{气压值(hPa)}}{1+0.00366\times\text{温度值(℃)}}$$

若使用的气压单位是 mmHg 时，按：1hPa＝0.75mmHg 进行换算。不顾及大气改正时，请将 PPM 值设为零。KTS 系列全站仪标准气象条件（即仪器气象改正值为 0 时的气象条件）如下：①气压：1013hPa；②温度：20℃。

1）距离测量模式设置的具体见表 2.9。

表 2.9 距离测量模式设置

<table>
<tr><th>操 作</th><th>显 示</th></tr>
<tr><td>在★常用设置菜单下，按EDM进入距离测量参数设置屏幕，显示如右图所示。可在 EDM 选项中设置：
1. 温度 2. 气压
3. 大气改正数 PPM 4. 棱镜常数改正值
5. 测距模式 6. 反射体类型
设置完上述参数后按OK</td><td>
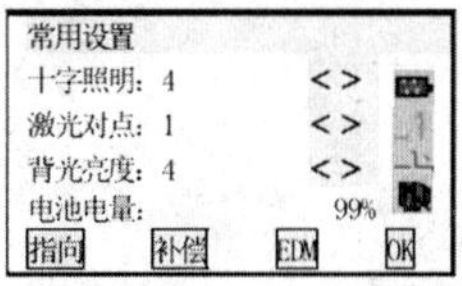

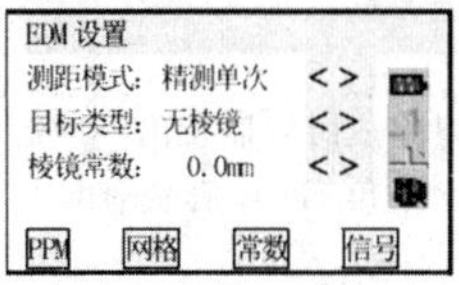

</td></tr>
</table>

2）关于设置的方法与内容见表 2.10。

表 2.10 设置方法与内容

设 置 项 目	设 置 方 法
温度	方法①：输入温度、气压值后，仪器自动计算出大气改正并显示在 PPM 一栏中。 方法②：直接输入大气改正数 PPM，此时温度、气压值将被清除
气压	
大气改正数 PPM	
棱镜常数	输入所用棱镜的棱镜常数改正数
测距模式	按◀或▶在以下几种模式中选择： 重复精测、N 次精测、单次精测、跟踪测量
反射体类型	设置反射体类型：棱镜/无棱镜/反射片

注 1. 温度输入范围：−40°～+60°（步长 1℃）或−40～+140 ℉（步长 1 ℉）。

2. 气压输入范围：560～1066hPa（步长 1hPa）或 420～799.5mmHg（步长 1mmHg）或 16.5～31.4inHg（步长 0.1inHg）。

3. 大气改正数 PPM 输入范围：−999～+999PPM（步长 1PPM）。

4. 棱镜常数 PC 输入范围：−99～+99mm（步长 1mm）。

5. 反射体类型：KTS460 系列全站仪可设置为红色激光测距和不可见光红外测距，可选用的反射体有用棱镜、棱镜及反射片。用户可根据作业需要自行设置。

3）距离类型选择和距离测量的具体步骤见表 2.11。

表 2.11 距离类型选择和距离测量步骤

<table>
<tr><th>操 作 过 程</th><th>操作键</th><th>显 示</th></tr>
<tr><td>①在测量模式第 1 页菜单下按切换，选择所需距离类型。每按一次切换显示屏改变一次距离类型：
S：斜距或 N H：平距或 E V：高差或 Z</td><td>切换</td><td>
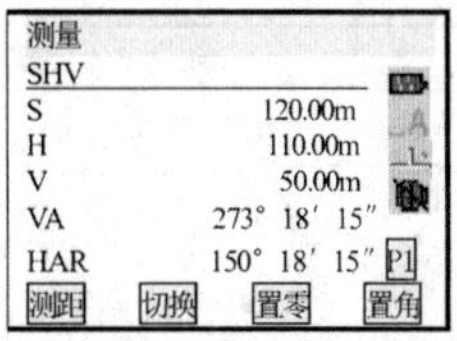

</td></tr>
<tr><td>②按测距开始距离测量，此时显示有关测距信息</td><td>测距</td><td>
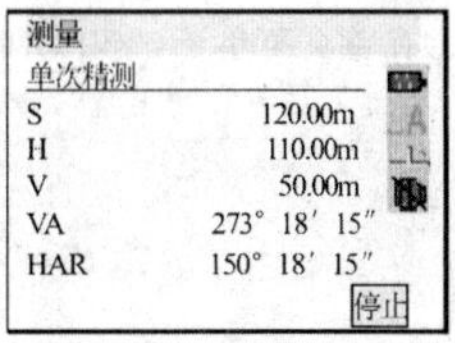

</td></tr>
</table>

续表

操　作　过　程	操作键	显　　示
③距离测量完成时仪器发出一声短响，并将测得的为距离 S、垂直角 VA 和水平角 HAR 值显示出来		重复测距时的结果显示： 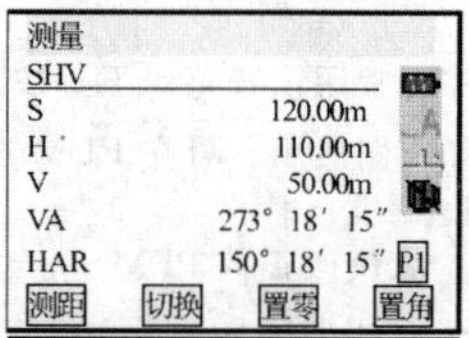 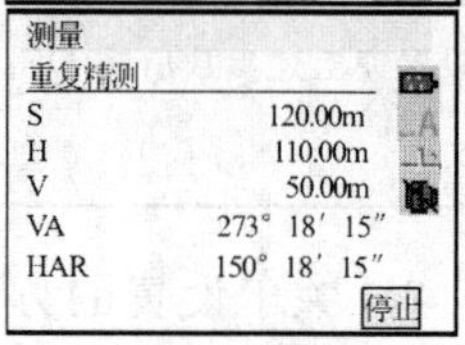 在 *N* 次精测求取平均值测量时，所得距离值显示为 S－1，S－2，…
④进行重复测距时，按 停止 停止测距和显示测距结果。在 *N* 次精测模式下，仪器在完成指定测距次数后，显示出距离值的平均值	停止	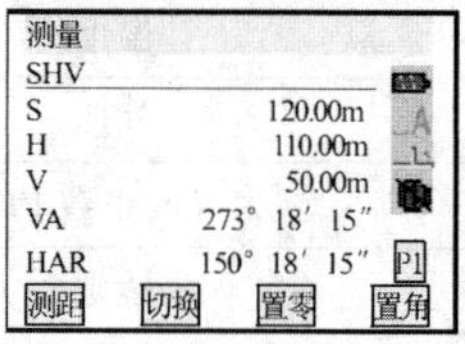

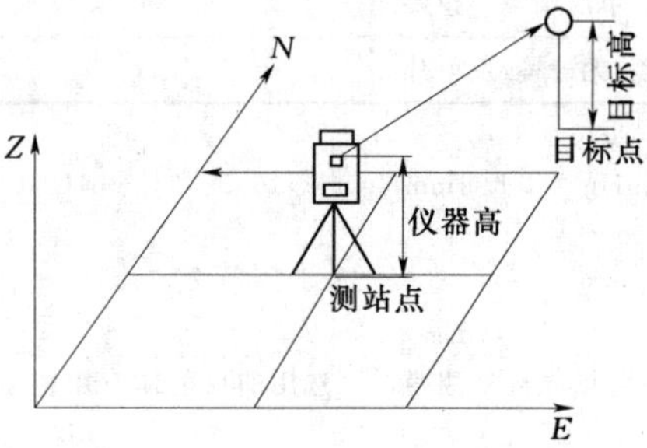

图 2.9　科力达全站仪坐标测量原理

（3）坐标测量。

1）测站点坐标的设置。如图 2.9 所示，设置仪器（测站点）相对于坐标原点的坐标，仪器可自动转换和显示未知点在该坐标系中的坐标。

开始坐标测量之前，需要先输入测站坐标、仪器高和目标高。仪器高和目标高可使用卷尺量取。坐标数据可预先输入仪器。测站数据可以记录在所选择的工作文件中。坐标测量也可以在测量模式第 3 页菜单下，按菜单进入菜单模式后选“1. 坐标测量”来进行。具体步骤见表 2.12。

表 2.12　　　　测 站 点 设 置

操　作　过　程	操作	显　　示
①在首页菜单下，按 菜单，显示坐标测量菜单，如右图所示	菜单 ＋ 坐标	 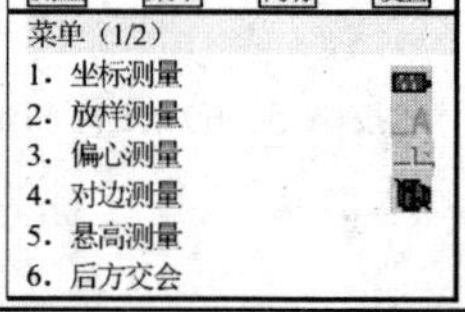

续表

操作过程	操作	显示
②选取"2. 设置测站"后按[OK]（或直接按数字键 2），输入测站数据，显示如右图所示	"2. 设置测站" + [OK]	坐标测量 1. 测量 2. 设置测站 3. 设置后视
③输入下列各数据项：N0，E0，Z0（测站点坐标）、仪器高、目标高。每输入一数据项后按[OK]，若按[记录]，则记录测站数据，有关操作方法请参阅"记录测站数据"，再按[OK]将测站数据存入工作文件	输入测站数据 + [OK]	记录测站（1/4） N0 : 1234.688 E0 : 1748.234 Z0 : 5121.579 测站点 : STN1 仪器高 : 2.000 m 记录 取值 OK
④按[OK]结束测站数据输入操作，显示返回坐标测量菜单屏幕	[OK]	坐标测量 1. 测量 2. 设置测站 3. 设置后视

2）读取预先存入的坐标数据。若希望使用预先存入的坐标数据作为测站点的坐标，可在测站数据输入显示下按取值读取所需的坐标数据。读取的既可以是内存中的已知坐标数据，也可以是所指定工作文件中的坐标数据。注意：这里所说的指定工作文件，并不是在内存模式下所选取的工作文件，而是在设置模式下，"1. 观测条件设置"中所指定的读取坐标工作文件。具体步骤见表 2.13。

表 2.13　　读取预先存入的坐标数据

操作过程	操作	显示
①在测站数据输入显示下按[取值]，出现坐标点号显示，如右图所示，其中： 测站点或坐标点：表示存储于指定工作文件中的坐标数据对应的点号	[取值]	数据列表 1 测站 2 测站 3 坐标 4 已知 查阅 查找 删除 添加
②按▲或者▼使光标位于待读取点的点号上；也可在按[查找]后，在如右图所示的"点"行上直接输入待读取点的点号（只能查找光标以下的点号，不包括光标）。 点名：表示存储于内部存储器中的坐标数据对应的点号。 查找： ▲查阅上一个数据　▼查阅下一个数据 ◀查阅上一页数据　▶查阅下一页数据	[查找]	查找 点名: 1 OK
③按[查阅]读取所选点，并显示其坐标数据，显示如右图所示。 按[ESC]可返回取值列表	[查阅]	查阅坐标 N : 1234.688 E : 1748.234 Z : 5121.579 点名: 100 目标高 : 2.000 m P1 查阅坐标 N : 1234.688 E : 1748.234 Z : 5121.579 点名: 100 编码 : 2.000 m P2

续表

操 作 过 程	操作	显 示
④按ENT返回测站设置屏幕	ENT	记录测站（1/4） N0 : 1234.688 E0 : 1748.234 Z0 : 5121.579 测站点 : STN1 仪器高 : 2.000 m 记录 取值 OK
⑤按OK，显示返回坐标测量菜单屏幕	OK	坐标测量 1. 测量 2. 设置测站 3. 设置后视

3）方位角设置。后视方位角可通过输入后视坐标或后视方位角度来设置。在输入测站点和后视点的坐标后，可计算或设置到后视点方向的方位角。照准后视点，通过按键操作，仪器便根据测站点和后视点的坐标，自动完成后视方向方位角的设置。

根据后视方位角进行后视定向的步骤见表2.14。

表2.14　目标高（棱镜高）的设置

操 作 过 程	操作	显 示
①在坐标测量菜单屏幕下用▲▼选取“3. 设置后视”后按OK（或直接按数字键3），显示如右图所示，选择“1. 角度定后视”	“1. 角度定后视”	记录后视 1. 角度定后视 2. 坐标定后视
②输入方位角，并按OK	输入方位角 + OK	置方位角 HAR 120° 00′ 00″ 输入水平角 水平角 117° 31′ 50″ 记录 OK
③结束方位角设置按OK返回坐标测量菜单屏幕	OK	菜单（1/2） 1. 测量 2. 设置测站 3. 设置后视

根据后视点坐标进行后视定向的步骤见表2.15。

表2.15　测量未知点坐标

操 作 过 程	操作	显 示
①在设置后视菜单中，选择“2. 坐标定后视”	“2. 坐标定后视”	记录后视 1. 角度定后视 2. 坐标定后视
②输入后视点坐标NBS、EBS和ZBS的值，每输入完一个数据后按ENT，然后按OK。若要调用作业中的数据，则按取值	输入后视 坐标 + OK	坐标定后视 NBS : 1382.450 m EBS : 3455.235 m ZBS : 1234.344 m 后视 BS1 编码 1 取值 记录 编码 OK

续表

操 作 过 程	操作	显 示
③系统根据设置的测站点和后视点坐标计算出后视方位角，屏幕显示如右图所示（HAR 为应照准的后视方位角）	照准	照准后视 请照准后视 HAR 117° 31′ 50″ 否 是
④照准后视点，按是，结束方位角设置返回坐标测量菜单屏幕	F4	坐标测量 1. 测量 2. 设置测站 3. 设置后视

4）坐标测量。在完成了测站数据的输入和后视方位角的设置后，通过距离和角度测量便可确定目标点的坐标。具体步骤见表 2.16。

表 2.16　　坐 标 测 量 步 骤

操 作 过 程	操作键	显 示
①精确照准目标棱镜中心后，在坐标测量菜单屏幕下选择“1. 坐标测量”后按观测（或直接按数字键 1），显示如右图所示	选择“1. 坐标测量” + 观测	坐标测量 N E Z ZA 0° 00′ 00″ HAR 0° 00′ 00″ 点名 1 测站 观测
②测量完成后，显示出目标点的坐标值以及到目标点的距离、垂直角和水平角，如右图所示。（若仪器设置为重复测量模式，按停止来停止测量并显示测量值。）	停止	测距 精测单次 N 120.00m E 110.00m Z 50.00m ZA 273° 18′ 15″ HAR 150° 18′ 15″ 停止 坐标测量 *N 120.00m *E 110.00m *Z 50.00m *ZA 273° 18′ 15″ *HAR 150° 18′ 15″ 点名 1 记录 测站 观测
③若需将坐标数据记录于工作文件按记录，显示如右图所示。 输入下列各数据项： 1. 点名：目标点点号； 2. 编码：编码或备注信息等每输入完一数据项后按▼	记录 + 存储	记录坐标 *N 120.00m *E 110.00m *Z 50.00m 点名 KOLIDA 编码 1VS 储存 标高 编码 快速编码 索引号 1 浏览 OK
④照准下一目标点按观测开始下一目标点的坐标测量。按测站可进入测站数据输入屏幕，重新输入测站数据。 重新输入的测站数据将对下一观测起作用。因此当目标高发生变化时，应在测量前输入变化后的值	观测	坐标测量 SHV *N 120.00m *E 110.00m *Z 50.00m *VZ 273° 18′ 15″ *HAR 150° 18′ 15″ 点名 1 记录 测站 观测

续表

操 作 过 程	操作键	显 示
⑤按 ESC 结束坐标测量并返回坐标测量菜单屏幕	ESC	坐标测量 1. 测量 2. 设置测站 3. 设置后视

4. 拓普康全站仪的基本测量功能

以拓普康 GTS—102n 全站仪为例介绍其基本功能，仪器的外观如图 2.10 所示。

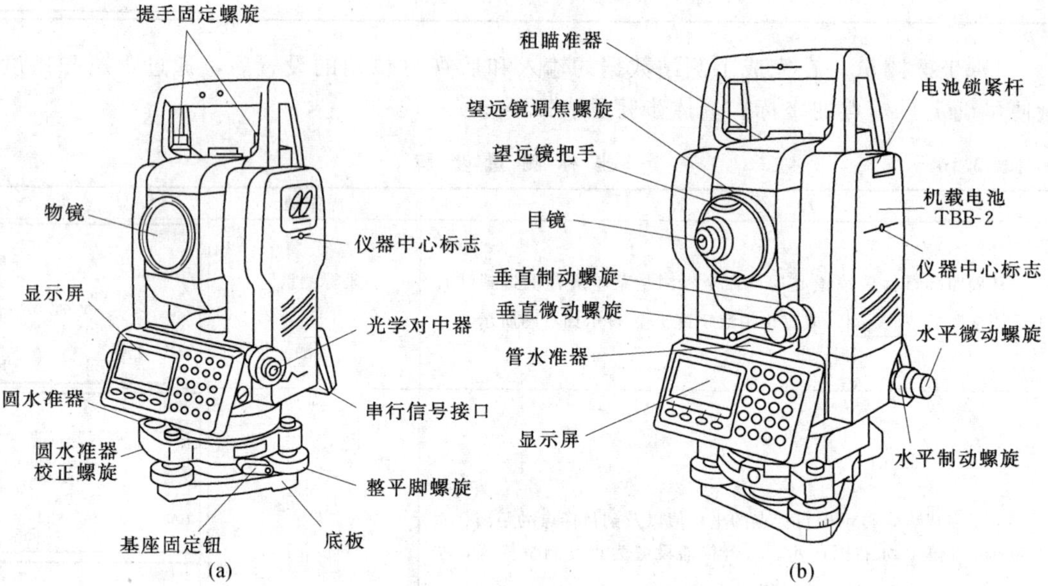

图 2.10 拓普康 GTS—102n 全站仪

仪器的操作键如图 2.11 所示。

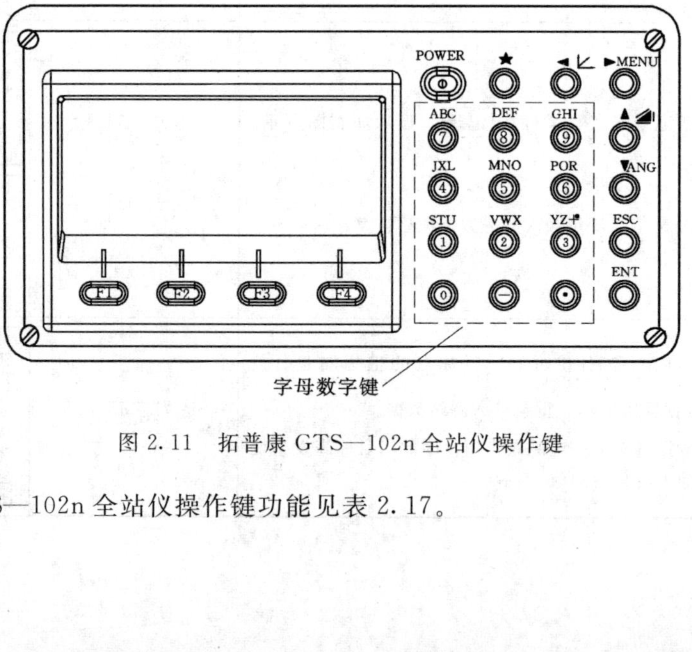

图 2.11 拓普康 GTS—102n 全站仪操作键

拓普康 GTS—102n 全站仪操作键功能见表 2.17。

表 2.17　　**拓普康 GTS—102n 全站仪操作键功能表**

键	名　称	功　能
★	星键	星键模式用于如下项目的设置或显示： ①显示屏对比度；②十字丝照明；③背景光；④倾斜改正；⑤定线点指示器（仅适用于有定线点指示器类型）；⑥设置音响模式
	坐标测量键	坐标测量模式
	距离测量键	距离测量模式
ANG	角度测量键	角度测量模式
POWER	电源键	电源开关
MENU	菜单键	在菜单模式和正常测量模式之间切换，在菜单模式下可设置应用测量与照明调节、仪器系统误差改正
ESC	退出键	返回测量模式或上一层模式，从正常测量模式直接进入数据采集模式或放样模式，也可用作为正常测量模式下的记录键
ENT	确认输入键	在输入值末尾按此键
F1～F4	软键（功能键）	对应于显示的软键功能信息

（1）角度测量。

1）水平角（右角）和垂直角测量。安置仪器并对中整平后，首先确认仪器处于角度测量模式，按以下程序进行水平角 HR（右角）和竖直角 V 的测量，水平角（右角）和垂直角测量见表 2.18。

表 2.18　　**水平角（右角）和垂直角测量**

操　作　过　程	操作	显　示
①照准第一个目标 *A*	照准目标 *A*	V：　90°10′20″ HR：120°30′40″ 置零　锁定　置盘　P1↓
②设置目标 *A* 的水平角为 0°00′00″	F1	水平角置零 ＞OK？ --- ---　[是]　[否]
	F3	V：　90°10′20″ HR：0°00′00″ 置零　锁定　置盘　P1↓
③照准第二个目标 *B*，显示目标 *B* 的 V/H	照准目标 *B*	V：　98°36′20″ HR：160°40′20″ 置零　锁定　置盘　P1↓

2）水平角（左角/右角）的切换，见表2.19。

表2.19 水平角（左角/右角）的切换

操作过程	操作	显示
①按[F4]（↓）键两次转到第三页功能	[F4]两次	V：90°10′20″ HR：120°30′40″ 置零 锁定 置盘 P1↓ 倾斜 复测 V% P2↓ H-蜂鸣 R/L 竖角 P3↓
②按[F2]（R/L）键。右角模式（HR）切换到左角模式（HL）。 ③以左角HL模式进行测量	[F2]	V：90°10′20″ HL：239°29′20″ H-蜂鸣 R/L 竖角 P3↓

3）水平角的设置，见表2.20。

表2.20 水平角的设置

操作过程	操作	显示
①用水平微动螺旋旋转到所需的水平角	显示角度	V：90°10′20″ HR：130°40′20″ 置零 锁定 置盘 P1↓
②按[F2]（锁定）键	[F2]	水平角锁定 HR：130°40′20″ >设置？ --- --- ［是］［否］
③照准目标	照准	水平角锁定 HR：130°40′20″ >设置？ --- --- ［是］［否］
④按[F3]（是）完成水平角设置，显示窗变为正常角度测量模式	[F3]	V：90°10′20″ HR：130°40′20″ 置零 锁定 置盘 P1↓

4）垂直角百分度（%）的设置，见表2.21。

表2.21 垂直角百分度（%）的设置

操作过程	操作	显示
①按[F4]（↓）键转到第2页	[F4]	V：90°10′20″ HR：170°30′20″ 置零 锁定 置盘 P1↓ 倾斜 复测 V% P1↓
②按[F3]（V%）键	[F3]	V：−0.30 % HR：170°30′20″ 倾斜 复测 V% P1↓

（2）距离测量。

1）大气改正数和棱镜常数的设置。当设置大气改正时，通过预先测量温度和气压并输入仪器中可求得改正值。拓普康棱镜常数为0，设置棱镜改正为0，如使用其它厂家生产的棱镜，在使用前应输入相应的棱镜常数。

2）距离测量（连续测量），见表 2.22。

表 2.22　　距离测量（连续测量）

操 作 过 程	操作	显 示
①照准棱镜中心	照准	V：90°10′20″ HR：120°30′40″ 置零 锁定 置盘 P1↓
②按[◢]键距离测量开始	[◢]	HR：120°10′20″ HD *［r］ <<m VD： m 测量 模式 S/A P1↓
③显示测量的距离		HR：120°30′40″ HD * 123.456m VD：5.678m 测量 模式 S/A P1↓
④再次按[◢]键，显示变为水平角（HR）、垂直角（V）和斜距（SD）	[◢]	V：90°10′20″ HR：120°30′40″ SD：131H678m 测量 模式 S/A P1↓

3）距离测量（*N* 次测量或单次测量）。当输入测量次数后，GTS—102n 系列就将按设置的次数进行测量，并显示出距离平均值，具体步骤见表 2.23。

表 2.23　　距离测量（*N* 次测量或单次测量）

操 作 过 程	操作	显 示
①照准棱镜中心	照准	V：90°10′20″ HR：120°30′40″ 置零 锁定 置盘 P1↓
②按[◢]键，连续测量开始	[◢]	HR：120°30′40″ HD *［r］ <<m VD： m 测量 模式 S/A P1↓
③当连续测量不再需要时，按[F1]键，“*”消失并显示平均值	[F1]	HR：120°30′40″ HD：123.456m VD：5.678m 测量 模式 S/A P1↓

4）精测、粗测、跟踪模式。精测模式是正常测距模式，最小显示单位为 0.2mm 或 1mm；跟踪模式观测时间比精测模式短，在跟踪目标或放样时很有用处，其最小显示单位为 10mm；粗测模式比观测时间比精测模式短，最小显示单位为 10mm 或 1mm，具体步骤见表 2.24。

表 2.24　　精测、粗测、跟踪模式

操 作 过 程	操作	显 示
①在距离测量模式下按[F2]键将显示精测、跟踪、粗测	[F2]	HR：120°30′40″ HD * 124.456m VD：5.678m 测量 模式 S/A P1↓ HR：120°30′40″ HD * 123.456m VD：5.678m 精测 跟踪 粗测 F

续表

操作过程	操作	显示
②按[F1]、[F2]或[F3]键，选择精测、跟踪或粗测	[F1]～[F3]	HR:120°30′40″ HD*[r] <<m VD: m 测量 模式 S/A P1↓
③要取消设置，按[ESC]键		

(3) 坐标测量。

1) 测站点坐标的设置。如图2.12所示，设置仪器（测站点）相对于坐标原点的坐标，仪器可自动转换和显示未知点在该坐标系中的坐标。

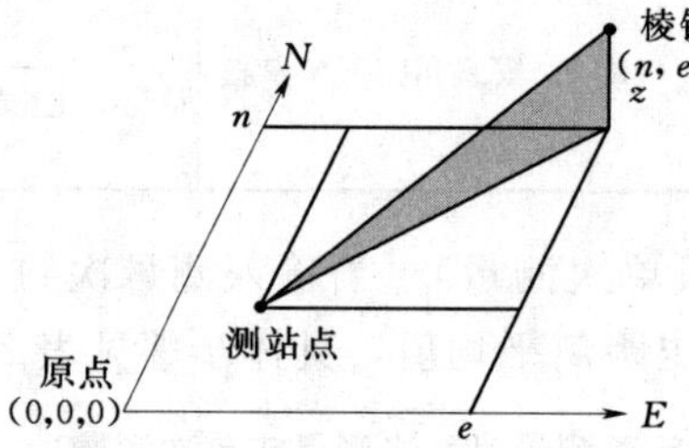

图2.12 拓普康全站仪坐标测量原理

测站点设置，见表2.25。

表2.25　测站点设置

操作过程	操作	显示
①在坐标测量模式下按[F4]（↓）键，进入第2页功能	[F4]	N:123.456m E:34.567m Z:78.912m 测量 模式 S/A P1↓ 镜高 仪高 测站 P2↓
②按[F3]（测站）键	[F3]	N= 0.000 m E: 0.000 m Z: 0.000 m ----[CLR][ENT]
③输入N坐标	[F1]输入 数据后按[F4]	N:−72.000m E: 0.000 m Z: 0.000 m ----[CLR][ENT]
④按同样方法输入E和Z坐标，输入数据后，显示屏返回坐标测量显示		N→ 51.456m E: 34.567m Z: 78.912m 测量 模式 S/A P1↓

2) 仪器高的设置。若需要测量未知点的高程，需要对仪器高度进行测量并设置，见表2.26。

表 2.26　　仪 器 高 的 设 置

操　作　过　程	操作	显　　示
①在坐标测量模式下按 F4（↓）键，进入第 2 页功能	F4	N:123.456m E:34.567m Z:78.912m 测量 模式 S/A P1↓ 镜高 仪高 测站 P2↓
②按 F2（仪高）键，显示当前值	F2	仪器高 输入 仪高： 0.000 m ------[CLR][ENT]
③输入仪器高	F1 输入仪器高按 F4	N:123.456 m E:34.567 m Z:78.912 m 测量 模式 S/A P1↓

3）目标高（棱镜高）的设置。若需要测量未知点的高程，需要对棱镜高度进行测量并设置，见表 2.27。

表 2.27　　目标高（棱镜高）的设置

操　作　过　程	操作	显　　示
①在坐标测量模式下按 F4（↓）键，进入第 2 页功能	F4	N: 123.456m E: 34.567m Z: 78.912m 测量模式 S/A P1↓ 镜高 仪高 测站 P2↓
②按 F1（镜高）键，显示当前值	F1	镜高 输入 镜高： 0.000m ------[CLR][ENT]
③输入棱镜高	F1 输入棱镜高按 F4	N: 123.456m E: 34.567m Z: 78.912m 测量 模式 S/A P1↓

4）测量未知点坐标。输入仪器高和棱镜高后，可直接测量未知点坐标，见表 2.28。

表 2.28　　测 量 未 知 点 坐 标

操　作　过　程	操作	显　　示
①设置已知点 *A* 的方向角	设置方向角	V: 90°10′20″ HR:120°30′40″ 置零 锁定 置盘 P1↓
②照准目标 *B*	照准棱镜	
③按 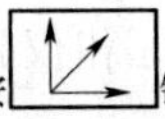 键，开始测量	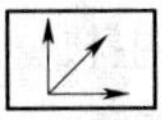	N*[r] <<m E: m Z: m 测量 模式 S/A P1↓
④显示测量结果		N:123.456m E:34.567m Z:78.912m 测量 模式 S/A P1↓

2.1.1.2 GNSS－RTK测量系统

1. GNSS－RTK测量系统简介

载波相位差分技术又称RTK（Real Time Kinematics）技术，它是建立在全球定位系统（GNSS）基础之上的实时动态定位技术，常规的GNSS测量方法，如静态、快速静态、动态测量都需要事后进行解算才能获得厘米级的精度，而RTK是能够在野外实时得到厘米级定位精度的测量方法，是GNSS应用的重大里程碑，它的出现为各种控制测量、地形测图、工程放样带来了新曙光，极大地提高了外业作业效率。

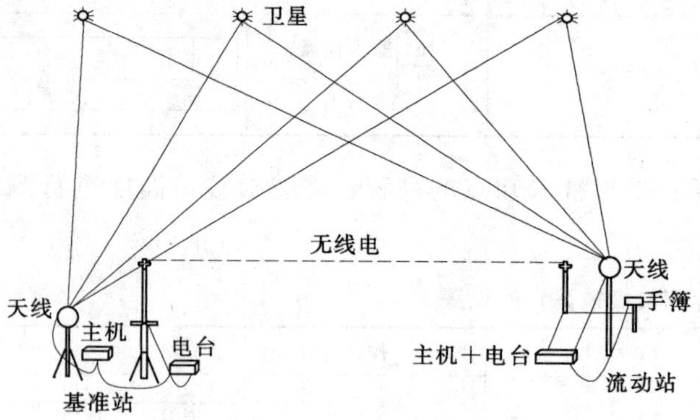

图2.13 RTK系统的组成

RTK技术是以载波相位观测值为根据的实时差分GNSS技术，它是GNSS测量技术发展的一个新突破。实时动态定位（RTK）系统由参考站和流动站组成（图2.13），建立无线数据通信是实时动态测量的保证，其原理是取点位精度较高的首级控制点作为基准点，安置一台接收机作为参考站，利用流动站在另外的两个以上的已知点上进行坐标转换以及数据匹配，参考站设备对所有可见的卫星进行连续观测，并将其感测数据，通过无线电传输设备，实时的发送给用户观测站，在用户观测站上，GNSS接收机在接收GNSS卫星信号的同时，通过无线电接收设备，接收参考站传输的观测数据，然后根据相对定位的原理，实时计算并显示用户站的三维坐标以及精度。

RTK技术具有以下优点：

（1）可以实时动态显示达到厘米级精度的测量成果（高程）。

（2）彻底摆脱了由于粗差造成的返工，作业效率高。

每个放样点只需要停留1～2s，若用其进行地形测量，每天可以完成0.8～1.5km的地形图测绘，其精度和效率是常规测量所无法比拟的。

（3）可以进行全地形、全天候的测量。

（4）GNSS－RTK测量技术的应用，将极大地推进数字化地形测量技术的发展，使数字化地形测量实现自动化或半自动化。

2. GNSS－RTK的基本使用（以科力达风云K9为例）

科力达风云K9由两部分组成，即基准站部分和移动站部分。其操作步骤是先启动基准站，后进行移动站操作，最后将所采集的数据传输到计算机上进行解算和处理。

（1）科力达风云K9主机。科力达风云K9接收机如图2.14所示，指示灯和仪器设置如图2.15所示。

指示灯在面板的上方，从左向右依次是“状态指示灯”“数据链灯”“卫星/蓝牙灯（SAT/BT）”“内置电池指示灯”和“电源灯”各灯以及按键代表的含义如图2.16所示。

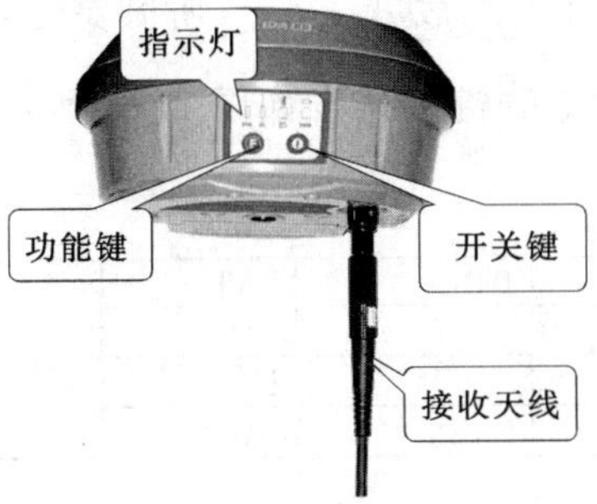

图 2.14　科力达风云 K9 接收机

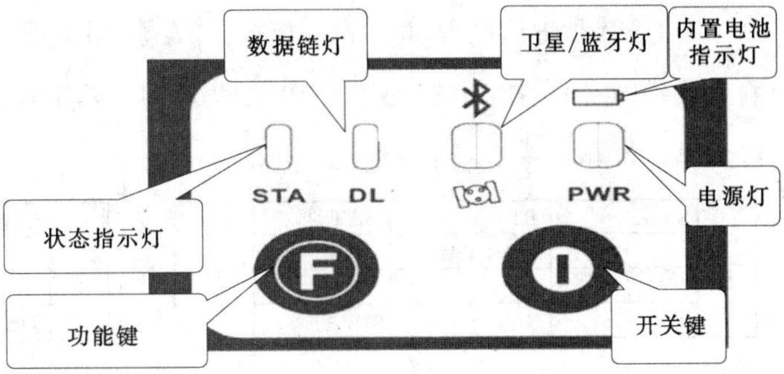

图 2.15　指示灯和仪器设置

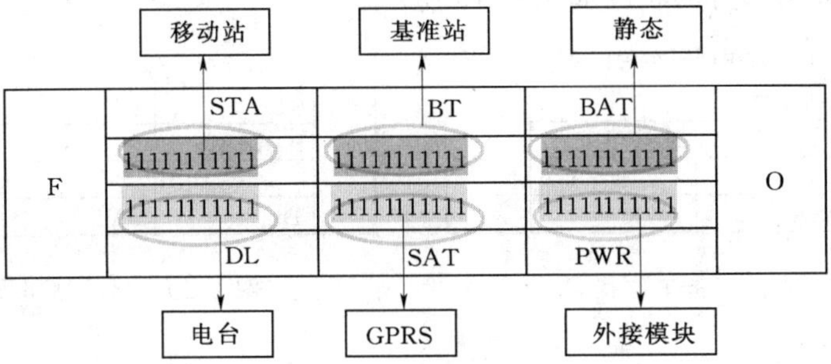

图 2.16　指示灯及其含义

各灯以及按键代表的含义：

F——功能键，负责工作模式的切换以及电台、GPRS 模式的切换。

STA——在静态模式下表示记录灯；在动态模式下表示数据链模块是否正常运作。

DL——在静态模式下长亮；在动态模式下表示数据链模块是否正常运作。

BT——蓝牙连接。

SAT——卫星数量。

BAT——内置电池：长亮表示供电正常；闪烁表示电量不足。

PWR——外接电源：长亮表示供电正常；闪烁表示电量不足。

O——开关键，开关机以及确认［长按 O 键 3～10s 关机（三声关机）］。

（2）基准站部分。在基准站架设点上安置脚架，安装上基座，再将基准站主机用连接器安置于基座之上，对中整平（如架在未知点上，则大致整平即可）。基准站架设点可以架在已知点或未知点上，这两种架法都可以使用，但在校正参数时操作步骤有所差异。为了让主机能搜索到多数量卫星和高质量卫星，基准站一般应选在周围视野开阔，避免在截止高度角 15°以内有大型建筑物；避免附近有干扰源，如高压线、变压器和发射塔等；不要有大面积水域；为了让基准站差分信号能传播得更远，基准站一般应选在地势较高的位置。具体做操步骤如下：

1） O ＋ F 长按等六个灯都同时闪烁。

2）按 F 键选择本机的工作模式，当 BT 灯亮按 O 键确认（图 2.17），选择基准站工作模式。

3）等数秒钟后电源灯正常后长按[F]键等STA和DL灯闪烁放开[F]键（听到第二声响后放手即可），按[F]键SAT、PWR循环闪，当PWR亮按[O]键确认，如图2.18所示，选择电台传输方式。

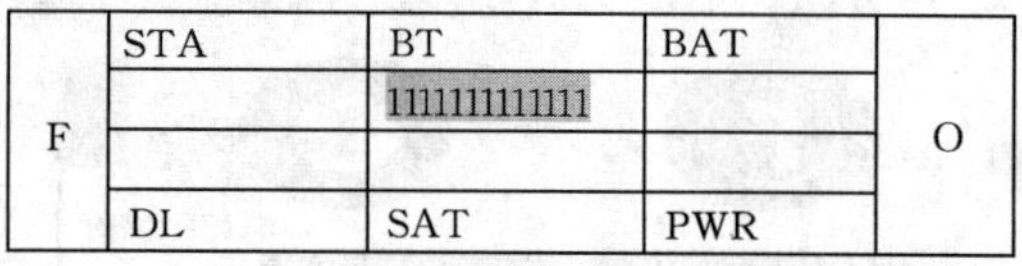

图2.17　基准站工作模式选择

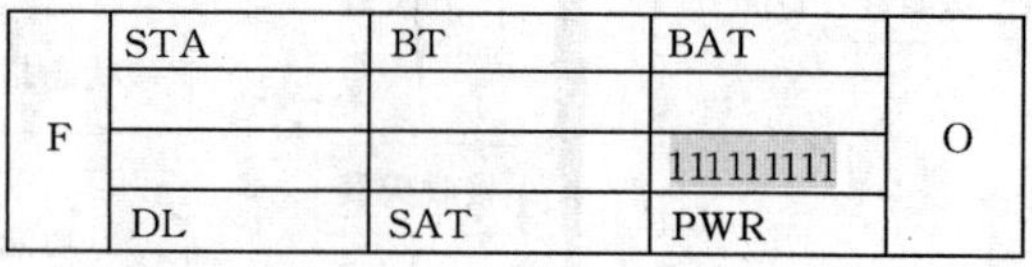

图2.18　基准站电台传输方式选择

基准站正常发射后灯的状况如图2.19所示。

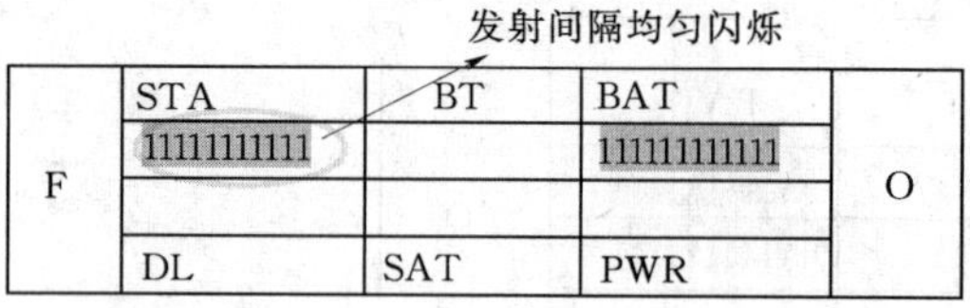

图2.19　基准站正常工作状态

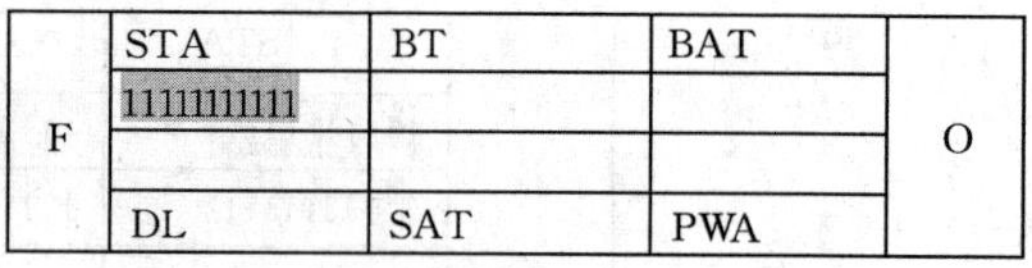

图2.20　移动站工作模式选择

（3）移动站部分。

1）[O]＋[F]长按等六个灯都同时闪烁。

2）按[F]键选择本机的工作模式，当STA灯亮按[O]键确认（图2.20），选择移动站工作模式。

3）等数秒钟后电源灯正常后长按[F]键等STA和DL灯闪烁放开[F]键（听到第二声响后放手即可），按[F]键DL、SAT、PWR循环闪，当DL指示灯亮按[O]键确认，如图2.21所示，选择电台传输方式。

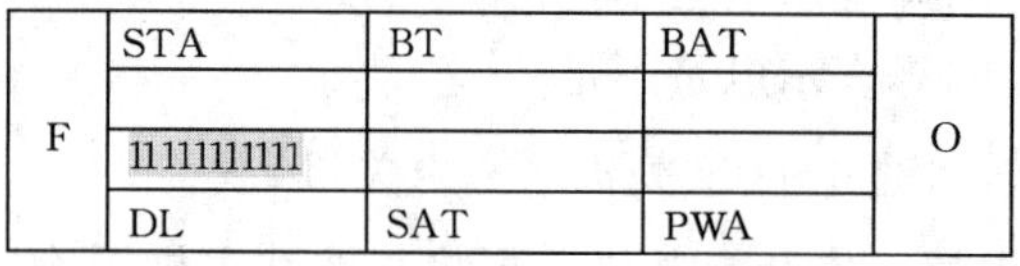

图2.21　移动站电台传输方式选择

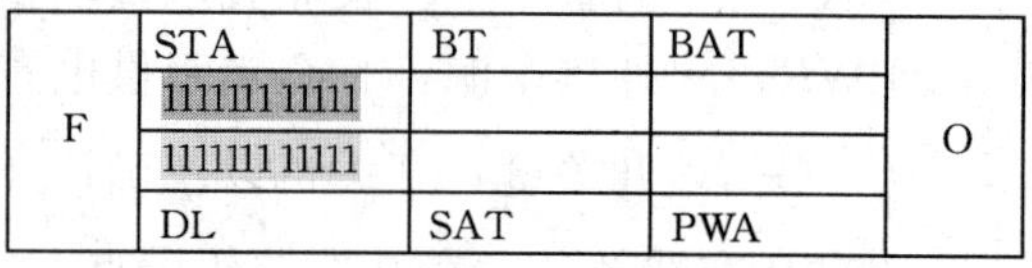

图2.22　移动站电台模式

4）工作过程中按一下[F]键灯的状态如图2.22所示，表示目前是移动站电台模式（3s后自动转入工作状态）。

移动站电台模式灯的状况如图2.23所示。

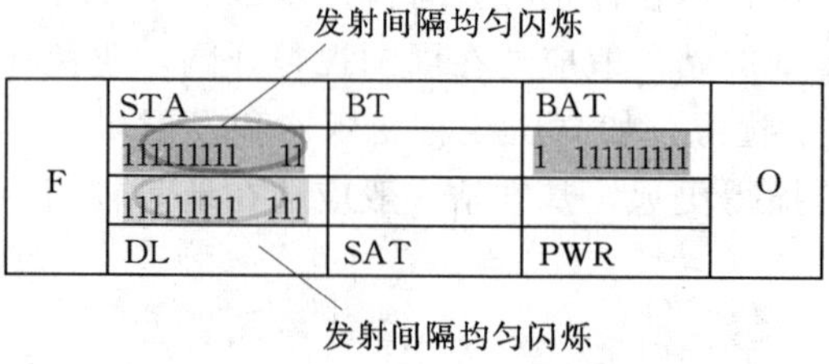

图2.23　移动站正常工作状态

（4）手簿部分。根据RTK的原理，基准站和流动站直接采集的都为WGS—84坐标，基准站一般以一个WGS—84坐标作为起始值来发射，实时地计算点位误差并由数传电台发射出去，流动站同步接收 WGS—84 坐标并通过数传电台来接收基准站的实时数据，条件满足后就可达到固定解，流动站就可实时得到高精度的三维坐标，这样就保证了基准站与流动站之间的测量精度。如果要符合到已有的已知点上，需要把 WGS—84 坐标系统转换到当地坐标系统，求出转换参数。因此，在手簿中需要打开 GNSS 主机，然后对手簿进行如下设置。

1）“开始”→“设置”→“控制面板”，双击“Bluetooth 设备属性”，如图 2.24 所示。

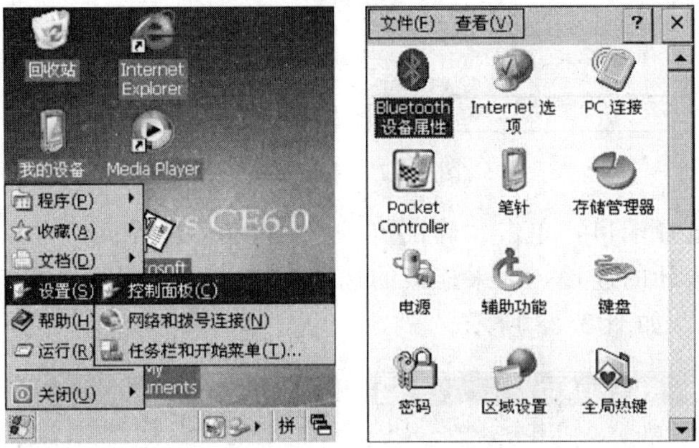

图 2.24 Bluetooth 设备属性

2）在蓝牙设备管理器中选择“设置”，选择“启用蓝牙”，如图 2.25 所示。

3）在蓝牙设备管理器界面选择“蓝牙设备”，打开 GNSS 主机，单击“扫描设备”后手簿会进行蓝牙搜索，几秒钟（附近蓝牙设备多的话时间会长一点）后，会出现搜索结果，如图 2.26 所示。

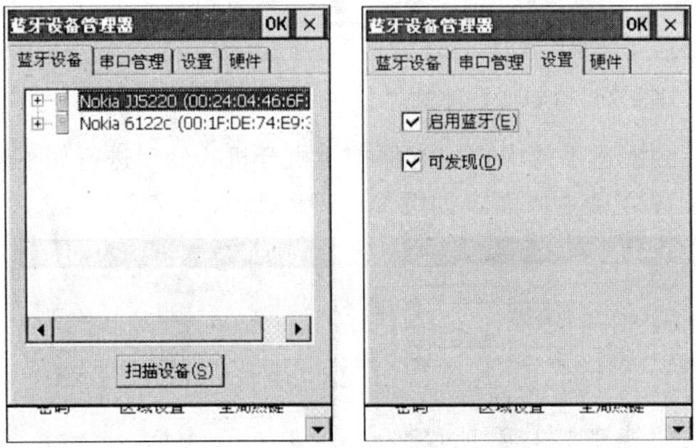

图 2.25 启用蓝牙

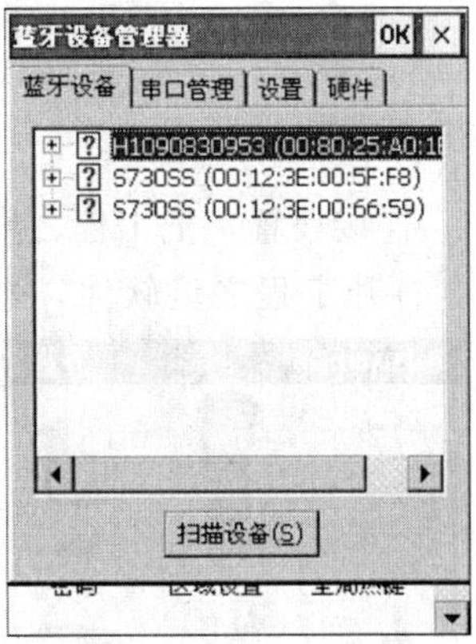

图 2.26 扫描设备

4）根据自己主机的编号单击相应的选项前面的“+”，例如单击“H1090830953”数据项前面的“+”，会出现几个子菜单选项，单击“串口服务”，进入“连接蓝牙串口服务”界面，如图 2.27 所示。

5）进入串口服务界面，有两个选择项：串口前缀（选 COM 口）和串口号。在串口

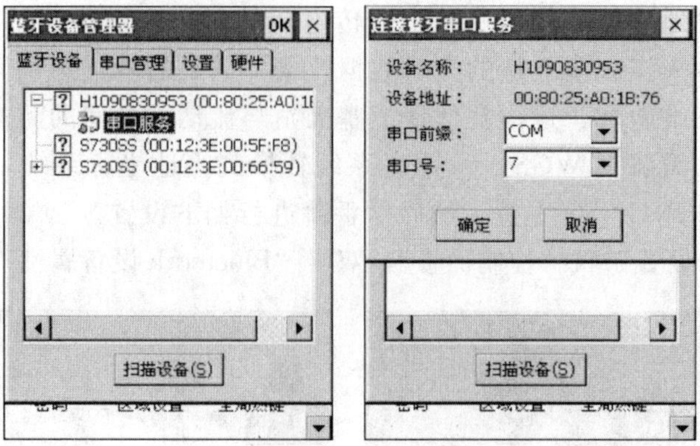

图 2.27　串口服务

号后面的选项框中选择端口，单击“确定”，进入串口管理界面，可以看到蓝牙的配置情况（此处可以删除蓝牙的连接，如果连接的选项太多，会占用很多的串口，可以在此处删除），蓝牙配置完成，如图 2.28 所示。

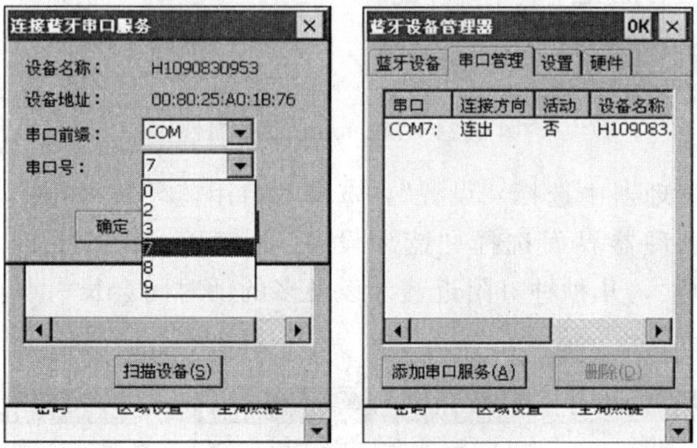

图 2.28　COM 口设置

6）连接设置，把工程之星安装到上述手簿中，同时保持主机开机，然后进行如下设置：

a. 打开工程之星软件，进入工程之星主界面，如图 2.29 所示。

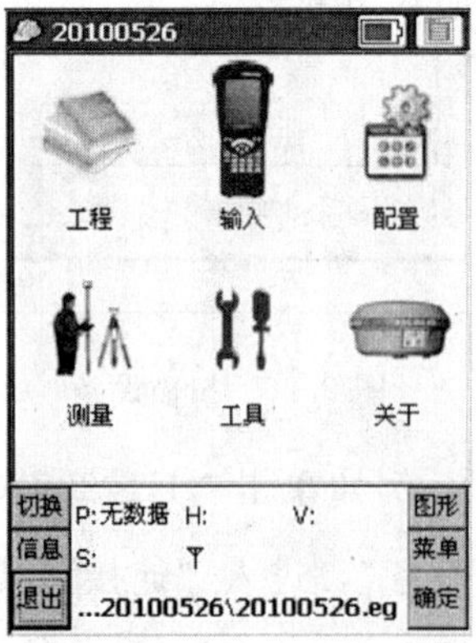

图 2.29　工程之星主界面

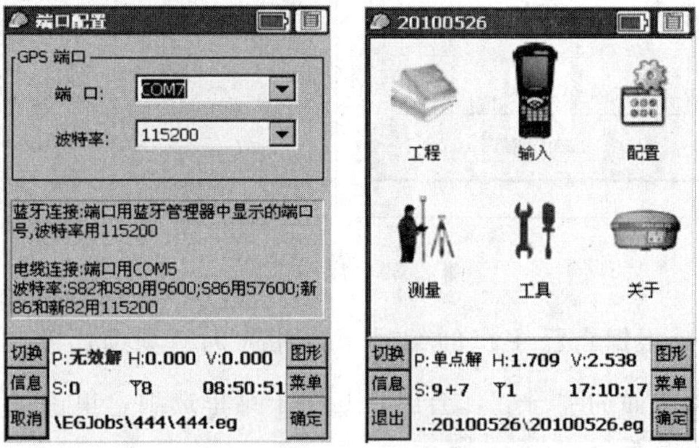

图 2.30　端口配置

b. 进入“配置”→“端口配置”，在端口后选择框中选择相应的端口，波特率按手簿上的说明输入，单击“确定”。如果连接成功，状态栏中将显示相关数据。然后就可以开始测量或放样工作，如图 2.30 所示。

2.1.2　图根控制测量

进行大比例尺数字化测图，由于国家控制网的点位稀少，不能满足测图的需要，这时就需在测区内加密适当数量的控制点，直接为测图的碎部数据采集所用，这些点称为图根控制点。通过一定的测量仪器和测量方法，精确的求出其三维坐标的过程，称为图根控制测量。图根控制测量按施测的项目不同分为图根平面控制测量和高程控制测量。传统的平面控制测量方法有导线测量、三角测量、交会测量等，高程控制测量有图根水准测量和三角高程测量。这些测量方法普遍存在着外业工作量大，效率低等缺点。

近几年随着测量仪器的不断发展改进和人们在实践中不断总结经验，新兴了多种既能保证测图精度又极大提高了工作效率的图根控制测量方法，如全站仪导线测量、全站仪一步测量法、全站仪辐射点法、GNSS-RTK 控制测量等。

图根点密度方面，由于采用光电测距，测站点到地物、地形点的距离即使较远也能保证测量精度，故对图根点的密度要求已不很严格。通视条件好的地方，图根点可稀疏些；地物密集、通视困难的地方，图根点可密些。《城市测量规范》（CJJ/T 8—2011）规定，图根控制点（包括高级控制点）的密度，应以满足测图需要为原则，一般不低于表 2.29 的要求。

表 2.29　　图根控制点密度

测图比例尺	1：500	1：1000	1：2000
图根控制点的密度/（点数/km^2）	64	16	4

在城市地区，为满足 1：500～1：2000 比例尺地形图测绘和城市建设的需要，需在国家控制网的控制下依据城市范围大小布设不同等级的平面控制网。城市导线测量的主要技术指标见表 2.30。

表 2.30　　城市导线测量的主要技术指标

等级	导线长度/km	平均边长/km	测角中误差/（″）	测距中误差/mm	测回数			方位角闭合差/（″）	导线全长相对闭合差
					DJ_1	DJ_2	DJ_6		
三等	15	3	±1.5	±18	8	12	—	$3\sqrt{n}$	≤1/60000
四等	10	1.6	±2.5	±18	4	6	—	$5\sqrt{n}$	≤1/40000
一级	3.6	0.3	±5	±15	—	2	4	$10\sqrt{n}$	≤1/14000
二级	2.4	0.2	±8	±15	—	1	3	$16\sqrt{n}$	≤1/10000
三级	1.5	0.12	±12	±15	—	1	2	$24\sqrt{n}$	≤1/6000

注　n 为测站数。

下面介绍几种常用的图根控制测量方法。

2.1.2.1 全站仪导线测量

导线测量的特点是易于自由扩展，地形条件限制少，观测方便、控制灵活。全站仪导线测量与传统的导线测量布设形式完全相同，一般分为以下几种：单一闭合导线、单一附合导线、支导线及导线网（图2.31）。不同的是全站仪在一个点位上，可以同时测定后视方向与前视方向之间所夹的水平角、照准方向的垂直角或天顶距、测站距后视点和前视点的倾斜距离或水平距离、测站与后视点以及前视点间的高差，也就是全站仪在一个点位上可以同时进行三要素的测量，与传统导线测量相比，极大地提高了工作效率。

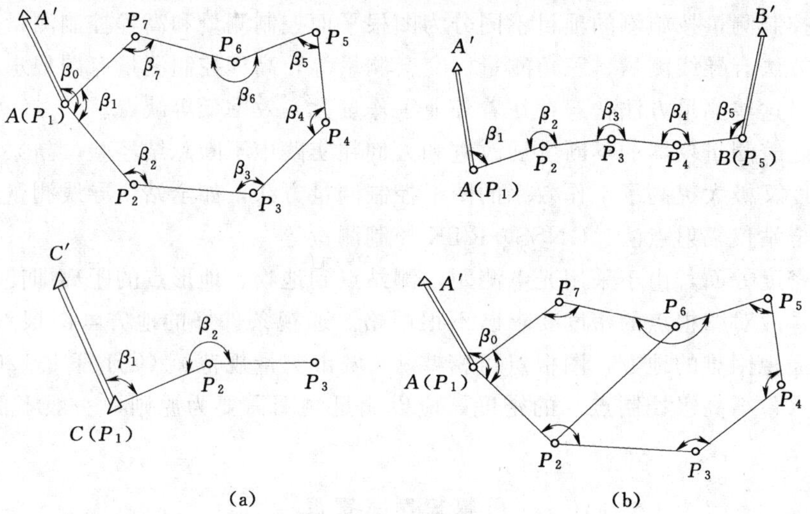

图2.31 导线的几种形式

一般来讲，导线的边长采用全站仪双向施测，每个单向施测一测回，即盘左盘右分别进行观测，读数较差和往返测较差均不宜超过20mm。测边应进行气象改正。

水平角施测一测回，测角中误差不宜超过20″。

每边的高差采用全站仪往返观测，每个单向施测一测回，即盘左盘右分别进行观测，盘左盘右和往返测高差较差均不宜超过0.02Dm。D为边长，单位为km，300m以内按300m计算。

全站仪导线测量角度闭合差不大于$\pm 60''\sqrt{n}$（n为测站数），导线相对闭合差不大于1/2500，高差闭合差不大于$\pm 40\sqrt{D}$mm（D为边长，单位为km）。

2.1.2.2 一步测量法

所谓一步测量法就是将图根导线与碎部测量同时作业，比较适合于小面积测量。一步测量法对图根控制测量少设一次站，少跑一遍路，提高外业效率是明显的。如果导线闭合差超限，只需重测导线错误处，用正确的导线点坐标，对本站所测的全部碎部点重算就可重新绘图，因而在数字测图中采用“一步测量法”是合适的。如图2.32所示，A、B为已知点，1、2、3、4为图根点，1′、2′、3′、4′、…为碎部点，一步测量法作业步骤如下。

(1) 全站仪置于A点，后视B点，前视1点测水平角、垂直角和距离，以此来推算出 1 点三维坐标，此坐标为近似坐标，以下施测坐标均为近似坐标。

（2）不搬运仪器，实测 A 点周围的碎部点 1′、2′、…，根据 A 点坐标可得该站测量的碎部点坐标。

（3）A 站测量完毕，仪器搬到 1 点，后视 A 点，前视 2 点测水平角、垂直角和距离，得 2 点坐标；再实测 1 点周围碎部点，根据 1 点坐标可得该站测量的碎部点坐标，及时绘制草图、标注测点角度、距离及碎部点点号。

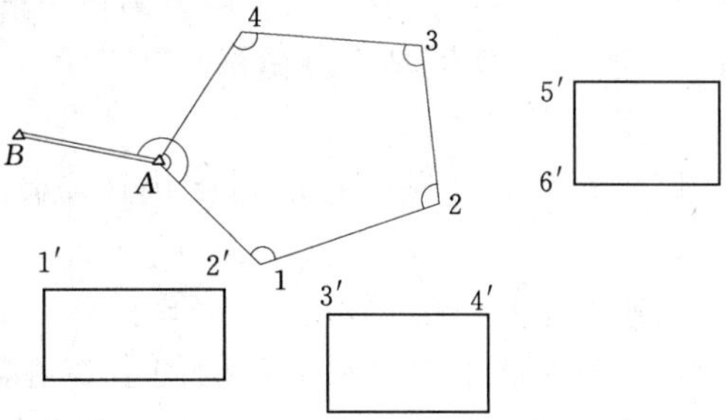

图 2.32　一步测量法

（4）待测回 A 点，则可由测量的导线数据计算闭合导线闭合差、高差闭合差，并对导线平差处理，然后利用平差后的导线点三维坐标，再重新改算各碎部点的三维坐标。

2.1.2.3　辐射点法

在数字测图的图根控制中，对于小区域的数字测图，可利用全站仪“辐射点法”直接测定图根控制点，如图 2.33 所示。辐射点法就是在某一通视良好等级控制点安置全站仪，用极坐标测量方法，按全圆方向观测方式直接测定周围选定的图根点坐标，测站点相对于邻近图根点，点位的中误差不应大于 $0.1\times M\times10^{-3}$ m（M 为比例尺分母），高程中误差不应大于测图基本等高距的 1/6。该法最后测定的一个点必须与第一个点重合，以检查观测质量。

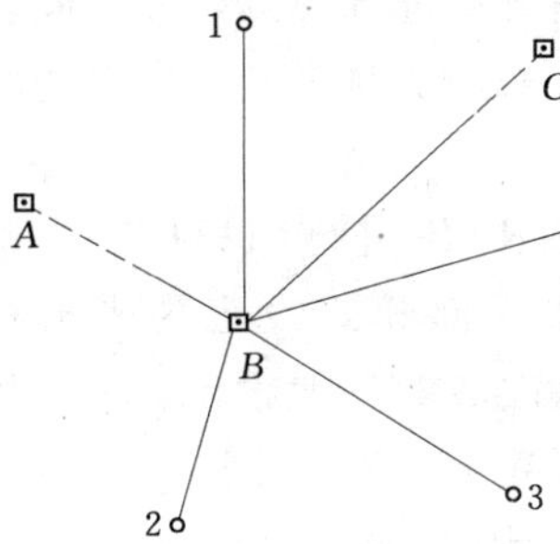

图 2.33　辐射法图根控制测量示意图

2.1.2.4　全站仪支站法

测图时应尽量利用各级控制点作为测站点，在地物、地貌极其复杂零碎时，要在各级控制点上测绘所有的碎部点往往是困难的。因此，除了利用各级控制点外，还要用全站仪支站法增设测站点，但切忌用增设测站点作大面积的测图。

1. 测站点测定方法

增设测站点是在控制点或图根点上，采用极坐标法、交会法及支导线测定测站点的坐标和高程。用支导线增设测站时，用三联脚架法既保证了方向传递的精度，又可提高作业效率。

2. 测站点点位精度要求

数字测图时，测站点的点位精度，相对于附近图根点的中误差不应大于图上 0.2mm，高程中误差不应大于测图基本等高距的 1/6。

2.1.2.5　GNSS－RTK 测量

利用 RTK 进行图根控制测量不受天气、地形、通视等条件的限制，仪器操作简便、机动性强、自动化程度高，工作效率比传统方法提高数倍，大大节省人力，而且实时提供经过检验的成果资料，无需数据后处理，不仅能够达到导线测量的精度要求，而且误差分布均匀，不存在误差积累问题。所以，当测区面积较大时，首选的图根控制测量方法就是

GNSS-RTK 测量。该方法一般分为以下两种：一是利用双频 RTK 实现快速静态作业模式；二是 RTK 实时动态测量法。

1. 快速静态作业法

快速静态定位测量就是利用快速整周模糊度解算法原理所进行的 GNSS 静态定位测量。

快速静态定位模式要求 GNSS 接收机在每一流动站上，静止地进行观测。在观测过程中，同时接收基准站和卫星的同步观测数据，实时解算整周未知数和用户站的三维坐标，如果解算结果的变化趋于稳定，且其精度已满足设计要求，便可以结束实时观测。在图根控制测量中，利用快速静态测量大约 5min，即可达到图根控制点点位的精度要求。因此，快速静态定位具有速度快、精度高、效率高等特点。

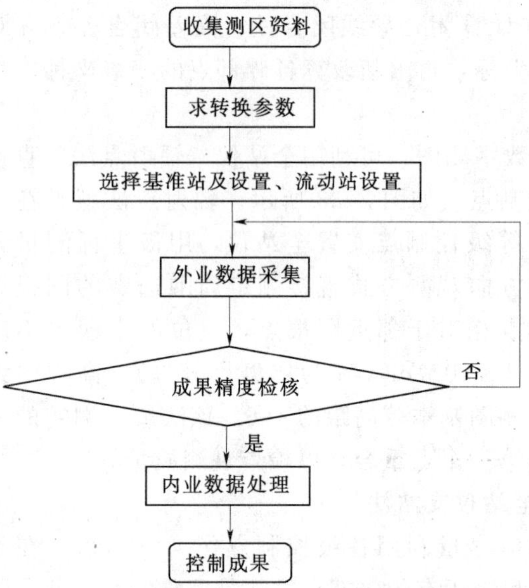

图 2.34　RTK 图根作业流程

2. RTK 实时动态测量法

RTK 实时动态定位测量前需要在一控制点上静止观测数分钟（有的仪器只需 2～10s）进行初始化工作，之后流动站就可以按预定的采样间隔自动进行观测，并连同基准站的同步观测数据，实时确定采样点的空间位置。

利用实时动态 RTK 进行图根控制点测量时，一般将仪器存储模式设定为平滑存储，然后设定存储次数，一般设定为 5～10 次（可根据需要设定），测量时其结果为每次存储的平均值，其点位精度一般为 1～3cm。实践证明 RTK 实时动态测量图根控制点能够满足大比例尺数字测图对图根控制测量的精度要求。

RTK 图根控制测量简单的作业流程如图 2.34 所示。

任务 2.2　全站仪数据采集

2.2.1　碎部点数据采集原理

2.2.1.1　碎部点坐标测算方法

对碎部点进行坐标测算，目的是要获得点的定位信息。在数字测图中，由于设备和成图方法的局限，一般不能像白纸测图那样在现场对地物、地貌进行模拟绘制，而需测量大量的碎部点供绘图使用。如果用全站仪测量全部碎部点，工作量太大，而且有些点无法直接测定。因此要灵活运用各种方法，提高碎部点测量的工作效率。

这种结合数字测图设备特点，充分运用图形几何关系的碎部点测量方法通常称为碎部点坐标“测算法”。其基本思路：一是用全站仪极坐标法测定一些基本碎部点，作为对其它碎部点进行定位的依据；二是用半仪器法（比如方向法、勘丈法）推定一些碎部点；三是充分利用直线、直角、平行、对称、全等等几何特征推求一些碎部点。

数字测图软件一般都能很方便地利用半仪器法、勘丈法获取的数据进行绘图。可以说，只要用几何作图方法能够确定位置的点都可以用“测算法”求出点的坐标。

下面介绍几种常用的碎部点坐标测算方法的原理及应用特点。

1. 仪器测量法

（1）极坐标法。极坐标法是测量碎部点最常用的方法。用全站仪极坐标法进行数据采集，具有速度快、精度高的优点，对于需要采集的碎部点，应尽量用此方法测量。

如图2.35所示，Z 为测站点，O 为定向点，P_i 为待求点。在 Z 点安置仪器，量取仪器高 I，照准 O 点，配置定向点 O 的方向值 α_O（即 ZO 方位角），然后照准待求点 P_i，量取觇标高（反射镜高）V_i，读取方向值 α_i（方位角），再测量出 Z 至 P_i 点间的水平距离 D_i 和竖直角 A_i，则待定点坐标和高程可由式（2.7）求得

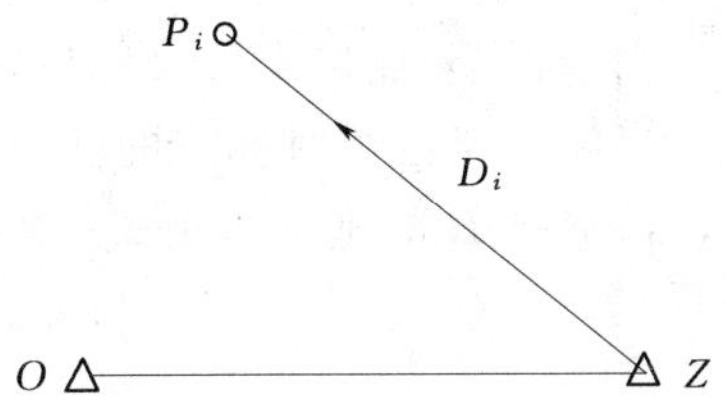

图2.35 极坐标法

$$\left.\begin{aligned} X_i &= X_Z + D_i \cdot \cos\alpha_i \\ Y_i &= Y_Z + D_i \cdot \sin\alpha_i \\ H_i &= H_Z + D_i \cdot \tan A_i + I - V_i \end{aligned}\right\} \tag{2.7}$$

（2）照准偏心法。当待求点与测站不通视或无法立镜时，可使用照准偏心法间接测定碎部点的点位。该法包括直线延长偏心法、距离偏心法、角度偏心法。

1）直线延长偏心法。如图2.36所示，Z 为测站点，在测得 A 点坐标后，欲测定 B 点，但 Z、B 间不通视。此时可在地物边线方向找到 B' 或 B'' 点作为辅助点，先用极坐标法测定其坐标，再用钢尺量取 BB'（或 BB''）的距离 D_1（或 D_2），即可按式（2.8）求出 B 点坐标：

$$\left.\begin{aligned} X_B &= X_{B'} + D_1 \cdot \cos\alpha_{AB'} \\ Y_B &= Y_{B'} + D_1 \cdot \sin\alpha_{AB'} \end{aligned}\right\} \tag{2.8}$$

内业作图时，只要以 AB'（或 AB''）为方向，B'（或 B''）为起点，延长 D_1（或缩短 D_2）即可画出 B 点。

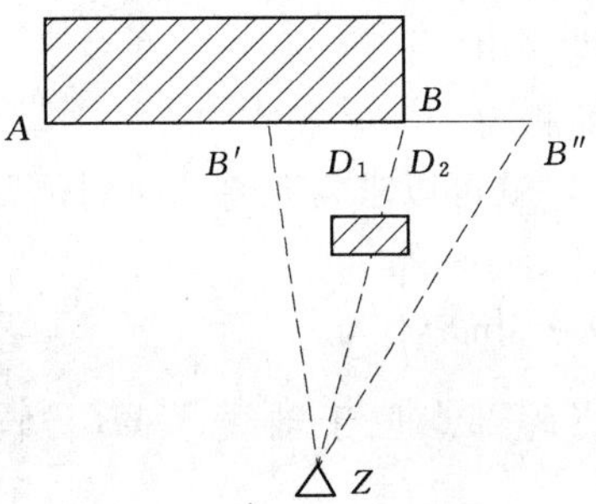

图2.36 直线延长偏心法

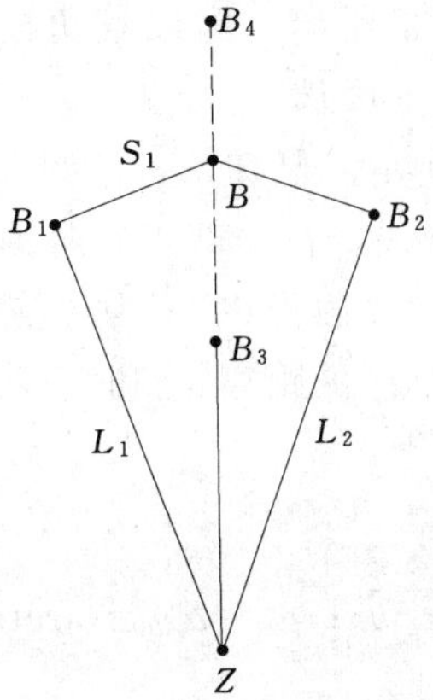

图2.37 距离偏心法

2）距离偏心法。如图 2.37 所示，欲测定 B 点，但 B 点不能立标尺或棱镜，可先用极坐标法测定偏心点 B_i（水平角读数为 L_i，水平距离为 S_{ZB_i}），再丈量偏心点 B_i 到目标点 B 的距离 ΔS_i，即可求出目标点 B 的坐标。当偏心点位于目标点的左边或右边时有

$$\left.\begin{aligned}X_B&=X_{B_i}+\Delta S\cdot\cos\alpha_{B_iB}\\Y_B&=Y_{B_i}+\Delta S\cdot\sin\alpha_{B_iB}\end{aligned}\right\}\tag{2.9}$$

其中 $\alpha_{B_iB}=\alpha_{Z0}+L_i\pm90°$（当 $i=1$ 时，取“+”，当 $i=2$ 时，取“－”）。

在选择 B_i 点位安置反射棱镜时，应注意使 $ZB_i\perp B_iB$。

当偏心点位于目标点的前方或后方，即偏心点在测站和目标点的连线上（B_3 或 B_4）时，目标点 B 的坐标可由式（2.10）求出：

$$\left.\begin{aligned}X_B&=X_Z+(D_{ZB_i}\pm\Delta S)\cdot\cos\alpha_{ZB}\\Y_B&=Y_Z+(D_{ZB_i}\pm\Delta S)\cdot\sin\alpha_{ZB}\end{aligned}\right\}\tag{2.10}$$

其中 $\alpha_{ZB}=\alpha_{Z0}+L_B$（当 $i=3$ 时，取“+”，当 $i=4$ 时，取“－”）。

内业作图时，只要过 B_i 做 ZB_i 的垂线，在垂线上以 B_i 为起点，截一距离为 ΔS_i，即可找到 B 点位置。

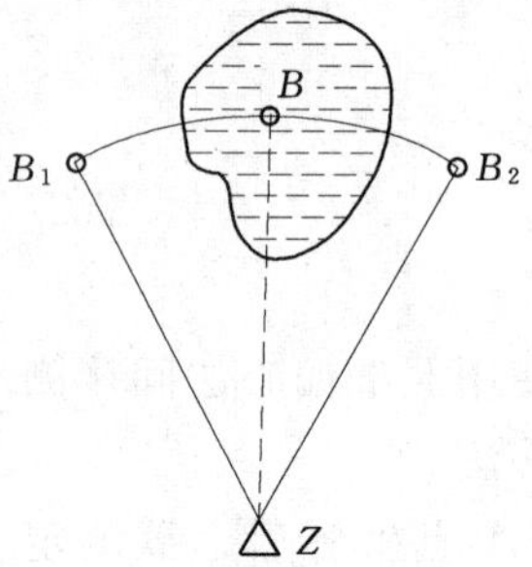

图 2.38 角度偏心法

3）角度偏心法。如图 2.38 所示，欲测定目标点 B，由于 B 点无法达到或无法立镜，将棱镜安置在以 ZB 为半径的圆弧上的 B_i 处，先照准棱镜测距（D_{ZB_i}），再照准目标 B 测量方向值 α_{ZB}，则 B 点的坐标可由式（2.11）计算出：

$$\left.\begin{aligned}X_B&=X_Z+D_{ZB_i}\cdot\cos\alpha_{ZB}\\Y_B&=Y_Z+D_{ZB_i}\cdot\sin\alpha_{ZB}\end{aligned}\right\}\tag{2.11}$$

内业作图时，只要以 Z 为圆心，D_{ZB_i} 为半径，α_{ZB} 为方位角，就可找到 B 点位置。

2. 勘测丈量法

在局部、隐蔽的地方，可用钢尺量距，并利用已测定的碎部点和直线、直角特性确定其它碎部点的位置。这种方法称勘测丈量法，简称勘丈法。

（1）直角坐标法。直角坐标法又称为正交法，它是借助测线和垂直短边支距测定目标点的方法。正交法使用钢尺量距离，配以直角棱镜作业。支距长度不得超过一个尺长。

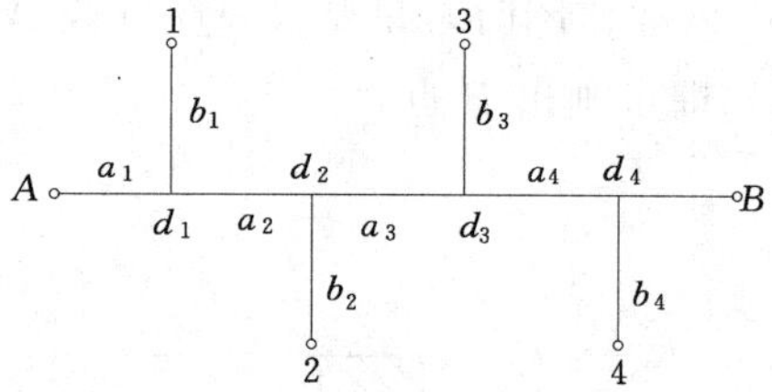

图 2.39 直角坐标法

如图 2.39 所示，已知 A、B 两点，欲测碎部点 i，则以 AB 为轴线，自碎部点 i 向轴线作垂线（由直角棱镜定垂足）。假设以 A 为原点，只要量测得到原点 A 至垂足 d_i 的距离 a_i 和垂线的长度 b_i，就可以求得碎部点 i 的位置。

$$\left.\begin{aligned}X_i&=X_A+D_i\cdot\cos\alpha_i\\Y_i&=Y_A+D_i\cdot\sin\alpha_i\end{aligned}\right\}\tag{2.12}$$

式中，$D_i=\sqrt{a_i^2+b_i^2}$；$\alpha_i=\alpha_{AB}\pm\arctan\dfrac{b_i}{d_i}$［当碎部点位于轴线（$AB$ 方向）左侧时，取“－”，右侧时取“+”］。

(2) 距离交会法。如图 2.40 所示，已知碎部点 A、B，欲测碎部点 P，则可分别量取 P 至 A、B 点的距离 D_1，D_2，即可求得 P 点的坐标。

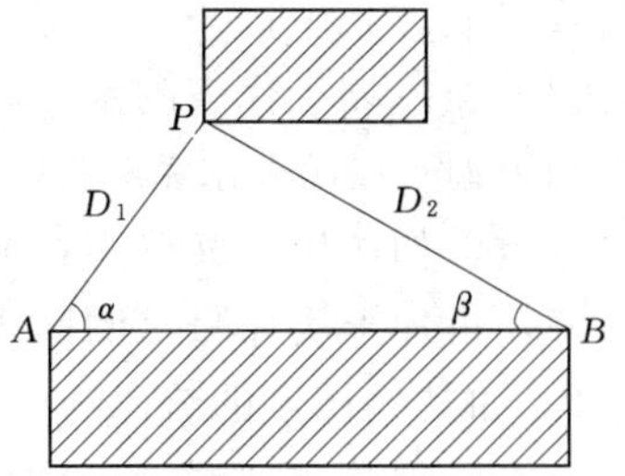

图 2.40　距离交会法

先根据已知边 D_{AB} 和 D_1，D_2 求出角 α、β：

$$\left.\begin{aligned}\alpha&=\arccos\frac{D_{AB}^2+D_1^2-D_2^2}{2D_{AB}\cdot D_1}\\\beta&=\arccos\frac{D_{AB}^2+D_2^2-D_1^2}{2D_{AB}\cdot D_2}\end{aligned}\right\}\tag{2.13}$$

再根据戎格公式即可求得 X_P、Y_P：

$$\left.\begin{aligned}X_P&=\frac{X_A\cdot\cot\beta+X_B\cdot\cot\alpha+(Y_B-Y_A)}{\cot\alpha+\cot\beta}\\Y_P&=\frac{Y_A\cdot\cot\beta+Y_B\cdot\cot\alpha-(X_B-X_A)}{\cot\alpha+\cot\beta}\end{aligned}\right\}\tag{2.14}$$

内业作图时，只要分别以 A、B 为圆心，D_1、D_2 为半径作圆弧，相交的其中一个点，就是所要求的 P 点。

2.2.1.2　数据编码

野外数据采集仪测定碎部点的位置（坐标）是不能满足计算机自动成图要求的，还必须将地物点的连接关系和地物属性信息记录下来。一般用一定规则构成的符号串来表示地物属性和连接关系等信息，这种有一定规则的符号串称为数据编码。数字测图中的数据编码要考虑的问题很多，如要满足计算机成图的需要，要简单、易记，还要便于成果资料的管理与开发。数据编码的基本内容包括：地物要素编码（或称地物特征码、地物属性码、地物代码）、连接关系码（点号连接、连接顺序、连接线型）、面状地物填充码等。数字测图系统内的数据编码一般在 6～11 位，有的全部用数字表示，有的用字符、数字混合表示。编码设计得好坏直接影响到外业数据采集的难易、效率和质量，而且对后续地形（地籍）资料的交换、管理、使用和建立地理信息资料库等都会产生很大的影响。

《大比例尺地形图机助制图规范》（GB 14912—1994）规定，野外数据采集编码的总形式为地形码+信息码。地形码是表示地形图要素的代码，可采用 GB 14804—1993 中相应的代码，也可采用汉语拼音速写码、键盘菜单以及混合编码等。GB 14804—1993 规定的地形图要素代码由四位数字码组成，共分为九个大类，并依次细分为小类、一级和二级。信息码是表示某一地形要素测点之间的连接关系。随着数据采集的方式不同，其信息编码的方法各不相同。无论采用何种信息编码，应遵循有利于计算机对所采集的数据进行处理和尽量减少中间文件的原则。

目前，国内开发的测图软件已经有很多，一般都是根据各自的需要、作业习惯、仪器设备及数据处理方法等设计自己的数据编码方案，还没有形成固定的标准。目前数据编码从结构和输入方法上区分，主要有全要素编码、块结构编码、简编码和二维编码。

1. 全要素编码方案

全要素编码要求对每个碎部点都要进行详细的说明。全要素编码通常是由若干个十进制数组成。其中每一位数字都按层次分，都具有特定的含义。首先参考图式符号，将地形要素分类。如1代表测量控制点；2代表居民地；3代表独立地物；4代表道路；5代表管线和垣栅；6代表水系；7代表境界；8代表地貌；9代表植被。然后，再在每一类中进行次分类，如居民地又分为：01代表一般房屋；02代表简单房屋；03代表特种房屋……。另外，再加上类序号（测区内同类地物的序号）、特征点序号（同一地物中特征点连接序号）。如某碎部点的编码为20101503，各数字的含义如下：

第一位数字"2"表示地形要素分类。

第二、第三位数字"01"表示地形要素次分类。

第四、第五、第六位数字"015"表示类序号。

第七、第八位数字"03"表示特征点序号。

这种编码方式的优点是各点编码具有唯一性，计算机易识别与处理，但外业编码输入较困难，目前很少使用。

2. 块结构编码方案

块结构编码将整个编码分成几大部分，如分为点号、地形编码、连接点和连接线型四部分，分别输入。地形编码是参考地形图式的分类，用3位整数将地形要素分类编码。如100代表测量控制点类的天文点、105代表导线点、200代表居民地类的一般房屋、209代表特种房屋。点号表示测量的先后顺序，用4位数字表示。连接点是记录与碎部点相连接的点号。连接线型是记录碎部点与连接点之间的线型，用一位数字表示。

清华山维的EPSW电子平板系统就是采用块结构编码方案。它分块输入，操作简单。下面结合EPSW系统简单介绍块结构编码方案。

（1）地形编码。地形图的地形要素很多，《国家基本比例尺地形图第一部分：1：500 1：1000 1：2000地形图图式》（GB/T 20257.1—2007）已将它们总结归类为以下10类。

1）测量控制点。

2）居民地。

3）工矿企业建筑物和公共设施。

4）独立地物。

5）道路及附属设施。

6）管线及垣栅。

7）水系及附属设施。

8）境界。

9）地貌与土质。

10）植被。

EPSW电子平板系统用3位数来表示每大类中的地形元素，第一位为类别号，代表上述十大类；第二、第三位为顺序号，即地物符号在某大类中的序号。例如，编码为105的地物，1为大类（即控制点类）、05为图式符号中顺序为5的控制点（即导线点）；106为埋石图根点。又如201为居民地类的一般房屋中的混凝土房。由于每一大类中的符号编码不能多于99个，而符号最多的第七类（水系及附属设施）却有130多个，符号最少的第一类（控制点）只有9个，因此EPSW系统在上述十大类的基础上作适当的调整。将水系及附属设施的编码分为两段，由700～799和850～899表示；将植被也放在第一类编码中，编码为120～189；将绘制符号的图元放在0类。这样每个地物符号都对应一个3位地形编码（简称编码）。

作业人员将3位地形编码全部记住是很困难的，EPSW系统采用了“无记忆编码”输入法，即将每一个地物和它的图式符号及汉字说明都编写在一个图块里，形成一个图式符号编码表（分主次页），存储在便携机内，只要按一下[A]键，编码表就可以显示出来；用光笔或鼠标点中所要的符号，其编码将自动送入测量记录中。所以无需记忆编码，随时可以查找。实际上，对于一些常用的编码，像导线点105、一般房屋点200等，多用几次也就记熟了。

（2）连接信息。连接信息可分解为连接点和连接线型。

当测点是独立地物时，只要用地形编码来表明它的属性，即知道这个地物是什么，应该用什么样的符号来表示。如果测的是一个线状或面状地物，这时需要明确本测点与哪个点相连，以什么线型相连，才能形成一个地物。所谓线型是指直线、曲线或圆弧线等。如图2.41所示大厅，第2测点须与1点以直线相连，3点须与2点直线相连，5点与4点、4点与3点则以圆弧相连（圆弧至少需要测3个点才能绘出），5点与1点以直线相连。有了点位、编码，再加上连接信息，就可以正确地绘出大厅了。

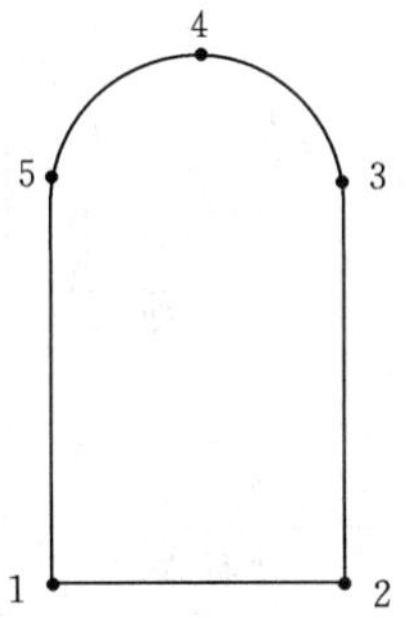

图2.41 线型相连关系

为了便于计算机的自动识别和输入，EPSW规定：1为直线；2为曲线；3为圆弧；空为独立点。连接线型只有4种，一般是容易区别和记忆的。有时圆或曲线不容易分辨，均可以曲线处理，对绘图影响不大。

3. 简编码输入方案

简编码就是在野外作业时仅输入简单的提示性编码，内业中经计算机识别后自动转换为程序内部码。或简编码一般由类别码、关系码和独立符号码3种组成，每种只有1～3位字符。其形式简单、规律性强，无需特别记忆，并能同时采集测点的地物要素和拓扑关系码。它也能够适应多人跑尺（镜）、交叉观测不同地物等复杂情况。

CASS系统的野外操作码（也称为简码或简编码）是由类别码、关系码和独立地物符号码3种组成，每种只有1～3位字符。其形式简单、规律性强，无需特别记忆，并能同时采集测点的地物要素和拓扑关系码。它也能够适应多人跑尺（镜）、交叉观测不同地物等复杂情况。

（1）类别码。类别码亦称地物代码，见表2.31。它是按一定的规律设计的，不需要特别记忆。如代码F0、F1、F2、…、F6分别表示特种房（坚固房）、普通房、一般房、……、简易房。F取“房”字拼音首字母，0～6表示房屋类型由“主”到“次”。又如代码D0、D1、D2、D3分别表示电线塔、高压线、低压线、通讯线等。另外，K0表示直折线型的陡坎，U0表示曲线型的陡坎；X1表示直折线型内部道路，Q1表示曲线型内部道路。由U、Q的外形很容易让我们想象到曲线。

表 2.31 **类别码符号及含义**

类型	符号及含义
坎类（曲）	K（U）+数字（0—陡坎；1—加固陡坎；2—斜坡；3—加固斜坡；4—垄；5—陡崖；6—干沟）
线类（曲）	X（Q）+数字（0—实线；1—内部道路；2—小路；3—大车路；4—建筑公路；5—地类界；6—乡、镇界；7—县、县级市界；8—地区、地级市界；9—省界线）
垣栅类	W+数字（0、1—宽为0.5m的围墙；2—栅栏；3—铁丝网；4—篱笆；5—活树篱笆；6—不依比例围墙，不拟合；7—不依比例围墙，拟合）
铁路类	T+数字［0—标准铁路（大比例尺）；1—标（小）；2—窄轨铁路（大）；3—窄（小）；4—轻轨铁路（大）；5—轻（小）；6—缆车道（大）；7—缆车道（小）；8—架空索道；9—过河电缆］
电力线类	D+数字（0—电缆塔；1—高压线；2—低压线；3—通讯线）
房屋类	F+数字（0—坚固房；1—普通房；2—一般房屋；3—建筑中房；4—破坏房；5—棚房；6—简单房）
管线类	G+数字［0—架空（大）；1—架空（小）；2—地面上的；3—地下的；4—有管堤的］
植被土质	拟合边界：B+数字（0—旱地；1—水稻；2—菜地；3—天然草地；4—有林地；5—行树；6—狭长灌木林；7—盐碱地；8—沙地；9—花圃） 不拟合边界：H+数字（0—旱地；1—水稻；2—菜地；3—天然草地；4—有林地；5—行树；6—狭长灌木林；7—盐碱地；8—沙地；9—花圃）
圆形物	Y+数字（0—半径；1—直径两端点；2—圆周三点）
平行体	P+［X(0—9)；Q(0—9)；K(0—6)；U(0—6)…］
控制点	C+数字（0—图根点；1—埋石图根点；2—导线点；3—小三角点；4—三角点；5—土堆上的三角点；6—土堆上的小三角点；7—天文点；8—水准点；9—界址点）

（2）关系码。关系码亦称连接关系码，见表2.32。共有4种符号：“+”“−”“A$”和“p”配合简单数字来描述测点间的连接关系。其中“+”表示连线依测点顺序进行；“−”表示连线依测点相反顺序进行；“p”表示绘平行体；“A$”表示断点标识符。

表 2.32 **关系码符号及含义**

符号	含义	示例
+	本点与上一点相连，连线依测点顺序进行	“+”“−”符号的意义： “+”“−”表示连线方向 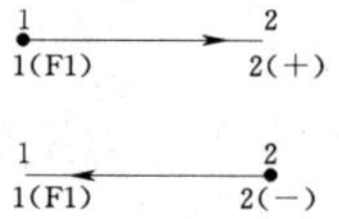
−	本点与下一点相连，连线依测点顺序相反方向进行	
n+	本点与上 *n* 点相连，连线依测点顺序进行	
n−	本点与下 *n* 点相连，连线依测点顺序相反方向进行	
P	本点与上一点所在地物平行	
np	本点与上 *n* 点所在地物平行	
+A$	断点标识符，本点与上点连	
−A$	断点标识符，本点与下点连	

（3）独立地物符号码。对于只有一个定位点的独立地物，用A××表示（表2.33），如A42表示普通电杆，A50表示阔叶独立树等。

表 2.33　　独立地物编码及符号含义

类别	编码及符号含义				
水系设施	A00 水文站	A01 停泊场（锚地）	A02 航行灯塔	A03 航行灯桩	A04 航行灯船
	A05 左航行浮标	A06 右航行浮标	A07 系船浮筒	A08 急流	A09 过江管线标
	A10 信号标	A11 露出的沉船	A12 淹没的沉船	A13 泉	A14 水井
土质	A15 石堆				
居民地	A16 学校	A17 沼气	A18 卫生所	A19 地上窑洞	A20 电视发射塔
	A21 地下窑洞	A22 窑	A23 蒙古包		
管线设施	A24 上水检修井	A25 下水雨水检修井	A26 圆形污水箅子	A27 下水暗井	A28 煤气、天然气检修井
	A29 热力检修井	A30 电信入孔	A31 电信出孔	A32 电力检修井	A33 工业石油检修井
	A34 液体气体储存设备	A35 不明用途检修井	A36 消火栓	A37 阀门	A38 水龙头
	A39 长形污水箅子				
电力设施	A40 变电室	A41 无线电杆、塔	A42 电杆		
军事设施	A43 旧碉堡	A44 雷达站			
道路设施	A45 里程碑	A46 坡度表	A47 路标	A48 汽车站	A49 臂板信号机
独立树	A50 阔叶独立树	A51 针叶独立树	A52 果树独立树	A53 椰子独立树	
工矿设施	A54 烟囱	A55 露天设备	A56 地磅	A57 起重机	A58 探井
	A59 钻孔	A60 石油、天然气井	A61 盐井	A62 废弃的小矿井	A63 废弃的平峒洞口
	A64 废弃的竖井井口	A65 开采的小矿井	A66 开采的平峒洞口	A67 开采的竖井井口	
公共设施	A68 加油站	A69 气象站	A70 路灯	A71 照射灯	A72 喷水池
	A73 垃圾台	A74 旗杆	A75 亭	A76 岗亭、岗楼	A77 钟楼、鼓楼、城楼

续表

类别	编码及符号含义				
公共设施	A78 水塔	A79 水塔烟囱	A80 环保监测站	A81 粮仓	A82 风车
	A83 水磨房、水车	A84 避雷针	A85 抽水机站	A86 地下建筑物天窗	
宗教设施	A87 纪念像碑	A88 碑、柱、墩	A89 塑像	A90 庙宇	A91 土地庙
	A92 教堂	A93 清真寺	A94 敖包、经堆	A95 宝塔、经塔	A96 假石山
	A97 塔形建筑物	A98 独立坟	A99 坟地		

数据采集时现场对照实地输入野外操作码，图2.42中点号旁的括号内容为输入结果。

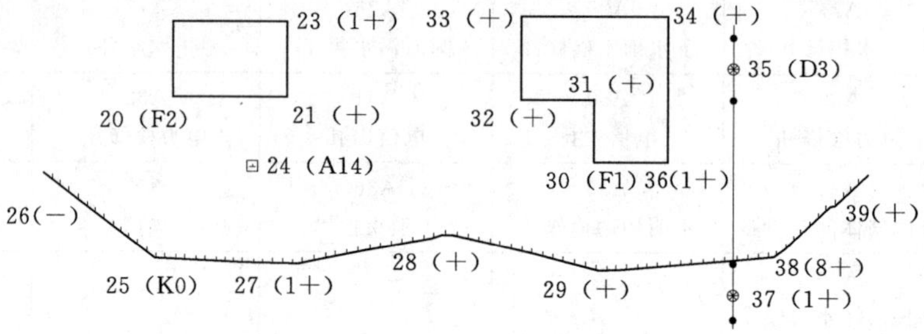

图2.42 野外实地对照操作码

4. 二维编码方案

GB 14804—1993规定的地形图要素代码只能满足制图的需要，不能满足GIS图形分析的需要。因此有些测图系统在GB 14804—1993规定的地形要素代码的基础上进行扩充，以反映图形的框架线、轴线、骨架线、标识点（Label点）等。二维编码（亦称主附编码）对地形要素进行了更详细的描述，一般由6～7位代码组成。下面以开思创力的SCSG2000测图系统为例，介绍二维编码方案。

SCSG2000系统的二维编码由5位主编码和2位附编码组成。主编码前4位为GB 14804—1993规定的地形要素代码，GB 14804—1993不足4位的，用“0”补齐为整形码；主编码后1位代码为在GB 14804—1993的基础上进一步细分类的码，无细分类时，用“0”补齐。附编码（第二维）为景观、图形数据分类代码。二维编码具体定义如下：

（1）中间注有不依比例尺独立符号的依比例尺地物，其独立符号用“主编码＋00”表示，范围边界用“主编码＋01”表示。

（2）带有辅助设施的复杂符号，其特征定位线的编码为“主编码＋00”，辅助设施符号编码为“主编码＋02”。

（3）带有辅助描述符的复杂符号，其特征定位线的编码为“主编码＋00”，辅助描述符编码为“主编码＋03”。

（4）用于表示某地物方向的箭头符号（如水流方向），其编码为“相应需表示方向的地物的主编码+04”。

(5) 为便于 GIS 作为网络分析，表示地物连通性的“双向轴线”(如道路准中心线)的编码为“轴线所描述地物的主编码+05”；表示地物连通性的“单向轴线”(如单行道的准中心线) 的编码为“轴线所描述地物的主编码+06”。

(6) Label 点 (标识点) 均以一点在相应多边形区域中标示，其编码为“所描述多边形的主编码+07”；Label 点标示的多边形将自动提至 Label 层 (原多边形不变)，其编码与 Label 点一致 (其区别为：一个是点符，一个是线或面符)。

(7) 为描述非封闭性面状地物的外形特征 (骨架线)，程序生成该地物的框架线的编码为“描述对象的主编码+08”。

(8) 有些线状符号本身不能描述其特征线 (骨架线)，程序将生成该符号的骨架线，骨架线的编码为“骨架线描述的地物的主编码+09”，符号本身视为辅助描述符。

(9) 所有直接用线形描述的符号 (该线即为符号的骨架线)，其编码为“主编码+00”。

(10) 所有点符号 (独立地物) 编码为“主编码+00”。

(11) 文字注记的编码为“该文字说明的符号的主编码+99”。

(12) 框架线、轴线、骨架线、Label 点分别作为一个图层管理，见表 2.34。

表 2.34　　框架线、轴线、骨架线与 Label 点的图层

类　别	图层名	类　别	图层名
框架线	Bound	骨架线	Value
轴线	Axes	Label 点与需要建拓扑关系的多边形	Label

二维编码没有包含连接信息，连接信息码由绘图操作顺序反映，二维编码位数多，观测员很难记住这些编码，故 SCSG2000 测图系统的电子平板采用无码作业。测图时对照实地现场利用屏幕菜单和绘图专用工具或用鼠标提取地物属性编码，绘制图形。

2.2.2 数据采集前的准备工作

2.2.2.1 测区的划分

测区面积较大时，整个测区必须划分为若干幅图进行施测。外业数字测图一般以测区为单位统一组织作业。当测区较大或有条件时，可在测区内按自然带状地物 (如街道、河流等) 为边界线构成分区界限，分成若干相对独立的分区。各分区的作业与数据组织、处理相对独立，应避免重测或漏测。当有地物跨越不同分区时，该地物应完整地在某一分区内采集完成。测区开始施测前，应做好测区内标准分幅图的图幅号编制，并建立测区分幅信息，如图幅号、图廓点坐标范围、测图比例尺等。

2.2.2.2 仪器器材及测量人员的组织与安排

实施数字测图前，应准备好相应的仪器器材，主要包括：全站仪、对讲机、电子手簿或便携机、备用电池、通讯电缆 (若用全站仪的内存或内插卡记录磁卡，不用此电缆)、花杆、反光棱镜、皮尺或钢尺等。全站仪、对讲机应提前充电。在数字测图中，由于测站到镜站距离比较远，配备对讲机是必要的。人员的安排对测图项目来讲也是非常重要的。

能否根据具体的测图项目和具备的仪器器材，来合理地组织和调配施测人员，也是测图效率高低的一个关键。

2.2.2.3　资料的准备

数字测图前，应预先搜集并研究测区内及测区附近已有的测量成果资料，一般包括本地区已有的小比例尺地形图和测区内已有国家控制点位置及其数据等。扼要说明其施测单位、施测年代、等级、精度、比例尺、规范依据、范围、平面和高程坐标系统、投影带号、标石保存情况及可利用的程度等。

2.2.2.4　野外数据采集的技术要求

1. 仪器设置及测站点定向检查

(1) 仪器对中误差不大于 5mm。

(2) 以较远一测站点（或其它控制点）标定方向（起始方向），另一测站点（或其它控制点）作为检核，算得检核点平面位置误差不大于 $0.2\times M\times 10^{-3}$m，$M$ 为比例尺分母。

(3) 检查另一测站点（或其它控制点）的高程，其较差不应大于 1/6 等高距。

(4) 每站数据采集结束时应重新检测标定方向，检测结果如超出 (2)、(3) 两项所规定的限差，其检测前所测的碎部点成果须重新计算，并应检测不少于两个碎部点。

2. 地形点密度

地形点间距应按表 2.35 的规定执行。地性线和断裂线应按其地形变化增大采点密度。

表 2.35　地 形 点 间 距

比例尺	1∶500	1∶1000	1∶2000
地形点平均间距/m	25	50	100

3. 碎部点测距长度

碎部点测距最大长度一般应按表 2.36 的规定执行。如遇特殊情况，在保证碎部点精度的前提下，碎部点测距长度可适当加长。

表 2.36　碎 部 点 测 距 长 度

比例尺	1∶500	1∶1000	1∶2000
最大测距长度/m	200	350	500

2.2.3　全站仪坐标数据采集操作

使用全站仪进行野外数据采集是目前应用较为广泛的一种方法。首先在已知点上安置全站仪，并量取仪器高；开机对全站仪进行参数设置，如温度、气压、使用棱镜常数等；再进行测站和后视的设置；最后进行数据采集。

下面以拓普康 GTS—102n 为例，介绍全站仪在数字测图外业的数据采集方法。

2.2.3.1　数据采集操作步骤

1. 安置仪器

在测站上进行对中、整平后，量取仪器高，仪器高量至毫米。打开电源开关 POWER

键，转动望远镜，使全站仪进入观测状态，再按 NEMU 菜单键，进入主菜单。

2. 输入数据采集文件名

在主菜单 1/3 下，选择“数据采集”，输入数据采集文件名（或默认上一次作业使用的文件）。若需调用坐标数据文件中的坐标作为测站点和后视点坐标用，则预先由数据采集菜单 2/2 选择一个坐标文件。操作如下：由数据采集菜单 2/2 按[F1]（选择文件）键，再按[F2]（坐标数据）键，输入或调用文件名后按[F4]（回车）键，见表 2.37。

表 2.37　　文件名输入

操作过程	操作	显示
①由数据采集菜单 2/2 按[F1]（选择文件）键	[F1]	数据采集　　2/2 F1:选择文件 F2:编码输入 F3:设置　　P↓ 选择文件 F1:测量数据 F2:坐标数据
②按[F2]（坐标数据）键。 按“数据采集文件的选择”介绍的方法选择一个坐标文件	[F2]	选择文件 FN: 输入　调用　---　回车

数据采集

F1：测站点输入　　1/2
F2：后视
F3：前视/侧视　　P↓

图 2.43　数据采集菜单

3. 输入测站数据

测站数据的设定有两种方法：一是调用内存中的坐标数据（作业前输入或调用测量数据）；二是直接由键盘输入坐标数据。以内存中的坐标数据为例操作如下：在数据采集菜单 1/2 下（图 2.43），选择[F1]（测站点输入）键，显示原有数据，按[F4]（测站）键分别输入测站点的点号或坐标、标识符、仪器高，按[F3]（记录）键，再按[F3]键屏幕返回数据采集 1/2。一般采用无码作业时，不输入编码。测站数据输入见表 2.38。

表 2.38　　测站数据输入

操作过程	操作	显示
①由数据采集菜单 1/2 按[F1]（测站点输入）键，即显示原有数据	[F1]	点号 →PT-01　2/2 标识符： 仪高：　　0.000m 输入　查找　记录　测站
②按[F4]（测站）键	[F4]	测站点 点号:PT-01 输入　调用　坐标　回车
③按[F1]（输入）键	[F1]	测站点 点号:PT-01 ---　---　[CLR]　[ENT]
④输入 PT#，按[F4]（ENT）键	输入 PT#，按[F4]	点号：→PT-11 标识符： 仪高→　　0.000m 输入　查找　记录　测站

续表

操作过程	操作	显示
⑤输入标识符，仪器高度。 按F3（记录）键	输入标识符和仪高 F3	点号：→PT-11 标识符： 仪高→ 1.335m 输入 查找 记录 测站 >记录？ [是] [否]
⑥按F3（是）键。 显示屏返回数据采集菜单1/2	F3	数据采集 1/2 F1：测站点输入 F2：后视 F3：前视/侧视 P↓

4. 输入后视点数据

后视定向数据一般有三种方法：一是调用内存中的坐标数据；二是直接输入控制点坐标；三是直接键入定向边的方位角。操作步骤如下：由数据采集菜单1/2，按F2（后视）键，即显示原有数据。按F4（后视）键，再按F1（输入）键依次输入后视点的坐标（N，E，Z），编码，镜高。后视点数据输入见表2.39。

表2.39 后视点数据输入

操作过程	操作	显示
①由数据采集菜单1/2按F2（后视）键即显示原有数据	F2	后视点→ 编码： 镜高： 0.000m 输入 置零 测量 后视
②按F4（后视）键	F4	后视 点号： 输入 调用 NE/AZ 回车
③按F1（输入）键，输入点号	F1	后视 点号= --- --- [CLR][ENT]
④按F4（ENT）键，按同样方法，输入点编码，反射镜高	F4 输入点编码，反射镜高	后视点→PT-22 编码： 镜高： 0.000m 输入 置零 测量 后视
⑤按F3（测量）键	F3	后视点→PT-22 编码： 镜高： 0.000m *角度 斜距 坐标 ---
⑥照准后视点。 选择一种测量模式并按相应的软键。例：按F2（斜距）键进行斜距测量，根据定向角计算结果设置水平度盘读数。测量结果被寄存，显示屏返回到数据采集菜单1/2	F2	V： 90°00′0″ HR： 0°00′0″ SD*[n] <<m >测量--- 数据采集 1/2 F1：测站点输入 F2：后视 F3：前视/侧视 P↓

5. 定向

当测站点和后视点设置完后按F3（测量）键，再照准后视点，选择一种测量方式如F3（坐标），这时定向方位角设置完毕。

6. 碎部点测量

在数据采集菜单1/2下，按F3（前视/侧视）键即开始碎部点采集。按F1（输入）

键输入点号后，按 F4（回车）键，以同样方法输入编码和棱镜高。按 F3（测量）键，照准目标，再按 F3（坐标）键测量开始，数据被存储。进入下一点，点号自动增加，如果不输入编码采用无码作业或镜高不变，可选 F4 “同前”。数据采集操作见表 2.40。

表 2.40　　　　数据采集操作

操作过程	操作	显示
①由数据采集菜单 1/2 按 F3（前视/侧视）键，即显示原有数据	F3	数据采集　1/2 F1:测站点输入 F2:后视 F3:前视/侧视　P↓ 点号→ 编码: 镜高:　0.000m 输入　查找　测量　同前
②按 F1（输入）键，输入点号后，按 F4（ENT）键确认	F1 输入点号 F4	点号=PT－01 编码: 镜高:　0.000m ---　---　[CLR]　[ENT]
③按同样方法输入编码、棱镜高	F1，输入编码，F4 F1，输入镜高，F4	点号=PT－01 编码: 镜高:　0.000m 输入　查找　测量　同前
④按 F3（测量）键	F3	点号→PT－01 编码:TOPCON 镜高:　1.200m 输入　查找　测量　同前 角度 * 斜距　坐标　偏心
⑤照准目标点	照准	点号→PT－01 编码:TOPCON 镜高:　1.200m 输入　查找　测量　同前 角度 * 斜距　坐标　偏心
⑥按 F1 到 F3 中的一个键，例：F2（斜距）键，开始测量，测量数据被存储，显示屏变换到下一个镜点，点号自动增加	[F2]	V:　90°10′20″ HR:　120°30′40″ SD * [n]m　<m >测量 －－－－－－－－－ 完成
⑦输入下一个镜点数据并照准该点	照准	点号→PT－02 编码:TOPCON 镜高:　1.200m 输入　查找　测量　同前
⑧按 F4（同前）键，按照上一个镜点的测量方式进行测量，测量数据被存储，按同样方式继续测量，按 ESC 键即可结束数据采集模式	F4	V:　90°10′20″ HR:　120°30′40″ SD * [n]　<m >测量 －－－－－－－－－ <完成> 点号→PT-03 编码:TOPCON 镜高:　1.200m 输入　查找　测量　同前

2.2.3.2　草图法全站仪数据采集

草图法全站仪数据采集，每作业组一般需仪器观测员（兼记录员）一名，绘草图领镜（尺）员一名，立镜（尺）员 1～2 名，其中绘草图的领镜员是作业组的指挥者，需技术全面的人担任。

进入测区后，绘草图领镜（尺）员首先对测站周围的地形、地物分布情况大概看一遍，认清方向，及时按近似比例勾绘一份含主要地物、地貌的草图（若在放大的旧图上会更准确的标明），便于观测时在草图上标明所测碎部点的位置及点号。仪器观测员指挥立镜员到事先选好的某点上准备立镜定向；自己快速架好仪器，选择测量状态，输入测量点号和定向点号、定向点起始方向值和仪器高；瞄准定向棱镜，定好方向后，锁定全站仪度盘，通知立镜者开始跑点。立镜员在碎部点立棱镜后，观测员及时瞄准棱镜，用对讲机联系、确定镜高（为保证测量速度，棱镜高不宜经常变化）及所立点的性质，输入镜高（镜高不变直接按回车键）、地物代码（无码作业时直接按回车键），确认准确照准棱镜后，按回车键。待仪器发出响声，即说明测点数据已进入仪器内存，测点的信息已被记录下来。

一般来讲，施测的第一个点应选在某已知点上，测后与原已知点坐标比较，若相符说明测站设置正确。否则应从以下几个方面查找出错原因：①测站点、定向点的点号是否输错；②现场坐标是否输错；③用以检测的已知点的点号、坐标是否有误。若不是这些原因造成错误，再查看所输的已知点成果是否抄错，成果计算是否有误，还有仪器、设备是否有故障等。总之，不排除错误，绝不允许往下进行。

野外数据采集通常区分为有码作业和无码作业。有码作业需要现场输入野外操作码，无码作业现场不输入数据编码，而用草图记录绘图信息。绘草图人员在镜站把所测点的属性及连接关系在草图上反映出来，以供内业绘图处理和图形编辑之用。

草图的绘制要遵循清晰、易读、相对位置准确、比例一致、属性记录完整的原则。草图示例如图 2.44 所示。图中为某测区在测站 1、2、3 上施测的部分点。测点时对同一地物要尽量连续观测（如图 2.44 中 5～9 点、12～16 点），以方便草图注记和内业绘图，又要兼顾测点附近其它碎部点的测量，争取把一块块的小区域测量清楚。绘草图人员对每一测站的测量内容要心中有数，不要单纯为测量一个地物跑得太远。

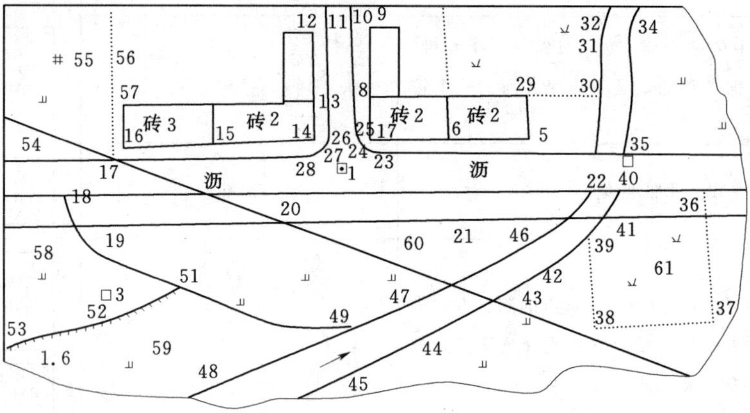

图 2.44　草图示例

在野外采集时，要按《城市测量规范》（CJJ/T 8—2011）的规定，对要素进行取舍。要分析地物图形的几何特征，对能用几何作图计算方法确定的点位可不予测量。对需要测量的点位则要尽可能用全站仪极坐标法或照准偏心法测出。实在观测测不到的点可用半仪器法和勘丈法测量，将量测的数据记录在草图上，室内用交互编辑方法成图。采集线状地物时，要适当增加碎部点密度，以保证曲线准确拟合。

在进行地貌采点时，可以用一站多镜的方法进行。一般在地性线上要有足够密度的点，特征点也要尽量测到。例如在山沟底测一排点，也应在山坡边再测一排点；测量陡坎时最好在坎上和坎下都测点，这样生成的等高线才没有问题。在其它地形变化不大的地方，可以适当放宽采点密度。

若进行空间数据库建库项目的测绘，应根据需要或建库要求采集所需的属性数据。属性项的数据类型、代码和记录格式可自行规定，并应在技术设计书或相关技术文件中说明。

一个测站上的测量工作完成后，绘草图人员对所绘的草图要仔细检核，主要看图形与属性记录有无疏漏和差错。立镜员要找一个已知点重测进行检核，以检查施测过程中是否存在误操作、仪器碰动或出故障等原因造成的错误。检查完，确定无误后，关闭仪器电源，搬站。到下一测站，重新按上述采集方法、步骤进行施测。

2.2.3.3　编码法数据采集

在野外数据采集的工作方式中，"编码法"与"草图法"在野外测量时的不同是：每测一个地物点时都要在电子手簿或全站仪上输入地物的简编码，简编码一般由一个字母和一或两位数字组成；"编码法"与"草图法"在内业成图时的不同是：带简编码格式的坐标数据文件绘图时可以自动成图。

操作码的具体构成规则如下：

(1) 对于地物的第一点，操作码＝地物代码。如图 2.45 中的 1、5 两点（点号表示测点顺序，括号中为该测点的编码，下同）。

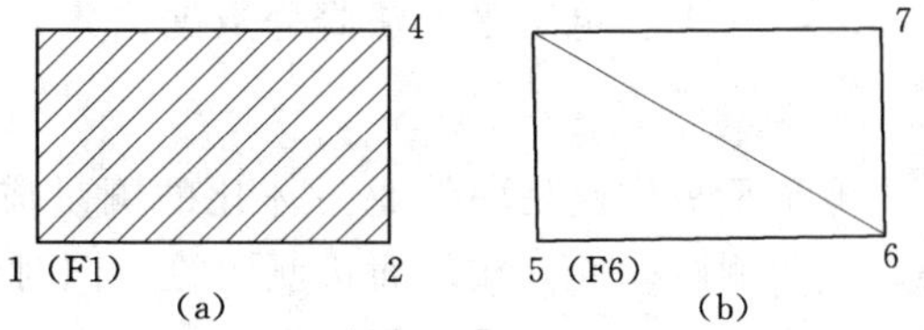

图 2.45　地物起点的操作码

(2) 连续观测某一地物时，操作码为"＋"或"－"。其中"＋"号表示连线依测点顺序进行；"－"号表示连线依测点顺序相反的方向进行，如图 2.46 所示。在 CASS 中，连线顺序将决定类似于坎类的齿牙线的画向，齿牙线及其它类似标记总是画向连线方向的左边，因而改变连线方向就可改变其画向。

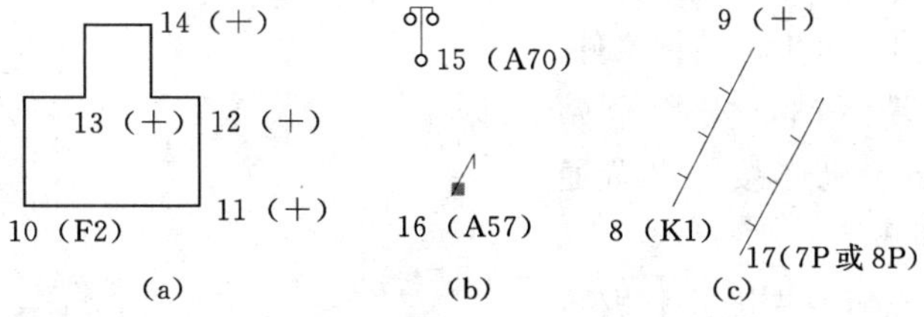

图 2.46　连续观测点的操作码

(3) 交叉观测不同地物时，操作码为"n＋"或"n－"。其中"＋""－"号的意义同上，n 表示该点应与以上 n 个点前面的点相连（n＝当前点号－连接点号－1，即跳点数），如图 2.47 所示，还可用"＋A＄"或"－A＄"标识断点。A＄是任意助记字符，当一对 A＄断点出现后，可重复使用 A＄字符。

(4) 观测平行体时，操作码为"p"或"np"。其中，"p"的含义为通过该点所画的符号应与上点所在地物的符号平行且同类，"np"的含义为通过该点所画的符号应与以上

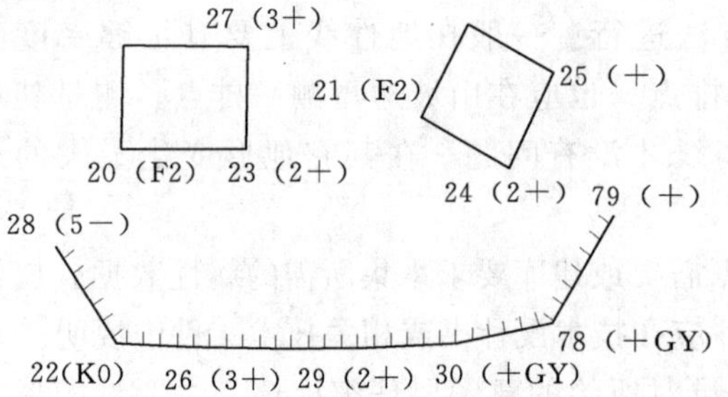

图 2.47　交叉观测点的操作码

跳过 n 个点后的点所在的符号画平行体，对于带齿牙线的坎类符号，将会自动识别是堤还是沟。若上点或跳过 n 个点后的点所在的符号不为坎类或线类，系统将会自动搜索已测过的坎类或线类符号的点。因而，用于绘平行体的点，可在平行体的一“边”未测完时测对面点，亦可在测完后接着测对面的点，还可在加测其它地物点之后，测平行体的对面点，如图 2.48 所示。

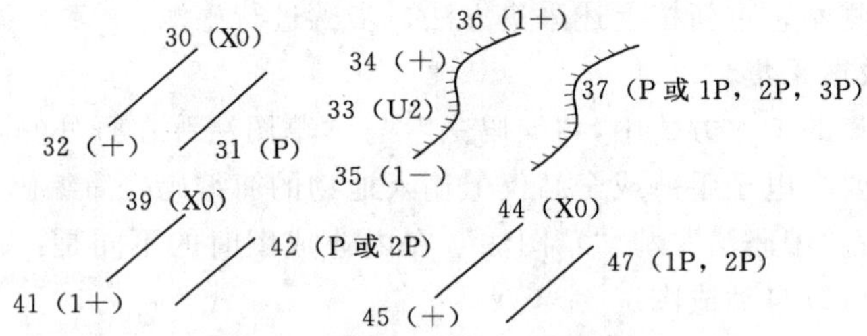

图 2.48　平行体观测点的操作码

2.2.3.4　CASS 电子平板法野外数据采集

1. 概述

电子平板作业是内外业一体化的测量成图方法。它主要是将便携机和全站仪连接起来，利用测图软件，在外面边测边绘，同时给地物输入相应的属性，直接生成数字化地形图。本小节 CASS 电子平板作业为例，介绍电子平板的作业过程。

CASS 电子平板测绘系统是在传统数字化成图系统的基础上开发而成，其数据采集与图形处理在同一环境下完成，实时处理所测数据，具有现场直接生成地形图“即测即显，所见所得”的特点，其主要作业过程如下：

（1）外业工作前准备，将控制点坐标数据输入便携机，并保存该坐标数据文件。

（2）在野外设置测站，安置全站仪，并将全站仪与便携机连接，设置通讯参数，进行数据通讯。

（3）测站准备，启动“电子平板”，确认后，输入测站点点号、定向点点号、定向起始值、检查点号、仪器高、数据通讯的参数等。

（4）开始各测站的边测边绘，如图 2.49 所示。

（5）经过内业编辑修改和图幅整饰，即可进行图形输出。

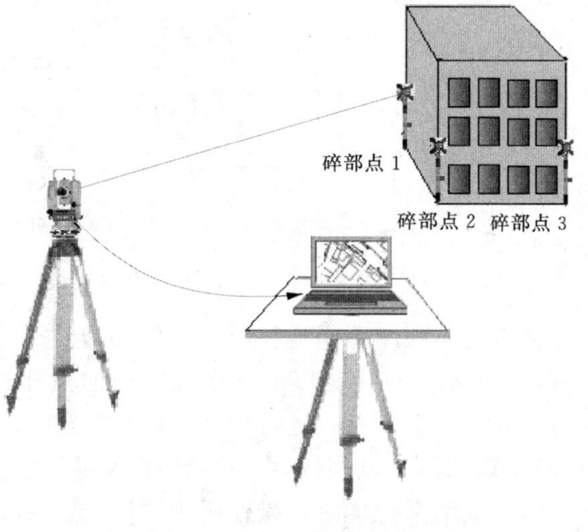

图 2.49　电子平板作业

2. 准备工作

在测区内进行电子平板测图前，应做好必要的准备工作，具体包括仪器设备准备和图根控制测量等。

（1）仪器设备。进行电子平板作业所需的仪器设备主要有：

1）安装好 CASS 软件的便携计算机一台。

2）全站仪一套（主机、三脚架、棱镜和对中杆若干）。

3）数据传输电缆一条。

4）对讲机若干。

（2）图根控制测量。首先，应根据测图的要求、地形的实际情况和规范布设图根控制点。布设的原则类似于常规的地形测量，尽量使控制点位于较高且通视效果良好的地方，以便测图时能将地物地貌看得更清楚、从而准确地反映出地表特征。另外，当视线比较开阔时，可将点位的边长适当放长；当地物复杂时，控制点的点位就要密些。

然后，测图人员利用已有的坐标数据和仪器设备进行图根控制测量，并用相应的平差软件处理观测数据，得到所有图根点的平面坐标和高程。测区很大时，可利用 GNSS 进行控制测量工作。

3. 电子平板测图过程

根据电子平板的特点，一个作业小组的人员一般配置为：测站观测员 1 名、计算机操作员 1 名，跑尺员 1～2 名（共计 3～4 人）。根据测量作业熟练程度等实际情况，为了加快数据采集的速度，跑尺员可适当增加；若人员不足时，测站上可只留 1 人，同时进行观测和计算机操作。电子平板作业的方法概述如下：

（1）录入测区的已知坐标。当完成测区的各种等级控制测量，并得到测区的控制点成果后，要把成果（控制点坐标数据）输入全站仪和计算机中，以便野外进行测图时调用。

1）将控制点坐标手工输入计算机。在 CASS 系统中单击主菜单“编辑”下的“编辑文本文件”。弹出如图 2.50 所示输入文件对话框。

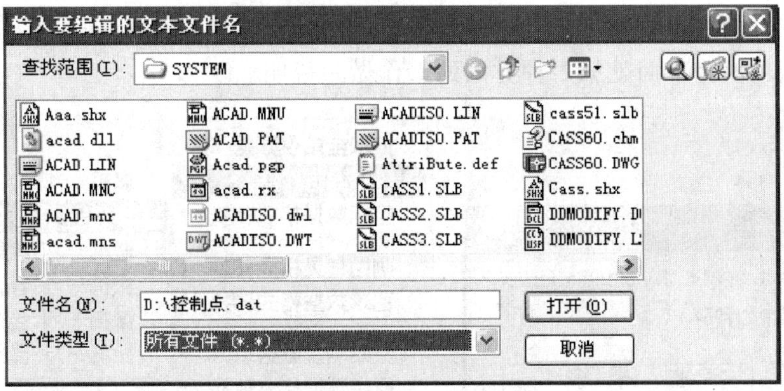

图 2.50　输入文件对话框

此时应键盘输入控制点坐标数据的文件名及其完整的存储路径，并按回车键打开。假设文件名为 D：\ 控制点 .dat。如果是新建文件名，系统便弹出如图 2.51 所示的对话框。

如果输入的文件是先行创建好的，系统便出现记事本的文本编辑器并读入该文件内容，如图2.52所示。这样，就可以进行编辑或按照“点名，编码，Y坐标，X坐标，高程”的格式输入控制点的坐标。

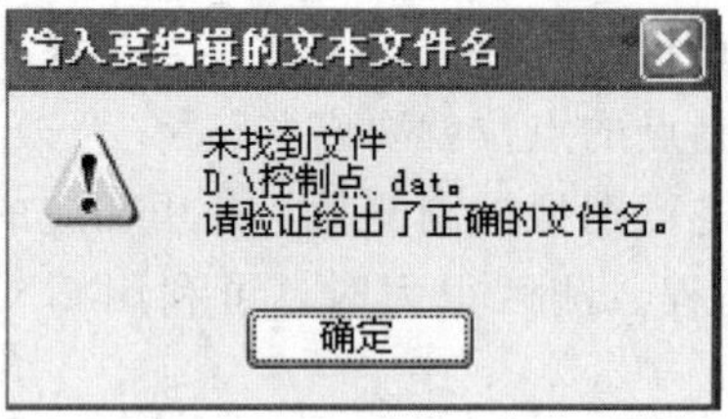

图2.51 创建新文件名的对话框

图2.52 记事本的文本编辑器

值得注意的是：①控制点点号可以是点名，也可以是按1、2、3、…的顺序编号；②编码可输可不输，即便编码为空，其后的逗号也不能省略；③每个点的Y坐标、X坐标、高程的单位是m；④文件中间不能有空行；⑤输完最后一点后要敲回车键结束不输，但只能敲一次，否则系统用该文件时会出错。

输完控制点的坐标数据后，选择记事本菜单“文件”的下拉菜单“退出”，系统会弹出一个如图2.53所示的对话框，单击“是（Y）”或按回车键，即可保存并退出文件。

2）将控制点坐标输入全站仪。把控制点坐标输入全站仪有两种方法。一种方法是手工输入，另一种方法是通过CASS6.0的坐标数据发送来完成。第一种方法简单、易操作，且随时随地可以输入，但是，易发生输入错误。特别是当数据量大时，第二种方法就会显示出无比的优越性。下面就第二种方法的操作做一说明。

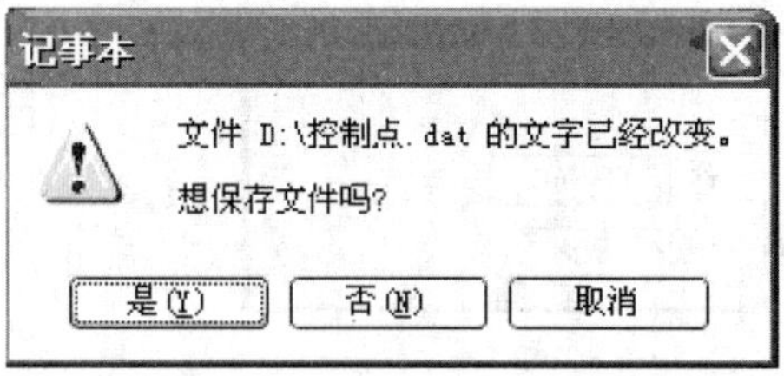

图2.53 保存文件的对话框

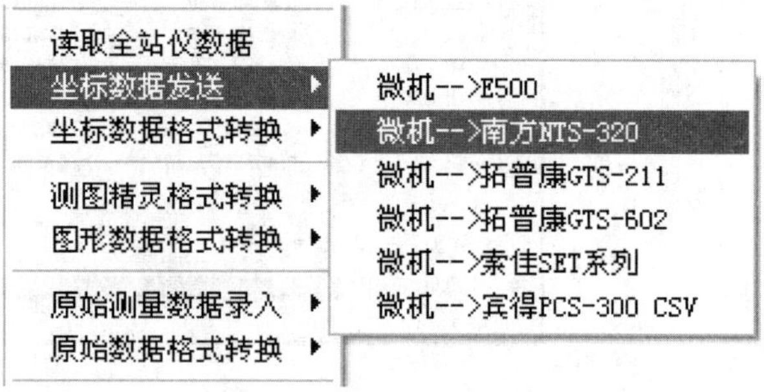

图2.54 坐标数据发送菜单

进行数据通讯操作之前。首先要用通讯电缆将计算机与全站仪连接好，然后打开CASS6.0，单击“数据（D）”下拉菜单的“坐标数据发送”的“微机→南方NTS—320”

菜单（根据不同的全站仪单击相应的菜单），如图 2.54 所示。屏幕上弹出如图 2.55 所示的选择文件对话框，选择要发送的控制点坐标数据文件填入“文件名”栏里，如图 2.55 所示。单击“打开”后，命令区提示：

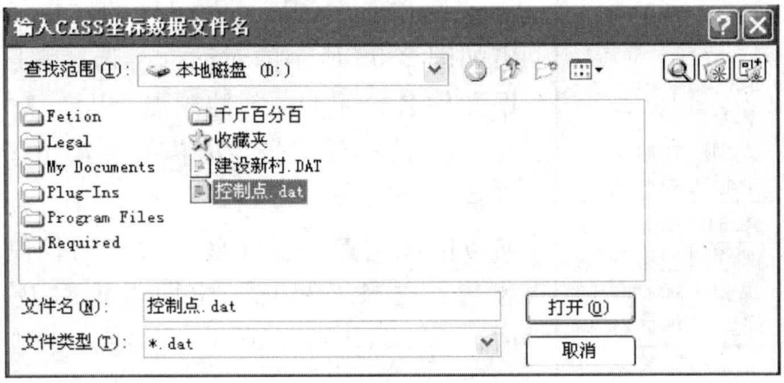

图 2.55　选择文件对话框

请选择通讯口：1. 串口 COM1 2. 串口 COM2〈1〉：选择好通讯电缆连接的 COM 接口位，默认为 COM1。

请设置南方 NTS—320。

通讯参数为：单向（通讯协议），1200（波特率），N（校验），8（数据位），1（停止位）按要求设置好全站仪的其它通讯参数后，回车。

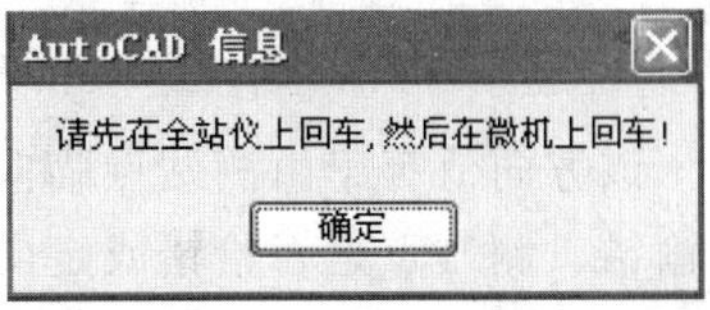

图 2.56　数据通讯操作提示

屏幕弹出如图 2.56 所示的提示框。当全站仪准备好接收数据后按回车键，然后在计算机上回车，控制点坐标数据就传到全站仪上。

（2）测站安置。在完成测区的控制测量工作和输入测区的控制点坐标等准备工作后，便可以开始野外测图了。

1）安置仪器。先在控制点上安置好全站仪，对中、整平。然后用和所使用全站仪相对应的数据传输电缆将全站仪和便携机连接好，并设置好全站仪上的通讯参数。

便携机开机后，进入 CASS6.0。选取主菜单“文件”下的“CASS6.0 参数配置”，选择“电子平板”页，如图 2.57 所示。选定所使用的全站仪类型。系统默认仪器型号是“手工输入观测值”。根据所使用的全站仪，点选后，按“确定”键确认。这项设置只需进行一次，之后只要不更换全站仪，迁站后无需重新设置。

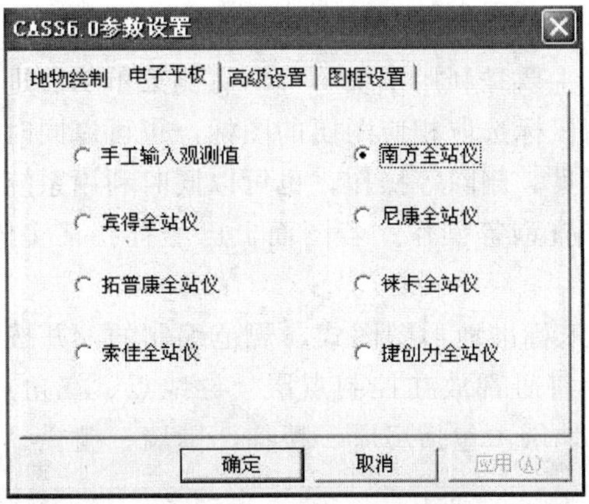

图 2.57　CASS 参数设置

2）定显示区。定显示区的作用是根据输入的控制点坐标数据文件的数据大小定义屏幕显示区的大小。

选择主菜单“绘图处理”下的“定显示区”，系统会弹出如图 2.58 所示的对话框。这

图 2.58　测站设置对话框

时，选择控制点的坐标数据文件名后，系统就确定了显示区的大小。

3）设置测站并输入信息。

a. 单击右侧屏幕菜单区的“电子平板”项，则弹出如图 2.58 所示的对话框。选择测区的控制点坐标数据文件名，如 D：\控制点 . dat。

b. 若事前已经在屏幕上展绘出了控制点，则可以直接点“拾取”按钮，再在屏幕上捕捉作为测站、定向点的控制点；若屏幕上没有展控制点，则手工输入测站点点号及坐标、定向点点号及坐标、定向起始值，利用展点和拾取的方法输入测站信息，如图 2.58 所示。

c. 同样的方法，在测站设置对话框中设置检查点。检查点是用来检查该测站相互关系，系统将根据测站点和检查点的坐标反算出测站点与检查点的方向值（该方向值等于由测站点瞄向检查点的水平角读数）。这样，便可以检查出坐标数据是否输错、测站点是否给错或定向点是否给错，单击“检查”按钮弹出如图 2.59 所示检查信息。

d. 全站仪进行定向，瞄准检查点如图 2.60 所示。检查无误即可以进行下一步——测图。

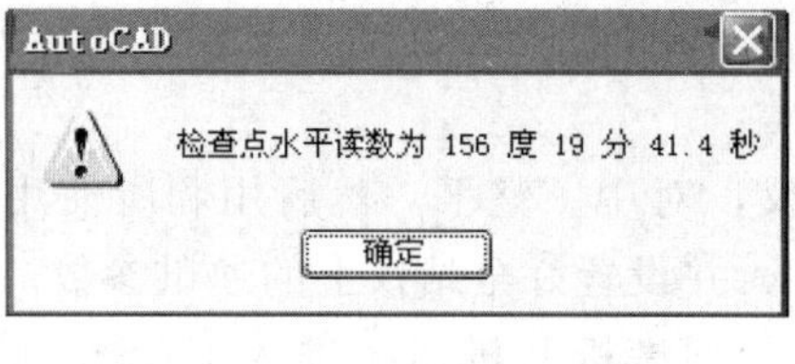

图 2.59　测站点检查对话框

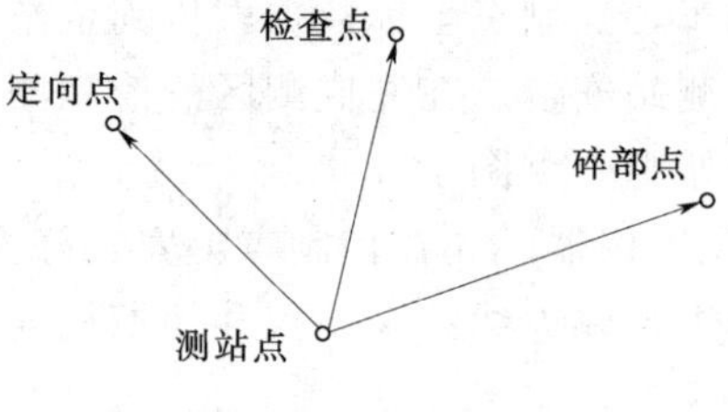

图 2.60　测站点的示意图

（3）实施测图。在电子平板测图的过程中，主要是利用系统屏幕的右侧菜单功能进行测图，如要测绘一条道路、一座水塔等，需要用鼠标选取相应图层的图标，也可以同时利用系统的编辑功能，如进行文字注记、移动、拷贝、删除等操作；也可以同时利用系统的辅助绘图工具，如画复合线、画圆、操作回退、查询等操作；若图面上已经存在某实体，则可用“图形复制（F）”功能绘制相同的实体。

CASS 系统中所有地形符号都是根据最新国家标准地形图图式、规范编制的，并按照一定的规律分成各种图层，如所有表示控制点的符号都放在控制点层（导线点、三角点、GNSS 点等），所有表示房屋的符号都放在居民地层（包括房屋、楼梯、围墙、栅栏、篱笆等符号）。

（4）平板测图时注意事项。在野外采用电子平板的作业模式测图时，除了做好充分的准备、组员之间协调配合及按照正确的方法进行施测之外，还应注意一些问题：

1）当测量三点房时，应注意立尺的顺序，必须按顺时针或逆时针立尺；当测量陡坎时，应根据陡坎毛刺的方向在坎顶立尺，毛刺在立尺前进方向的左侧，并量取坎高，如果方向与实际相反，可用主菜单“地物编辑”下的“线型换向”进行换向。

2）跑尺员在野外立尺时，尽可能将同一地物编码的地物连续立尺，以减少在计算机处来回切换。

3）测图过程中，为防止意外应该每隔 20min 或 40min 存一下盘，这样即使在中途因特殊情况出现死机，也不致前功尽弃。

4）如果选择“手工输入观测值”，系统将提示“输入边长”“输入角度”，这时应按照提示输入正确值即可；如选择全站仪，如“南方全站仪”，系统会自动驱动全站仪进行测量，而且测量的数据会自动传送到计算机。

5）标高默认值为上一次的值。当测量某些不需参与等高线计算的地物（如房角点）时，应在系统提示输入标高时要输入 0，不可直接回车。

6）测量碎部点的定点方式有全站仪定点和鼠标定点两种，两者可通过屏幕右侧菜单的“方式转换”项进行相互切换。全站仪定点方式是根据全站仪传送的数据计算出坐标成图；鼠标定点方式是利用鼠标在图形编辑区内直接绘图。

7）观测数据分为自动传输、手动传输两种情况。自动传输是由程序驱动全站仪自动测距，并自动将观测数据传至计算机，如南方全站仪；手动传输则是在全站仪上手动测距，然后人工干预传输，如徕卡全站仪。

8）当系统驱动全站仪测距后 20～40s 还没完成测距时，将自动中断操作，并弹出如图 2.61 所示的窗口。这时应检查全站仪是否瞄准目标，并按照正确的方法重新操作一遍，直到测量完成为止。

图 2.61 通讯超时的窗口

9）如果某地物还没测完就中断了，转而去测另一个地物，可利用“加地物名”功能添加地物名备查，待继续测该地物时利用“测单个点”功能的“输入要连接本点地物名”项继续连接测量，即多棱镜测量。

10）右侧菜单“找测站点”使测站点出现在屏幕的中央。电子平板由于其灵活的工作方式、直观的测图效果受到了广大测绘工作者的喜爱。现在各类成图软件电子平板方面的开发都已很完善，但电子平板在硬件方面一直受到限制。便携机本身价格较贵，同样配置一般是台式机价格的两到三倍。另外，迄今为止市场上还没有防尘、防水的便携机面世，野外观测条件一旦恶劣，便携机的零部件会受到很大伤害，寿命也会大大缩短。这种方法比较直观，不易出错，但受野外条件影响较大，目前较少采用。

任务 2.3 GNSS-RTK 数据采集

RTK 技术采用了载波相位动态实时差分方法，RTK 坐标数据采集能够在野外实时得到厘米级的定位精度，它已经是野外数据采集的一种重要手段。以下介绍南方 S82—2008 的具体操作步骤。

2.3.1 工程之星软件介绍

工程之星 RTK 野外测绘软件是南方公司专为灵锐一体化 GNSS－RTK 测量系统开发的控制采集手簿软件。它以工程化、图形化的界面形式设计了 RTK 测量中常用的碎部测量、点放样、线放样等功能，而且还增加了曲线放样、线路放样以及电力线放样等功能。其蓝牙无线控制技术确保了 RTK 流动站高效可靠的野外测量工作，减少了通过电缆连接到设备的诸多麻烦。

这里主要介绍工程之星与数据采集有关的菜单的基本功能。

2.3.1.1 工程之星主界面

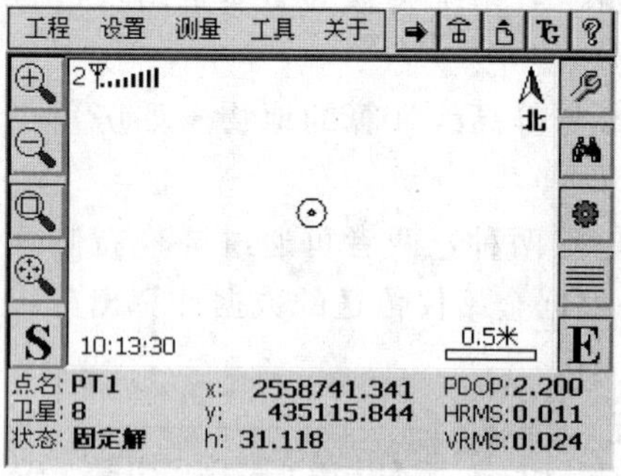

图 2.62 工程之星主界面

工程之星软件是窗口式下拉菜单，运行工程之星软件，进入主界面视图如图 2.62 所示。

主界面窗口分为四个部分：菜单栏、快捷按钮、测量视窗、状态栏。

屏幕上端的菜单栏集成了所有菜单命令，内容分为工程、设置、测量、工具、关于 5 个部分。

屏幕左右两侧的快捷按钮是方便软件操作而设计的软件菜单快捷方式。

屏幕中间的测量视窗是测量图形显示界面，窗口左上角显示的是数据链通讯状态，左下角为从主机中读出的 GNSS 时间，右上角为北方向指示，右下角为测量窗显示比例尺。在测点以后测量窗会显示测点的位置。

屏幕下方的状态栏显示的是当前移动站接收机点位的测量坐标信息和差分解的状态，及平面和高程精度情况。

2.3.1.2 工程之星的菜单

1. 工程菜单

单击“工程”，出现如图 2.63 所示的工程下拉菜单界面。工程菜单中包括 8 个子菜单：新建工程、打开工程、新建文件、选择文件、删除作业、任务管理、文件输出、退出。

工程之星是以工程文件的形式对软件进行管理的，所有的软件操作都是在某个定义的工程下完成的。第一次打开工程之星软件时，软件会进入系统默认的工程 srtk，并同时在系统存储器（SystemCF）的 srtk 目录下自动生成工程文件 srtk.ini（ini 文件为工程文件）。以后每次进入工程之星软件，软件会自动调入最后一次使用工程之星时的工程文件。一般情况下，每次开始一个地区的测量工作前都要新建一个与当前工程测量所匹配的工程文件。

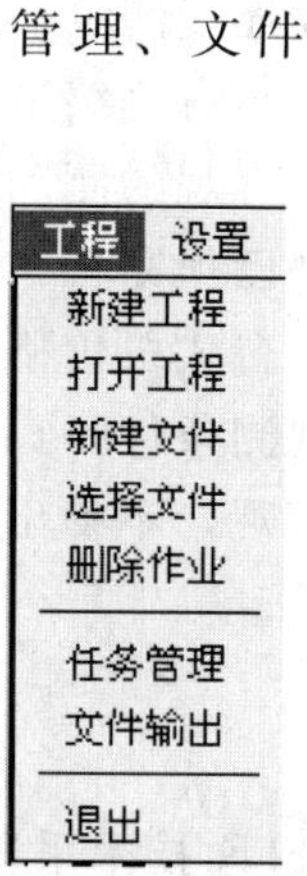

图 2.63 工程菜单

（1）新建工程：新建工程的方式有“向导”和“套用”两种，如图 2.64 所示。使用向导方式新建工程时，首先在作业名称里面输入所要建立工程的名称，再按照参数设置向导的提示，依次进行以下设置。

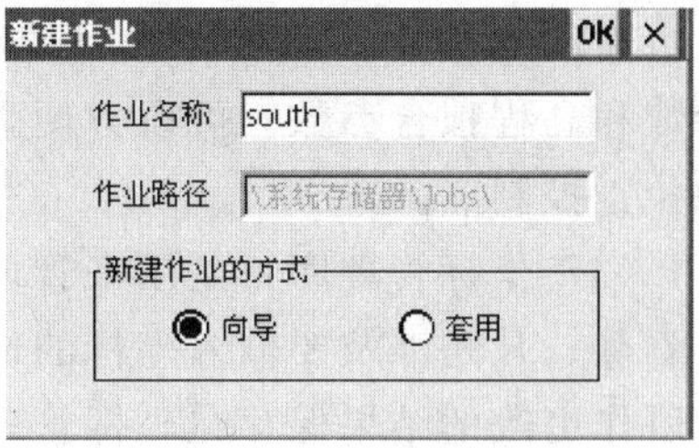

图 2.64　输入工程名对话框

1）椭球系：系统默认的椭球为北京 54 坐标系，可供选择的椭球系还有国家 80、WGS—84、WGS—72 和自定义，一共五种。如果选择的是常用的标准椭球系，例如北京 54 坐标系，椭球系的参数已经按标准设置好并且不可更改。如果选择用户自定义，则需要用户输入自定义椭球系的长轴和扁率定义椭球。

2）投影参数：输入当地的中央子午线、X 坐标加常数、Y 坐标加常数等。如果不启用四参数、七参数和高程拟合参数，则工程已经建立完毕。

3）四参数设置：如果需要使用四参数，先在对话框中勾选“启用四参数”，然后输入已有的四参数。

4）七参数设置：如果需要使用七参数，先在对话框中勾选“使用”，然后输入已有的七参数。

四参数与七参数概念在下文“4. 工具菜单”部分予以介绍。四参数和七参数不能同时使用，输入其中一种参数后，不要再输入另一种参数。

5）高程拟合参数：如果需要使用高程拟合参数，先勾选“启用高程拟合参数”，然后输入已有的高程拟合参数，工程建立完毕，可以开始使用。

使用套用方式新建工程时，在输入工程名称后，建立的作业方式选择“套用”，选择好套用参照的工程文件，则该新建工程的相关参数与已选的参照工程参数相同。

（2）打开工程：打开一个已经存在的工程，例如要打开工程 0901，打开 Jobs→0901→0901.ini，0901.ini 是一个系统参数设置文件，打开工程时选择工程名 .ini 即可。

（3）新建文件：在一个工程中可新建多个用来保存测点成果的 *.dat 文件。

（4）选择文件：可把测量点的数据存储到指定的 *.dat 文件中。

（5）删除工程：可以删除指定的作业。删除后该工程文件夹将全部删除。

（6）文件输出：可将测量成果以不同的格式输出（不同的成图软件要求的数据格式不一样，例如南方测绘的成图软件 CASS 的数据格式为：点名，属性，Y，X，H）。

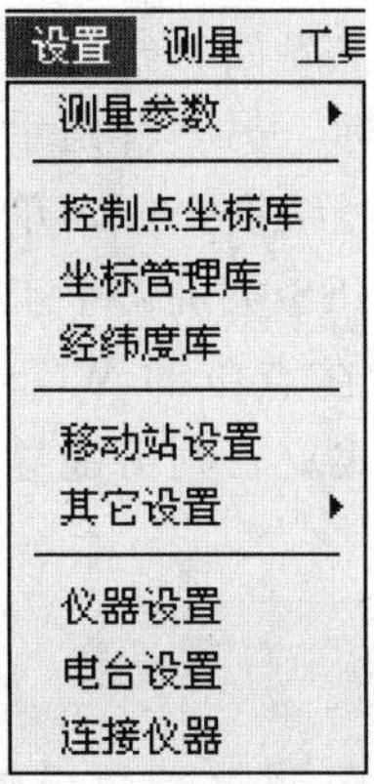

图 2.65　设置菜单

2. 设置菜单

设置菜单中共包括 9 个一级菜单：测量参数、控制点坐标库、坐标管理库、经纬度库、移动站设置、其它设置、仪器设置、电台设置、连接仪器，如图 2.65 所示。

（1）测量参数：由于 GNSS 接收机直接输出来的数据是 WGS—84 的经纬度坐标，需要转化到施工测量坐标，这就需要软件对参数进行设置，包括投影参数、四参数、七参数、高程拟合参数、校正参数。测量参数涉及投影设置以及相关的转换参数设置。新建工程时向导会引导用户设置这些测量参数，也可以直接在此菜单中完成设置。

（2）控制点坐标库：控制点坐标库可存放坐标转换和施工所需要的控制点，并实现四参数和高层拟合参数的计算。当需要将 GNSS 接收机输出 WGS—84 经纬度坐标转化为施工测量坐标时，用控制点坐标库可以计算转换四参数和高程拟合参数。可以方便直观地编辑、查看、调用参与计算四参数和高程拟合参数的校正控制点。

（3）坐标管理库：是用来管理测量特征点（碎部点）坐标的，如增加、删除、修改、查看等。凡是涉及要输入坐标的地方，都可以进入坐标管理库选点。对坐标管理库中的坐标所作更改的结果保存在坐标管理库里面，即在格式为“*.lib”的文件里，在坐标管理库中所作的更改对原始坐标文件（即“*.dat”和“*.RTK”的文件）不起作用，原始坐标文件的数据改变。

（4）经纬度库：经纬度库是查看和调用特征点经纬度的点库。其基本操作和坐标管理一致。

（5）移动站设置：设置移动站主机的解算精度水平和差分数据格式。解算精度水平默认为 high（窄带解），也可以在此改成 common（宽带解）。high 为通用的解模式，精度较高。但是当测量工作环境不是很好且对测量结果精度要求不高的情况下，选择 common 得到固定解的速度会更快。默认的差分数据格式为：RTCA，同时软件提供另外两种数据格式为 RTCM、CMR。只要保持基准站和移动站的数据通讯格式是相同的，仪器设置就是正确的。

（6）其它设置：在其它设置中共有三项设置：存储设置、卫星限制、移动站天线高。

存储设置主要设置特征点坐标的存储类型和自动存储的条件：一般存储，即对点位在某个时刻状态下的坐标进行直接存储；平滑存储，对每个点的坐标多次测量取平均值；自动存储，即按设定的记录条件自动记录测量点；偏移存储，类似于测量中的偏心测量，记录的点位不是目标点位，根据记录点位和目标点位的空间几何关系来确定目标点。

卫星限制通过输入高度截止角以屏蔽低高度角的卫星。一般高度截止角设置都在 20°以下。

输入移动站的天线高，并勾选直接显示实际高程，这样在测量屏幕上显示的便是测量点的实际高程。在进行测点时，当天线高不变的情况下不需要另外输入天线高。

（7）仪器设置：仪器设置指设置主机的工作状态为动态还是静态。动态模式可以进行基准站设置。连接基准站主机并选择“动态模式”时，界面菜单显示的是进行基准站手动设置菜单；连接移动站主机并选择“动态模式”时，界面会退回到测量主界面。

动态模式中可以采用两种方式进行基准站设置。一种是单点定位坐标，另一种是手工输入坐标。需要特别说明的是 GNSS 主机只识别 GNSS 的 WGS—84 的经纬度坐标，单点定位是把 GNSS 当前某一瞬间测出的 WGS—84 的经纬度坐标输送给 GNSS 主机；手工定位是把已知的 WGS—84 的经纬度输送给主机。因此在不知道基准站所在点位的 WGS—84 的经纬度坐标或相应的 WGS—84 的直角坐标时不要使用手工输入模式。否则可能导致基站不能正常工作，发射差分也将不正常。

使用单点定位坐标启动基准站的方法如下。

1）选择“自动启动基站参数设置”，进入下一步。

2）进行基准站发射间隔、差分数据格式、卫星截止角和 PDOP 值限制等参数设置。建议都使用默认设置除非当前卫星的 PDOP 值大于 3 时可以适当放宽限制（PDOP 值大于

3 时，卫星条件就比较差，会在一定程度上影响移动站固定解的速度)。

3）确认设置后，单击“OK”。过大概 2s 后会提示“基准站设置成功”。若出现“自动启动基站参数设置完成”的信息，则表明自动启动基站设置成功，正常情况下查看电台有无按照设定的发射间隔正常发射之后，即可将软件正常退出。

自动设置基准站的操作和主机自动启动基准站设计原理是相同的，主机的自动启动基准站设置在卫星条件达到要求的情况下将自动完成采集单点定位点的 WGS—84 经纬度坐标并设置主机进行基准站工作的一系列操作步骤。

(8) 电台设置：此菜单主要完成主机数据链的相关设置。软件在不连接主机或连接数据链为电台的主机时此界面形式为“电台设置”，软件连接上数据链为网络的主机时此界面显示为“网络连接”。电台设置菜单的操作仅对移动站有效，可指定切换通道或自动搜索。通道号的范围为 1～4，如果在一个地区的基准站数量超过 4 个，就需要使用软件对通道进行频点的设定，才能保证各基准站能正常的工作。

网络连接是基于 VRS（虚拟参考站）并以网络通讯为数据链的新的 RTK 测量技术。

(9) 连接仪器：连接设置主要完成手簿和主机的通讯设置。手簿和主机的连接有两种方式：线连接和蓝牙连接。多数情况下使用的是蓝牙连接，蓝牙模块已经内置在手簿里。当使用蓝牙模块时，端口使用 3，而通过串口线进行连接，这时端口就应为 1。

3. 测量菜单

测量菜单包含测点，放样，纵、横断面测量三个方面的内容。这三方面的内容又分为目标点测量、自动存储、点放样等 9 个子菜单，如图 2.66 所示。本任务仅就数字测图中常用的目标点测量与自动存储两部分内容作介绍。

(1) 目标点测量：在工程之星主界面（图 2.62)。中间位置显示的符号由圆圈和三角两种显示方式，当天线位置静止不动，或移动的范围小于 2cm，则以带中心点的圆圈表示，当天线移动的时候，显示位置为三角形，三角形的锐角方向为移动的方向。

选择目标点测量或在测量界面下点快捷键“A”，则弹出如图 2.67 所示的测量点存储对话框。

图 2.66 测量菜单

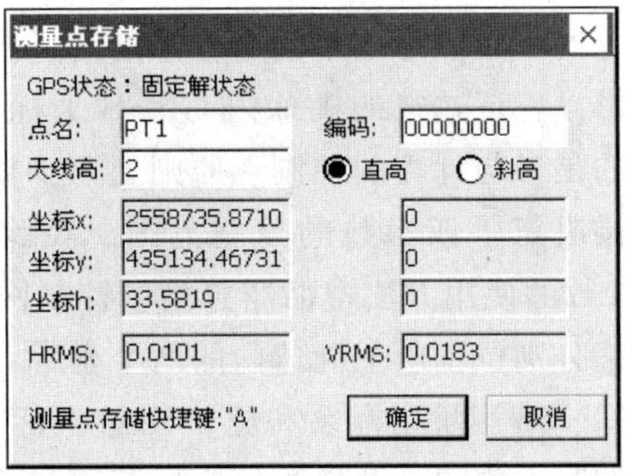

图 2.67 测量点存储

存储当前点坐标。默认点名为 PT1（可输入更改），输入天线高，单击“确定”，该点即可保存。继续存点时，点名将自动累加，在图 2.67 中可以看到高程“坐标 h”值为“33.5819”，这里看到的高程为天线相位中心的高程，当这个点保存到坐标管理库里以后软件会自动减去2m的天线高，再打开坐标管理库看到的该点的高程即为测量点的实际高程。

（2）自动存储：自动存储功能将按照设定记录条件自动记录坐标。自动存储条件有Single（单点解）、DGNSS（差分解）、FLOAT（浮点解）和FIXED（固定解）四种选择，如图2.68所示。一般状况下选择自动存储条件为FIXED（固定解）。根据需要选择是按时间还是按距离来存储，然后输入相应的间隔，单击右上角的“OK”，自动存储设置完成。

设置好记录条件后，单击“开始存储”就开始记录，单击“停止存储”将结束自动存储。

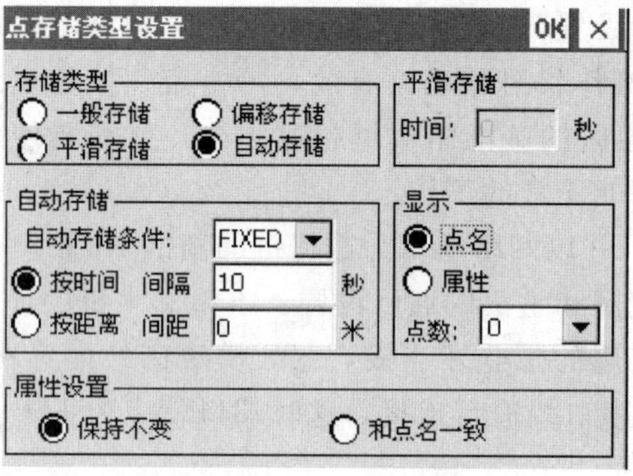

图2.68 自动存储设置

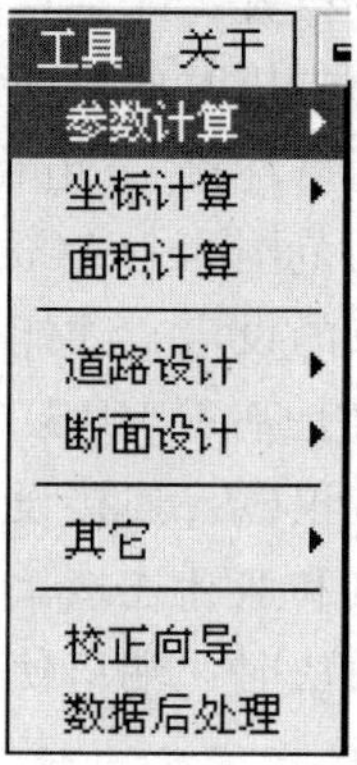

图2.69 工具菜单

4. 工具菜单

工具菜单提供了测量施工经常用到的一些测量小工具，包括参数计算、坐标计算、面积计算等，如图2.69所示。本节仅就数字测图常用的参数计算和校正导向两项功能做一些介绍。

（1）参数计算：参数计算包括四参数和七参数计算，两种计算操作方法类似，都是按照软件提示输入几组公共点的施工测量已知坐标和GNSS原始坐标后系统自动计算参数值并保存。

四参数是同一个椭球内不同坐标系之间进行转换的参数。在工程之星软件中的四参数指的是在投影设置下选定的椭球内GNSS坐标系和施工测量坐标系之间的转换参数。需要特别注意的是参与计算的控制点原则上至少要用两个或两个以上的点，控制点等级的高低和分布直接决定了四参数的控制范围。经验上四参数理想的控制范围一般都在20～30km^2。四参数的使用方法遵循经典测量控制网的使用原则。

七参数是分别位于两个椭球内的两个坐标系之间的转换参数。在工程之星软件中的七参数指的是GNSS测量坐标系和施工测量坐标系之间的转换参数。计算七参数的操作和计算四参数的基本相同。七参数的应用范围较大（一般大于50km^2），计算时用户需要知道三个已知点的地方坐标和WGS—84坐标。该三个点组成的区域最好能覆盖整个测区，这样的效果较好。

（2）校正向导：由于基准站启动时获得的WGS—84经纬度具有相对不确定性，使得在求解转换参数时必须首先确定一组公共控制点的WGS—84经纬度坐标，这组坐标一旦确定以后每次启动基准站时都要使用这一组 WGS—84 经纬度坐标，否则使用转换参数时的显示坐标和实际施工坐标间就会存在一个固定偏差，这个偏差是由所取的基准站 WGS—84 经纬度坐标和用来计算转换参数的 WGS—84 经纬度坐标之间的差异产生的。工程之星软件通过一个公共已知点求出的转换参数（称为“校正参数”）来克服这个固定偏差。

1）基准站架在已知点校正。当移动站收到基准站架设在已知点自动发射的差分信号以后软件进行以下操作：①在参数浏览里先检查所要使用的转换参数是否正确，然后进入“校正向导”；②选择“基准站架设在已知点”，输入基准站架设点的已知坐标及天线高，并且选择天线高形式，输入完后即可单击“校正”并“确认”即可。

2）基准站架在未知点校正。当移动站在已知点水平对中并达到固定解以后软件进行以下操作：①在参数浏览里先检查所要使用的转换参数是否正确，然后进入“校正向导”；②在校正模式选择里面选择“基准站架设在未知点”；③系统提示“输入当前移动站的已知坐标”，将移动站对中立于已知点上，输入该点的坐标、天线高和天线高的量取方式后“校正”，系统会提示是否校正，单击“确定”即可。

需要注意的是校正向导要在已经打开转换参数的基础上进行。

5. 关于菜单

“关于菜单”是用来显示工程之星软件信息和系统运行信息，有软件注册、软件信息和系统信息三个菜单项，如软件注册用来对 RTK 主机进行注册。注册时需要接收机与控制器在连机状态进行。申请注册码时要确认使用的注册码和主机机号的匹配。注册时要明确注册码的有效期限，明确是试用码还是永久码，注册使用期限可以在“软件信息”里面查看到。

软件信息显示软件的版权信息和开发者的联系方式，下方还有主机内部串号和注册使用截止日期。

系统信息显示系统当前运行时的内存状况。

2.3.2 基准站设置

2.3.2.1 安置基准站应遵循的原则

（1）基准站要尽量选在地势高，视野开阔的地带。

（2）要远离高压输电线路、微波塔及其它微波辐射源，其距离不小于 200m。

（3）要远离树林、水域等大面积反射物。

（4）要避开高大建筑物及人员密集地带。

2.3.2.2 安置基准站方法

基准站可以安置在已知控制点上，也可以任意设站，将其安置在未知点上。基准站安置示意图如图 2.70 所示。

（1）安置脚架于控制点上（或未知点上），安装基座，再将基准站主机装上连接器置于基座之上，对中整平。

（2）安置发射天线和电台，建议使用对中杆支架，将连接好的天线尽量升高，再在合适的地方安放发射电台，用多用途电缆和扩展电源电缆连接主机、电台和蓄电池。

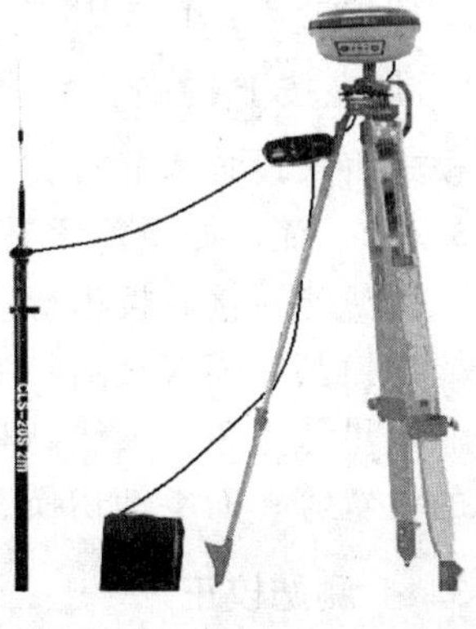

图 2.70 基准站安置示意图

（3）检查连接无误后，先打开电池开关，再打开电台和主机开关，并进行相关设置（主机设置动态模式、电台频道选台设置）。

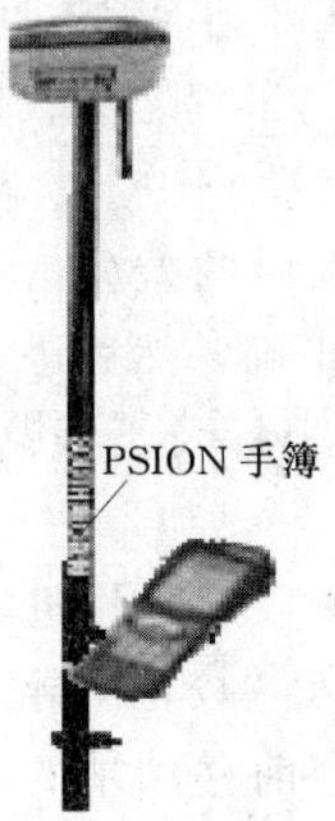

图 2.71 移动站安置示意图

2.3.2.3 安置移动站方法

（1）连接碳纤对中杆，移动站主机和接收天线，完毕后主机开机。

（2）安装 PSION 手簿，在托架上固定数据采集手簿，打开手簿进行蓝牙连接，连接完毕后即可进行仪器设置操作。

移动站安置示意图如图 2.71 所示。

2.3.2.4 安置基准站时注意事项

（1）安置脚架要保证稳定，风天作业时要用其它物体固定脚架，避免被大风刮倒。

（2）电源线及连接电缆要完好无损，以免影响信号发射与接收。

（3）电瓶要时常检测电解液电量，发现电量不足或电解液不足要及时充电或填充电解液。

（4）开机后要随时观察主机及电台信号灯状态，从而判断主机与电台工作是否正常。

（5）基准站要留人看管，以便及时发现基站工作状态及避免基站被他人破坏或丢失。

（6）安置基站时要检查箱内所有附件的数量及位置，工作结束时要“归位”，避免影响日后工作。

2.3.3 流动站设置

南方 S82—2008 在测站校正前要对主机、流动站、手簿中工程之星软件进行设置，介绍如下。

2.3.3.1 手工设置流动站

切换动态：长按[P]＋[F]键等六个灯都同时闪烁；按[F]键选择本机的工作模式，当 STA 灯亮按[P]键确认，选择移动站工作模式；等数秒钟，待电源灯正常后长按[F]键，等 STA 和 DL 灯闪烁放开[F]键（听到第二声响后放手即可），按[F]键 DL、SAT、PWR 灯循环闪，当 DL 灯亮按[P]键确认，选择电台模式。再开机，主机的工作模式将被设置为动态。

切换静态：长按[P]＋[F]键等六个灯都同时闪烁；按[F]键选择本机的工作模式，当 BAT 灯亮按[P]键确认，选择静态工作模式；当 DL 灯亮按[P]键确认。再开机，主机的工作模式将被设置为静态。

2.3.3.2 流动站手簿设置

手簿能对接收机进行动态、静态及数据链的设置，但不能进行静态转动态的设置。用手簿切换其它模式之后，要对各模式的参数进行设置，如静态模式包括：点名、采集间隔、卫星截止角、天线高和开始采集的 PDOP 条件；基准站或动态进行电台、模块及外置的设置等；而手动切换、参数则沿用默认设置参数。

2.3.4 测站校正

测站校正目的是将 GNSS 所获得 WGS—84 坐标转换至工程所需要的当地坐标。

2.3.4.1　新建工程

一般以工程名称或日期命名，如图 2.72 所示，单击“新建工程”，出现新建作业的界面，如图 2.73 所示，新建作业的方式有向导和套用两种。

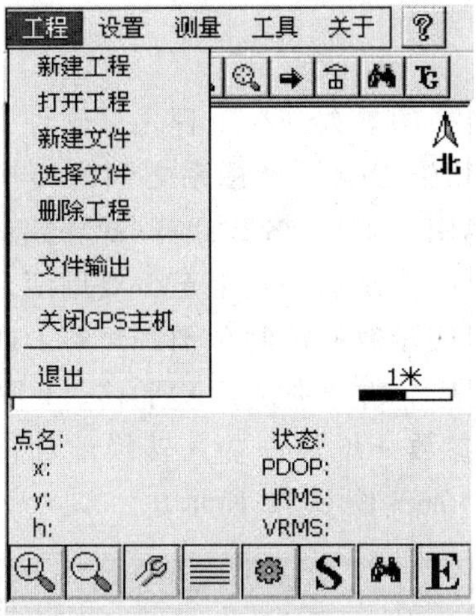

图 2.72　新建工程

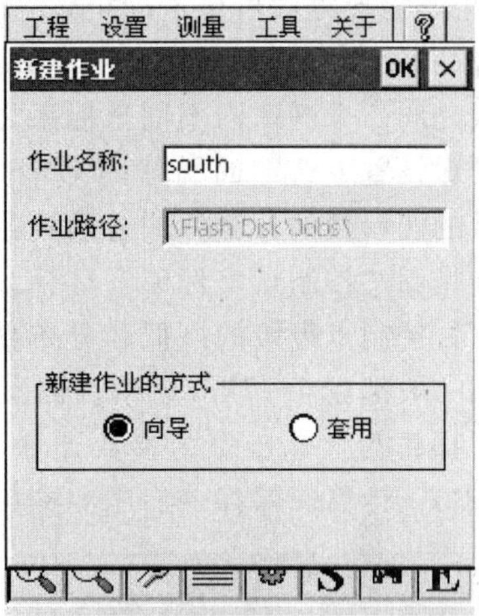

图 2.73　新建作业

1. 使用向导方式新建工程

首先在作业名称里面输入所要建立工程的名称，新建的工程将保存在默认的作业路径“\系统存储器（或 Flash Disk）\Jobs\”里面，选择新建作业的方式为“向导”，然后单击“OK”，进入参数设置向导，如图 2.74 所示，再进行参数设置。

2. 使用套用方式新建工程

如图 2.73 所示，选择新建作业的方式为“套用”，然后单击“OK”，进入打开文件界面，选择好套用的工程文件，单击确定，工程新建完毕。

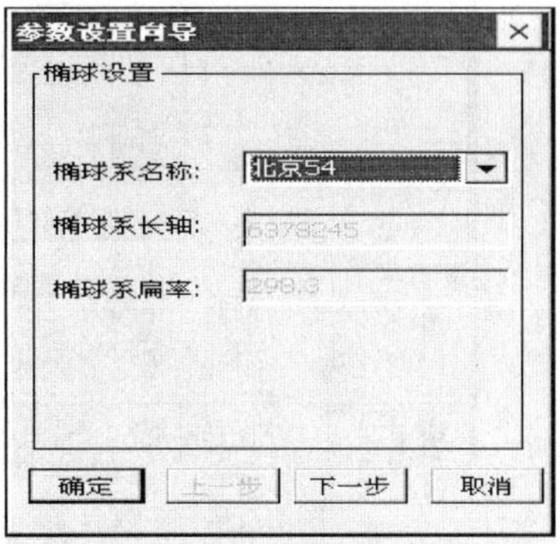

图 2.74　选取坐标系

2.3.4.2　坐标系建立及投影参数设置

在参数设置向导下，单击“椭球系名称”后面的下拉按钮，选择工程所用的椭球系，然后单击“下一步”，出现如图 2.75 所示界面。系统默认的椭球为北京 54 坐标系，可供选择的椭球系还有国家 80 坐标系、WGS—84、WGS—72 和自定义坐标系，一共五种。如果选择的是常用的标准椭球系，例如北京 54 坐标系，椭球系的参数已经按标准设置好并且不可更改；如果选择用户自定义，则需要用户输入自定义椭球系的长轴和扁率定义椭球。输入设置参数后单击“确定”表明已经建立工程完毕。

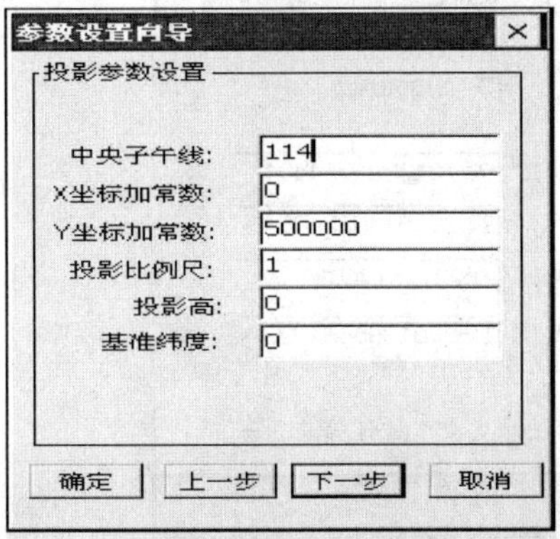

图 2.75　椭球参数

投影参数设置。在“中央子午线”后面输入当地的中央子午线，然后再输入其它参数。在这里输入完之后，如果没有四参数、七参数和高程拟合参数，可以单击“确定”，则工程已经建立完毕。如果需要继续，请单击“下一步”（进入是否启用四参数和七参数界面），如果不需要继续可单击确定。

2.3.4.3 求转换参数（四参数、七参数）

四参数是同一个椭球内不同坐标系之间进行转换的参数。在工程之星软件中的四参数指的是在投影设置下选定的椭球内 GNSS 坐标系和施工测量坐标系之间的转换参数。工程之星提供的四参数的计算方式有两种：一种是利用“工具/参数计算/计算四参数”来计算，另一种是用“控制点坐标库”计算。参与计算的控制点原则上至少要用两个或两个以上的公共点，控制点等级的高低和分布直接决定了四参数的控制范围。经验上四参数理想的控制范围一般都在 5～7km 以内。四参数的四个基本项分别是：X 平移、Y 平移、旋转角和比例。操作与计算步骤为参数计算→计算四参数→增加→输入转换前和转换后坐标（两个公共点）→计算→保存→启用四参数。如图 2.76～图 2.79 所示。

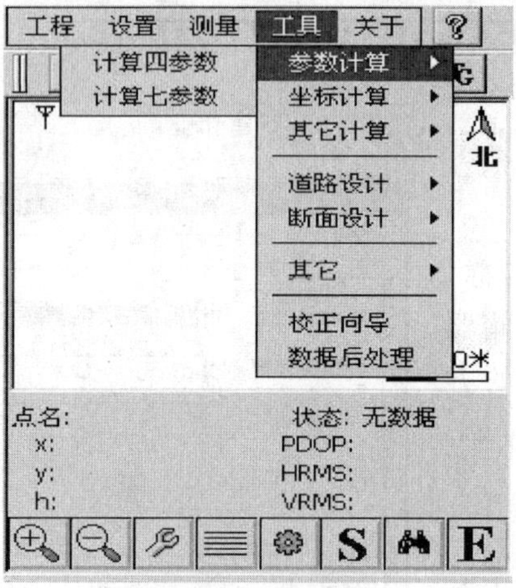

图 2.76　参数计算

图 2.77　计算四参数

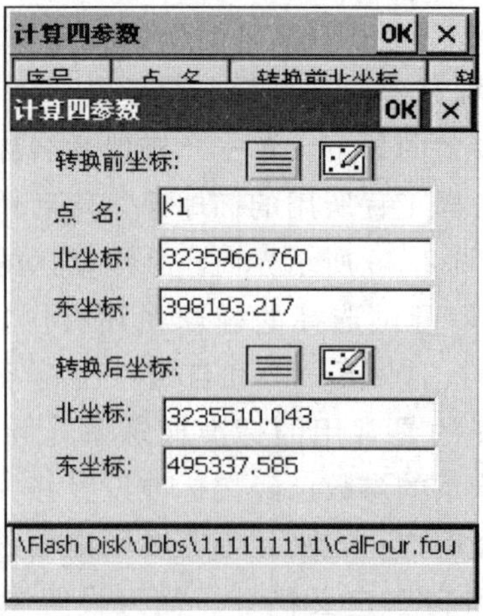

图 2.78　转换前、后坐标录入

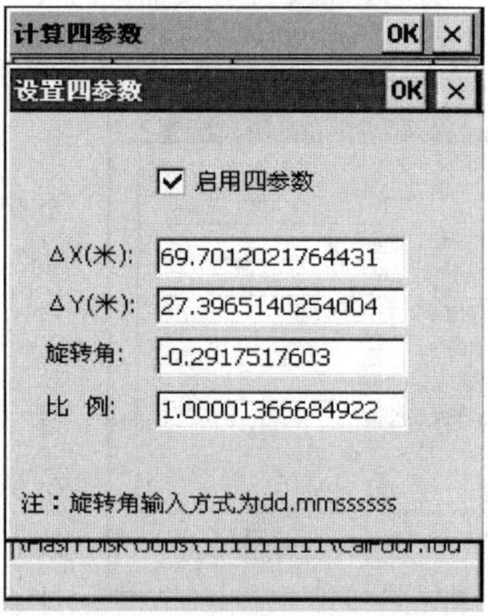

图 2.79　启用四参数

七参数是分别位于两个椭球内的两个坐标系之间的转换参数。在工程之星软件中的七参数指的是 GNSS 测量坐标系和施工测量坐标系之间的转换参数。工程之星提供了一种七参数的计算方式，七参数计算时至少需要三个公共的控制点，且七参数和四参数不能同时使用。七参数的控制范围可以达到 10km 左右。七参数的格式的七个基本项分别是 X 平移、Y 平移、Z 平移、X 轴旋转、Y 轴旋转、Z 轴旋转、缩放比例（尺度比）。

2.3.4.4　校正方法

在校正之前启用四参数（七参数）或者在新建工程项中启用四参数（七参数）并输入参数值，然后根据向导完成校正过程，南方 S82—2008 点的校正分两种：一是基准站架设在已知点上；二是基准站架设在未知点上。两种校正方法的操作基本相同，主要区别是：基准站架设在已知点上，要求输入已知点的点位信息；基准站架设在未知点上，要求输入未知点的信息。这里以基准站架设在已知点为例，校正步骤如下：

（1）在参数浏览里先检查所要使用的转换参数是否正确，然后进入“校正向导”，如图 2.80 所示。

（2）选择“基准站架设在已知点”，单击“下一步”，如图 2.81 所示。

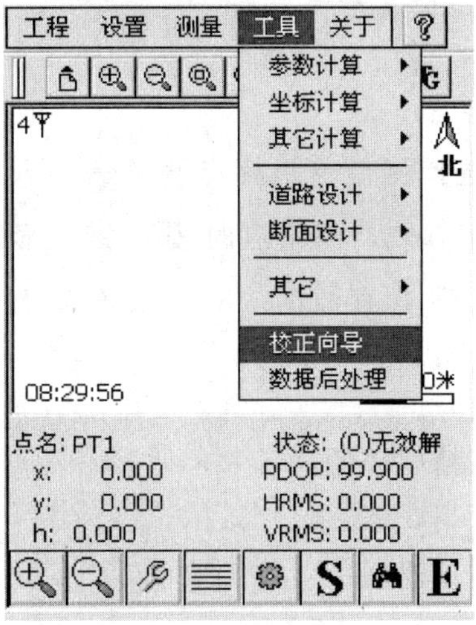

图 2.80　校正向导

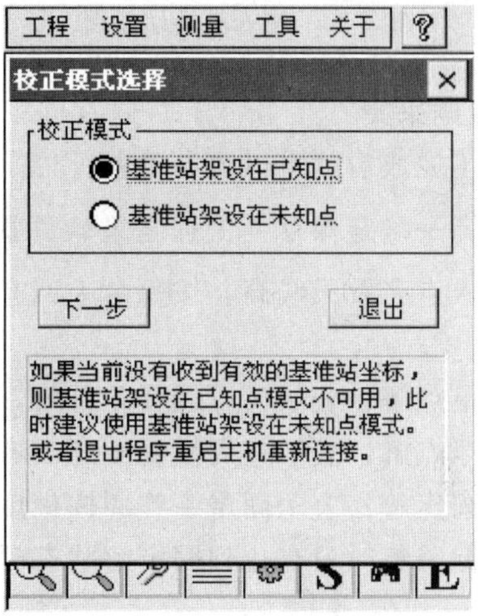

图 2.81　基准站架设在已知点

（3）输入基准站架设点的已知坐标及天线高，并且选择天线高形式，输入完后单击“校正”。

天线高的量测方法如图 2.82 所示。

仪器尺寸：接收机高 96.5mm，直径 186mm，密封橡胶圈到底面高 59mm，天线高实际上是相位中心到地面测量点的垂直高，动态模式天线高的量测方法有直高和斜高两种量取方式：

1）直高：地面到主机底部的垂直高度＋天线相位中心到主机底部的高度。

2）斜高：测到橡胶圈中部，在手簿软件中选择天线

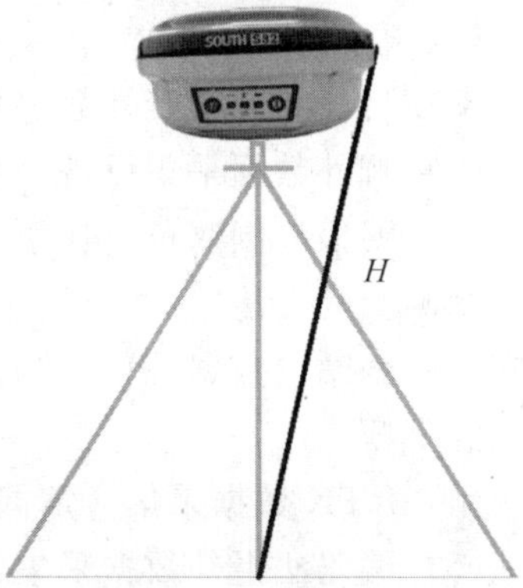

图 2.82　天线高量测

高模式为斜高后输入数值。

静态的天线高量测：只需从测点量测到主机上的密封橡胶圈的中部，内业导入数据时在后处理软件中选择相应的天线类型输入即可。

（4）系统会提示是否校正，并且显示相关帮助信息，检查无误后单击“确定”校正完毕，如图2.83和图2.84所示。

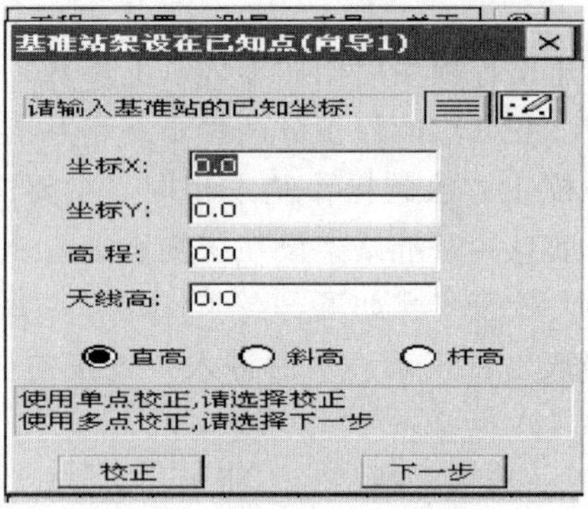

图2.83 输入基准站数据

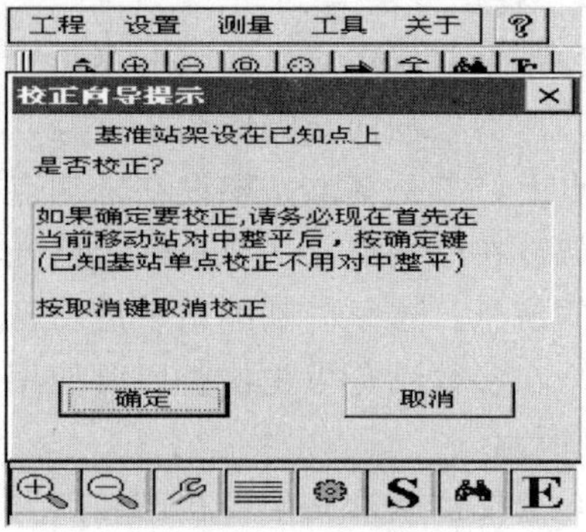

图2.84 校正确认

2.3.5 数据采集

当校正完成后就可以进行数据采集，步骤为选择测量→目标点测量→输入点名、属性、天线高→确定保存。工程之星软件提供了快捷方式，测量点时按A键，显示测量点信息，输入点名及天线高，按手薄上回车键“Enter”保存数据。RTK差分解有以下几种形式：

（1）单点解：表示没有进行差分解，无差分信号。

（2）浮点解：表示整周模糊度还没有固定，点精度较低。

（3）固定解：表示固定了整周模糊度，精度较高。

在数据采集时只有达到固定解状态时方可以保存数据。

项 目 小 结

本项目介绍了全野外数字化测图的外业数据采集：

（1）野外数据采集设备：重点是全站仪和RTK的安置与使用。

（2）图根控制测量：在学会使用测量仪器的基础上，掌握使用全站仪和RTK进行图根控制测量的方法。

（3）全站仪数据采集：掌握用全站仪进行野外数据采集的方法，掌握草图的绘制方法与注意事项。

（4）RTK数据采集：掌握用RTK进行野外数据采集的方法。

（5）编码法野外数据采集：初步掌握简编码法的使用。

（6）CASS电子平板法野外数据采集：了解CASS电子平板法野外数据采集。

全野外数据采集的仪器很多，目前广泛采用的全站仪和 GNSS－RTK。这两种不同的测量仪器既可以用来完成图根控制测量，也可以用来进行数据采集。在城镇建筑区，由于高大建筑物的遮挡，使得 GNSS 接收机无法接收卫星信号，限制了 RTK 的使用，所以只能利用全站仪进行控制测量和数据采集；在空旷、净空条件好的地区，利用 RTK 进行控制测量和数据采集则更加灵活、方便和高效；根据地形条件的不同，将两者结合起来使用（RTK 作图根控制、全站仪测碎部点），大大提高了工作效率。

测记法数据采集应用较为广泛，电子平板法由于受多种因素的影响，目前应用的不多。

测记法数据采集的无码作业也称草图法，实现起来比较容易，应用相当广泛；有码作业外业需要输入简编码，对观测者的要求更高，如果外业编码输入出现错误，将对内业成图造成严重的影响，这一点限制了无码作业的普及。

知 识 检 验

1. 全站仪主要由哪几部分组成？
2. 简述增量式光栅度盘测角原理。
3. 简述电磁波测距原理。
4. 简述一步测量法的步骤。
5. 数据采集前的准备工作有哪些？
6. 简述 GNSS－RTK 的定位原理以及常规 RTK 测量系统组成。
7. 简述全站仪采集数据的操作步骤。
8. 简述 GNSS－RTK 采集数据的操作步骤。

项目3　数据处理（大比例尺数字地形图绘制）

项目描述

数据处理是指在数据采集以后到图形输出之前对图形数据的各种处理。数据处理主要包括数据传输、数据预处理、数据转换、数据计算、图形生成、图形编辑与整饰、图幅接边、图形信息的管理与应用等。对于大比例尺数字地形图，数据处理阶段的主要工作包括：数据传输、地形图的图形生成、图形编辑与整饰等，还包括在已生成的数字地形图上的各项应用如地籍图的绘制、工程上的应用等。

CASS地形地籍成图软件是基于AutoCAD平台技术的GIS前端数据处理系统。广泛应用于地形成图、地籍成图、工程测量应用、空间数据建库等领域，全面面向GIS，彻底打通数字化成图系统与GIS接口，使用骨架线实时编辑、简码用户化、GIS无缝接口等先进技术。自CASS软件推出以来，已经成长成为用户量最大、升级最快、服务最好的主流成图系统。

CASS9.1是南方测绘公司于2011年推出的一个综合性数字化测图软件，它具有完备的数据（图形）采集、数据处理、图形生成、图形编辑、图形输出等功能，能方便灵活地完成数字化测图工作；它还具有土方计算、断面图测绘、宗地图绘制、地籍表格制作、土地利用、图幅管理、与GIS接口等数字地图应用与管理功能。

本项目重点介绍CASS9.1在数据处理阶段的各项应用。本项目由6项任务组成，“任务3.1数据传输”的主要内容包括：全站仪数据传输、GNSS-RTK数据传输。“任务3.2用CASS9.1软件绘制平面图”的主要内容包括：南方CASS9.1成图系统简介、平面图的绘制、地形图的注记与编辑。“任务3.3用CASS9.1软件绘制等高线”的主要内容包括：数字地面模型（DTM）的建立与修改、等高线的绘制与修饰。“任务3.4地形图的分幅与整饰”的主要内容包括：地形图图形分幅、地形图图幅整饰。“任务3.5数字地形图在工程建设中的应用”的主要内容包括：基本几何要素查询、断面图的绘制、土方量的计算。“任务3.6地籍图的绘制”的主要内容包括：地籍图的绘制、宗地属性处理、绘制宗地图、绘制地籍表格。

通过本项目的学习，使学生达到如下要求：熟悉使用CASS9.1软件进行全站仪的数据传输，掌握RTK数据传输，掌握应用CASS9.1软件进行地形图的绘制、编辑与整饰，掌握数字地形图在工程建设中的基本应用，了解地籍图的绘制，独立完成大比例尺数字地形图的绘制、编辑、整饰。

任务3.1　数　据　传　输

全野外数字化测图的数据传输是指将全站仪内存或电子手簿中的数据、GNSS接收机内存或手簿中的数据传输至计算机的过程。数据传输前，需要将测量仪器与计算机相连接，需要在测量仪器上进行各种设置使其与计算机相匹配，需要在测量仪器上和计算机上进行各种操作，还需要将测量仪器上的数据格式转换成相应的绘图软件要求的格式。

3.1.1 全站仪数据传输

3.1.1.1 CASS坐标数据文件

全站仪测量碎部点的原始观测值为水平角 β、竖直角 α 和斜距 S，并在坐标测量模式选择下，通过全站仪或者电子手簿内置的计算程序计算出测点坐标并保存起来。虽然不同型号仪器的文件数据格式不尽相同，但文件的内容基本相同。

坐标数据文件是CASS最基础的数据文件，扩展名是“dat”，文件名可由用户根据习惯自行命名，如20150607.dat，以实测时间命名。

无论是从电子手簿传输到计算机还是用电子平板在野外直接记录数据，都生成一个坐标数据文件，其格式如下：

1点点名，1点编码，1点 y（东）坐标，1点 x（北）坐标，1点高程

……

N 点点名，N 点编码，N 点 y（东）坐标，N 点 x（北）坐标，N 点高程

说明：

（1）文件内每一行代表一个点，各行第一个逗号前的数字，是该测点的点号。

（2）每个点 y（东）坐标、x（北）坐标、高程的单位均是m，注意 y 坐标在前，x 坐标在后。

（3）编码内不能含有逗号。无码作业时，文件中的编码位置为空或为自定义的代码，此时的文件称为无码坐标数据文件。即使编码为空，文件中第二个逗号也不能省略（如下列数据）。

```
21,，549601.0685，4649739.4344，62.439
22,，549598.2355，4649731.8756，62.442
23,，549592.5667，4649723.4852，62.533
24,，549583.6271，4649723.9533，63.198
```

有码作业时，各点编码有如下约定：若该点是地形点（离散地貌点）则为空；若该点是地物点则为测点的简码；此时的文件称为有码坐标数据文件（如下列数据）。

```
1，W4，549106.1612，4651137.5424，190.444
2，A14，549116.7546，4651141.5842，190.399
3，F2，549097.2181，4651087.3153，0
4，+，549103.7534，4651096.1942，0
5，+，549108.6882，4651092.1754，0
6，A50，549148.1523，4651221.2742，194.500
7,，549168.0784，465220.2881，294.666
```

（4）所有的逗号不能在全角方式下输入。

（5）坐标数据文件可以用“记事本”打开，也可以用“Excel”打开。少量数据的编辑修改在“记事本”进行，批量数据的编辑修改在“Excel”中进行更加方便。

全站仪中记录的数据需要传输到计算机中，并转化为绘图软件需要的数据格式，才能在绘图软件下使用。传输到计算机中的坐标数据，将存放在“坐标数据文件”中。

3.1.1.2　数据传输及通讯参数

1. 数据传输的方式

数据的传输方式有串行通讯和并行通讯两种。串行通讯适用于距离较远的情况，并行通讯适用于距离较近的情况。

在串行通讯的数据传输中，数据信息是按二进制的顺序由低到高，一位一位地在一根信号线上传送的。串行通讯设备要求简单，成本价格低，虽然传输速度较慢，但信息质量很高，所以这成了一种常用的信息交换的方式。计算机上最常用的串行接口是美国电子工业协会规定的 RS—232C 标准接口，如计算机上的 COM1 和 COM2。通常鼠标、全站仪、GNSS 接收机等数据传输均采用标准串行接口。

2. 同步传输与异步传输

串行数据通讯有两种传输方式：同步传输和异步传输。

同步传输是指每一个数据位都是用相同的时间间隔发送，而接收时也必须以发送时的相同时间间隔接收每一位信息。不论是否数据传输，接收单元与发送单元都必须在每一个二进制位上保持同步。

异步传输时，接收单元不能准确预计什么时候要接收下一个数据串，所以在发送任意数据串之前首先发送一位二进制数据进行报警，起始位的值为“0”，称为“起始位”，在其之后接着发送数据串。数据串发送完毕后，在其后加上 1～2 位二进制数来表示数据传输的结束，其值为“1”，因而称为“停止位”。

串行传输通常采用异步传输方式，而且全站仪、GNSS 接收机的数据传输一般都采用异步传输方式。

3. 波特率

波特率表示数据传输速度的快慢，指每秒钟传输的数据位数，通常用位/秒（b/s）表示。例如，某设备的数据传输速度为 480 个字符，每个字符包括 10 位（起始位 1 位，数据位 7 位，检验位 1 位，停止位 1 位），所以其波特率为 4800bit/s。全站仪数据传输时的波特率多采用 1200bit/s 以上。常见的波特率有 300bit/s、600bit/s、1200bit/s、1800bit/s、2400bit/s、4800bit/s、9600bit/s、19200bit/s 等。

4. 数据位

数据位指单向数据传输的位数，一般为 7～8 位。

5. 校验位

校验位，又称做奇偶校验位，它位于数据位 7～8 位之后，为一个二进制位，以便在接收单元检验传输的数据是否有误。通常校验位有 5 种方式：NONE（无检验）、EVEN（偶检验）、ODD（奇检验）、MARK（标记校验）、SPACE（空号校验）。

在全站仪的通讯中，一般采用前三种校验方式，占一位，用 N、E 或 O 表示（分别代表 NONE、ENEN、ODD）。

6. 停止位

停止位是在校验位之后再设置的一位或两位二进制位，用于表示传输字符的结束。有些全站仪还规定了发送与接收端的应答信息。接收端没有发出请求发送的信息，接收端不会接收全站仪发送的数据，这样就能确保数据传输的正确性和完整性。

大多数字测图软件系统都编写了各厂家生产的全站仪的相应接口程序，并写入菜单中，用户使用时只要根据自己的全站仪型号选择就可以了。当然，也可以通过厂家提供的通讯程序或用户自编的通讯程序进行数据通讯。

3.1.1.3 用通讯软件进行数据传输

全站仪数据通讯软件很多，功能大同小异，选择自己喜欢用的一款即可，本项目介绍拓普康全站仪用 T—COMV1.5 中文版进行数据传输。

首先要将该软件安装到电脑上，然后运行该软件，即可显示如图 3.1 所示界面。

在“文件”菜单中设置储存位置，在“通讯”菜单中选择全站仪型号或直接在工具栏中单击相应按钮即可弹出“通讯状态”对话框（图 3.2），在此对话框中设置 COM 口、波特率、数据位、奇偶位、停止位。

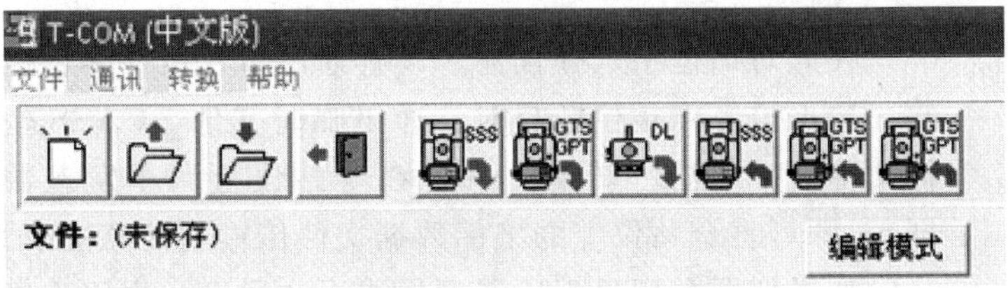

图 3.1 T—COMV1.5 中文版界面

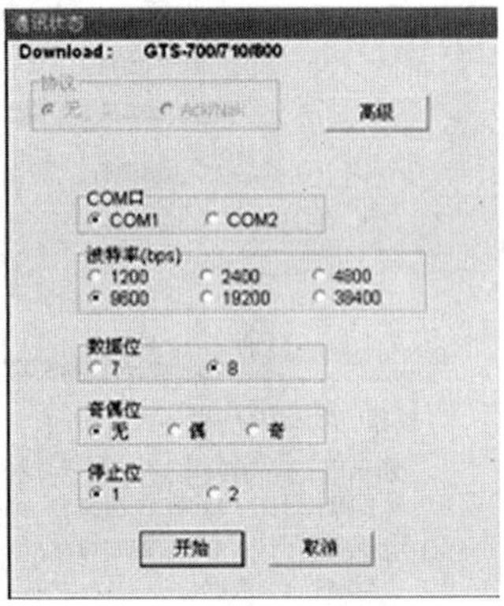

图 3.2 通讯参数设置

操作过程	操作	显示
①由主菜单 1/3 按[F3](存储管理)键	[F3]	存储管理 1/3 F1:文件状态 F2:查找 F3:文件维护 P1
②按[F4](P1)键两次	[F4] [F4]	存储管理 3/3 F1:数据通讯 F2:初始化 P1
③按[F1](数据通讯)键	[F1]	数据传输 F1:发送数据 F2:接收数据 F3:通讯参数
④按[F1]键	[F1]	发送数据 F1:测量数据 F2:坐标数据 F3:编码数据
⑤选择发送数据类型，可按[F1]至[F3]中的一个键 例:[F1](测量数据)	[F1]	发送测量数据 F1:11 位 F2:12 位
⑥按[F1]或[F2]键，选择 11 位或 12 位数据。 例:[F1](11 倍)	[F1]	选择文件 FN: 输入调用 ———回车
⑦按[F1]9 输入键，输入待发送的文件名， 按[F4](ENT)键*1)2)	[F1] 输入 FN [F4]	发送测量数据 >OK? [是][否]
⑧按[F3](是)键，*3) 发送数据， 显示屏返回到菜单	[F3]	发送测量数据！ 正在发送数据> 停止

图 3.3 全站仪与电脑数据传输通讯设置

操作过程	操作	显示
①由主菜单 1/3 按[F3](存储管理)键	[F3]	存储管理 1/3 F1:文件状态 F2:查找 F3:文件维护 P1
②按[F4](P1)键两次	[F4] [F4]	存储管理 3/3 F1:数据通讯 F2:初始化 P1
③按[F1](数据通讯)键	[F1]	数据传输 F1:发送数据 F2:接收数据 F3:通讯参数
④按[F2]键	[F2]	接收数据 F1:坐标数据 F2:编码数据
⑤选择待接收的数据类型，按[F1]或[F2]键 例:[F1](坐标数据)	[F1]	坐标文件名 FN: 输入 … … 回车
⑥按[F1](输入)键，输入待接收的新文件名按[F4](ENT)键*1)	[F1] 输入 FN [F4]	接收坐标数据 〉OK? … … [是][否]
⑦按[F3]是键*2)， 接收数据， 显示屏返回到菜单	[F3]	接收坐标数据 〈正在接收数据/1〉 停止

图 3.4 全站仪与电脑数据传输操作过程

软件通讯参数设置好后，在拓普康全站仪主菜单中调用“存储管理”子菜单，选择数据格式、设置通讯参数（仪器和软件参数要保持一致）、选择要发送的测量数据类型、选择要发送的数据文件后等待按键发送。操作如图 3.3 和图 3.4 所示。目前，很多全站仪可以直接用 U 盘拷贝和蓝牙传输数据，为数据传输提供了方便。

3.1.1.4　在 CASS 中传输数据

在 CASS 中进行数据传输时，首先用数据线将全站仪和电脑连接起来，开启全站仪电源，并运行电脑中的南方 CASS 软件。

在全站仪通讯设置和上述通讯软件传输的过程一致，在仪器里设置好后，在南方 CASS 软件中，选择菜单“数据”→“读取全站仪数据”（图 3.5），就会出现全站仪内存数据转换的对话框（图 3.6）。

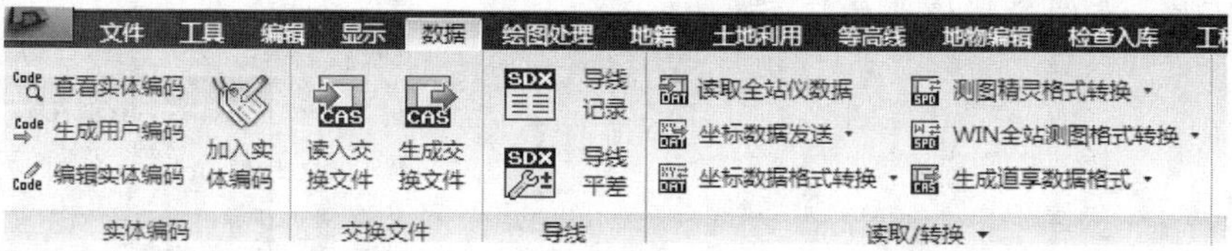

图 3.5　CASS 数据菜单读取全站仪数据

图 3.6　全站仪内存数据转换

在此对话框中选择仪器、设置通讯口、波特率、检验、数据位、停止位、超时、通讯临时文件、CASS 坐标文件后，单击“转换”（先在全站仪上回车发送数据），即可将全站仪上的坐标数据文件传输到计算机中。

如果仪器类型里无所需型号或无法通讯，先用该仪器自带的传输软件将数据下载。将“联机”去掉，“通讯临时文件”选择下载的数据文件，“CASS 坐标文件”输入文件名。单击“转换”，也可完成数据的转换。

目前也有很多品牌的全站可以在仪器里对数据格式进行转换（例如转换为 CASS 格式），然后用 U 盘直接从仪器里面拷贝到计算机中。

3.1.2　GNSS - RTK 数据传输

3.1.2.1　数据格式

在野外数据采集时，工程之星软件存储原始文件数据格式是 RTK 格式文件，文件名格式为 *.rtk，工程之星转换后数据格式为 *.dat，存储数据格式如下。

1. rtk 文件数据格式

rtk 文件的数据格式具体如下：

```
Rem Version Ver1.00.050603
Rem DataTime 2005-10-11 16:01:32.00
Rem Datums 0 6378245.0 298.300000000
Rem Projection 114.0000 0 500000 1.0000 0.0000
Rem Seven 0 0.00000000 0.00000000 0.00000000 0.00000000 0.00000000 0.00000000 0.00000000
Rem Difang 0 0.0000 0.0000 0.00000000 1.00000000
```

Rem Nihe 0 0.00000000 0.00000000 0.00000000 0.00000000 0.00000000 0.00000000 0.00000000 0.00000000
Rem BaseStation 2558738.755 435131.149 23.559 23.0735580003 113.2200119993 23.559
Rem BaseStation 2558738.755 435131.149 23.559 23.0735580003 113.2200119993 23.559
Rem BaseStation 2558738.755 435131.149 23.559 23.0735580003 113.2200119993 23.559

格式说明：

Rem Version 版本号
Rem DataTime 文件建立日期
Rem Datums 椭球参数
Rem Projection 投影参数
Rem Seven 七参数
Rem Difang 地方转换参数（四参数）
Rem Nihe 高程拟合参数
Rem BaseStation 基准站信息
p1,23.0734734806,113.2159158371,23.145,00000000,0.000,10,0.006,0.025,6,2.900,16:01:32.000,1
p2,23.0734682987,113.2159298562,23.442,00000000,2.000,10,0.011,0.056,6,2.900,16:01:59.000,1
p3,23.0735030211,113.2159419975,23.812,00000000,2.000,10,0.009,0.024,6,2.900,16:02:21.000,1

……

格式说明：点名，纬度，经度，高程，属性，天线高，点存储状态（固定解），平面精度，高程精度，卫星颗数，PDOP，时间，（一般）存储方式。

2. dat 文件数据格式

dat 文件的数据格式具体如下：

p1,99974.117,19972.526,51.586,00000000,10,0.006,0.025,6,2.90,16:01:32.00,0.0000,0.0000,0.000
p2,99972.505,19976.508,49.882,00000000,10,0.011,0.056,6,2.90,16:01:59.00,0.0000,0.0000,2.000
p3,99983.172,19980.009,50.252,00000000,10,0.009,0.024,6,2.90,16:02:21.00,0.0000,0.0000,2.000

……

格式说明：点名，x 坐标，y 坐标，高程，属性，点存储状态（固定解），平面精度，高程精度，卫星颗数，PDOP，时间，缺省，缺省，天线高。

3.1.2.2　数据传输

不同厂家生产的 GNSS－RTK 的数据传输过程不同，下面介绍科力达风云 K9V 的数据传输过程。

1. Microsoft ActiveSync 数据传输

（1）在数据导出前，首先要在计算机中安装微软同步软件 Microsoft ActiveSync。

（2）对采集的数据进行转换。工程之星软件提供了用户所需要的各种数据格式转换形式，在流动站手簿的工程之星初始界面单击工程、文件输出，在文件格式转换输出对话框的数据格式里面选择需要输出的格式，南方 CASS 的数据格式为：点名，编码，y，x，h。选择数据格式如图 3.7 所示。

（3）选择数据格式后，单击“源文件”，选择需要转换的原始数据文件，然后单击“确定”，如图 3.8 所示。

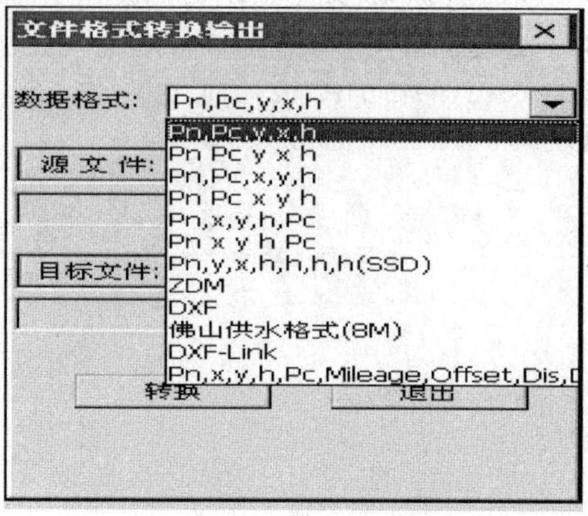

图 3.7　选择数据格式图

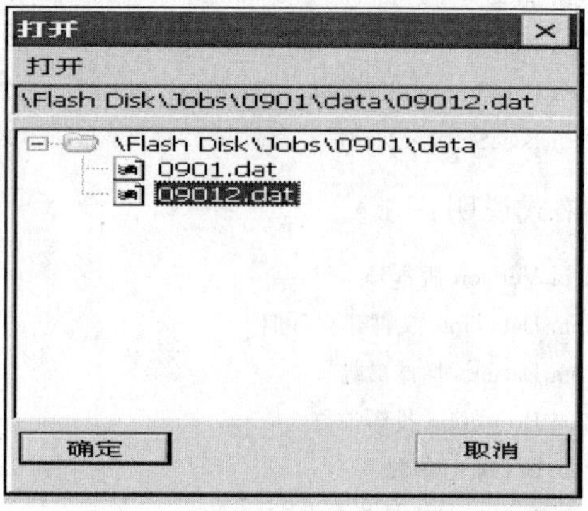

图 3.8　选择需要输出的原始测量数据文件

（4）输入目标文件（转换后）的名称，单击“确定”，然后单击“转换”→“OK”。转换后的数据文件保存在“\ Flash Disk \ Jobs \ 0901 \ data \ ”里面，格式如下：

p1,00000000,505289.844,4577370.459,174.789

p2,00000000,505297.188,4577375.755,175.927

p3,00000000,505302.308,4577379.381,176.024

……

（5）用传输线连接 PISION 手簿和计算机，Microsoft ActiveSync 自动启动。

（6）与计算机连接后，手簿就是计算机的一个盘符，可以像操作硬盘一样来操作手簿中的文件。选择好路径后，将外业采集的并经过转换的数据文件拷贝到计算机中即可。

2. USB 数据传输

在数据导出前在计算机中安装 USB 驱动，打开工程之星软件，“工程”→“文件导出/导入”→“选择导出文件类型、原始测量文件、文件存放的路径”→“导出”（图 3.9），再将手簿和电脑连接通讯，打开我的电脑的移动设备，进入保存文件的 EGjobs 文件夹，找到相应工程文件名，将文件拷出来即可。

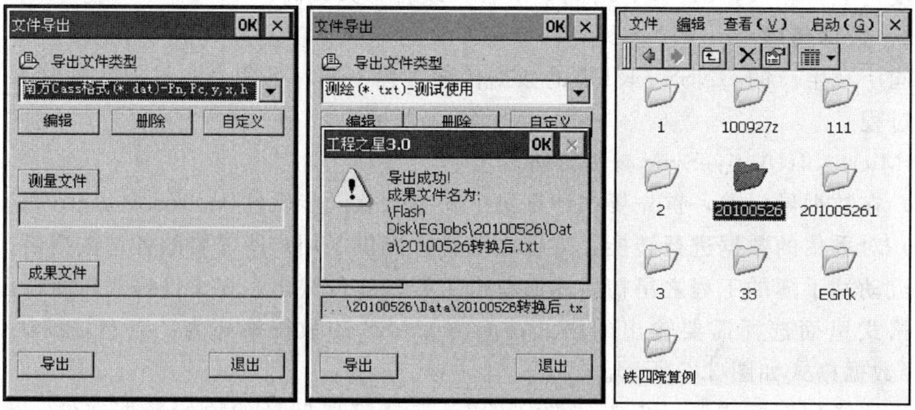

图 3.9　科力达风云 K9V 数据传输

任务 3.2　用 CASS9.1 软件绘制平面图

3.2.1　南方 CASS9.1 成图系统简介

南方公司从 1994 年推出 CASS1.0 成图软件，经过十几年的发展，2011 年又推出了新版的 CASS9.1 成图软件。CASS9.1 地形地籍成图软件是基于 AutoCAD 平台技术的 GIS 前端数据处理系统。广泛应用于地形成图、地籍成图、工程测量应用、空间数据建库、市政监管等领域，全面面向 GIS，彻底打通数字化成图系统与 GIS 接口，使用骨架线实时编辑、简码用户化、GIS 无缝接口等先进技术。

CASS9.1 的一个重要突破就是在实体管理方面做了很多方便用户的功能（主界面），在主界面的左侧增加了多功能属性对话框，包括图层、常用、信息、属性等，增加的功能有重新载入、隐藏选中的实体、显示所有实体、只列出图上实体、以 GIS 图层显示、信息实时显示、搜索等。

伴随 AutoCAD 的升级，CASS 每年升级一次。每年会伴随其新产品的发布，结合行业最新技术升级程序。CASS2008 以下版本 For2002、For2005、For2008 三个安装包。CASS9.1 及以上整合为一个安装包。使用 AutoCAD2002～2010 的用户均可使用。目前 CASS9.3 版本也已发布。

3.2.1.1　CASS9.1 的功能与特点

（1）CASS9.1 版本相对于以前各版本除了在平台、基本绘图功能上作了进一步升级之外，根据最新发表的图式、地籍等标准，更新完善了图式符号库和相应的功能；增加了属性面板等大量的超值贴心的工具。

（2）属性面板可以最小化，可以关闭。最小化后单击最小化窗口的黑色小三角就可最大化。关闭后在“显示”菜单中点“打开属性面板”重新显示。

（3）图层对话框：树状排列图层，可显示所有图层，每个图层都有下拉图层，可达到实体级图层。如 KZD 层，在其下拉层内列出了图上所有不同等级、不同编码的控制点，并且有实体数量的统计，编码前面的方框是亮的表示图内有该实体，灰色说明没有实体，同时数量也为“0”。

（4）双击某编码实体，图上的相应要素全部显示。单击“列出图上实体/列出全部实体”按钮，对话框相应的显示图上已画出实体的图层或列出所有实体的图层。编码前的勾选框为选中时，该实体在图上显示，否则不显示。如右击实体“一般房屋”在绘图区可以直接绘制出一般房屋。如在搜索栏内输入一个实体的关键字，就会显示出含有这个关键字的所有图层，同样右击可以直接绘制。利用“隐藏实体”按钮，可以将选中的实体隐藏，再单击“显示全部实体”按钮可以重新显示。方便对实体进行编辑、查询、检查。

（5）以 GIS 图层显示：单击 GIS 图层显示键，显示的是 GIS 图层，图层名称是每种要素的数据表名，对应点、线、面要素。

（6）常用对话框分三组：常用命令、常用地物、常用文字。常用命令：系统会自动统计最新用到的命令，绘图时可以重复使用这里用到过的命令。常用地物：系统会自动统计最近最常画的地物并列入对话框中，可直接单击这里的地物进行绘制。常用文字：可以自主的设置自己想要的文字，并且可以直接设置文字属性。常用文字分了四组，共可设置64个常用文字，把经常使用的文字输入空白处，在下面可设定文字属性、颜色、字高、图层、字体、宽高、插入点、然后单击更新，则下面方框处即设成此文字，每次使用时，直接单击此文字即可。

（7）信息选项——检查信息：检查信息子面板显示错误信息，双击错误列表就能定位到图形有错误的地方。检查信息可以导出（excel和xml格式）下次打开图形时再导入错误信息列表直接可以修改，无需再一次检查。

（8）属性选项：可显示图形中地物属性，也可修改、补充属性。给被赋予了属性的地物实体添加属性内容。

3.2.1.2　CASS9.1的安装

1. AutoCAD的安装

CASS9.1适用于AutoCAD 2002/2004/2005/2006/2007/2008/2010/2011/2012，具体各版本AutoCAD的安装，请参考其官方说明书。下面以AutoCAD2010为例，说明AutoCAD的安装。

（1）AutoCAD2010软件光盘放入光驱后执行安装程序，AutoCAD将出现如图3.10所示信息。选择“安装产品”和说明语言。

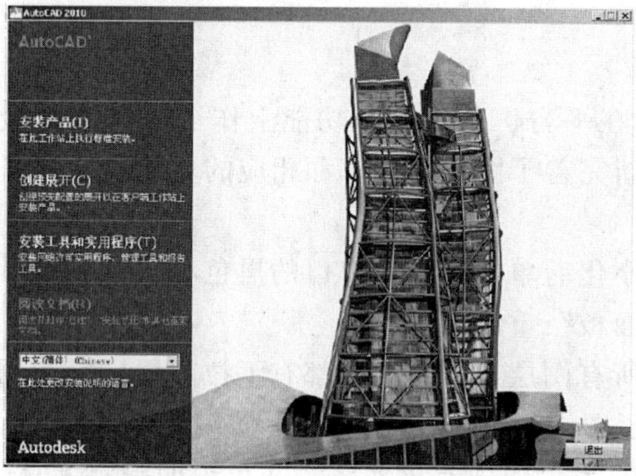

图3.10　AutoCAD安装产品说明

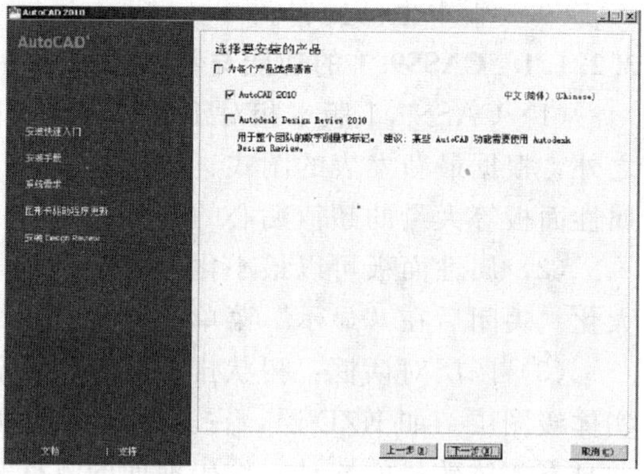

图3.11　AutoCAD安装产品语言选择

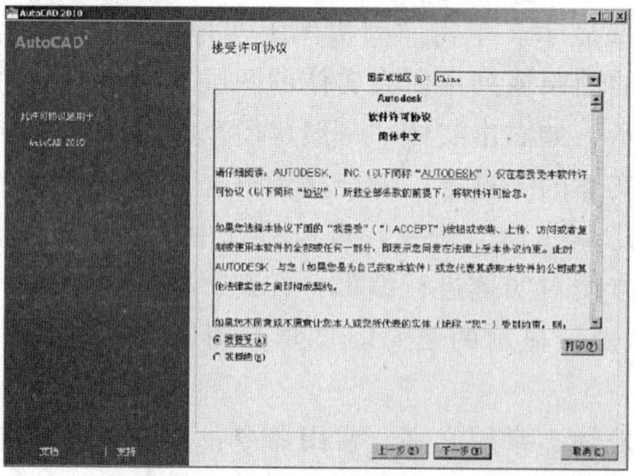

图3.12　AutoCAD接受许可协议

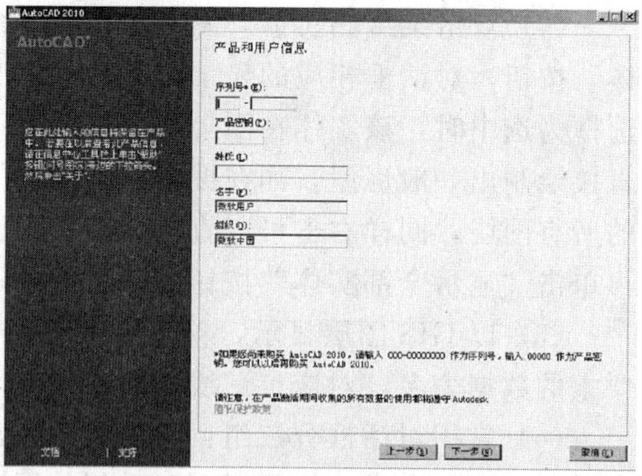

图3.13　AutoCAD产品序列号和密钥录入

（2）单击“安装产品”，就会出现如图 3.11 所示界面。选择“下一步”。

（3）接受许可协议界面（图 3.12），选择“我接受”，单击“下一步”。

（4）输入产品和用户信息（图 3.13）。录入产品序列号和密钥。单击“下一步”。

（5）配置安装目录，在图 3.14 中配置安装路径，单击“安装”。安装界面如图 3.15 所示。

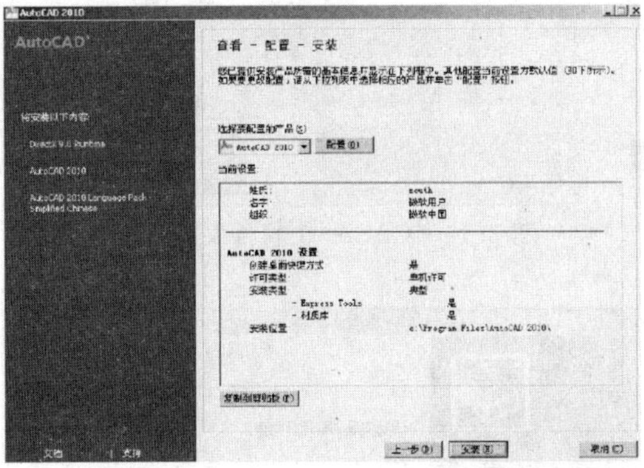

图 3.14　AutoCAD 安装路径选择

图 3.15　AutoCAD 安装过程

（6）稍等几分钟，会出现如图 3.16 所示的安装完成界面。单击“完成”，按提示操作重启电脑，再启动 AutoCAD2010 程序。

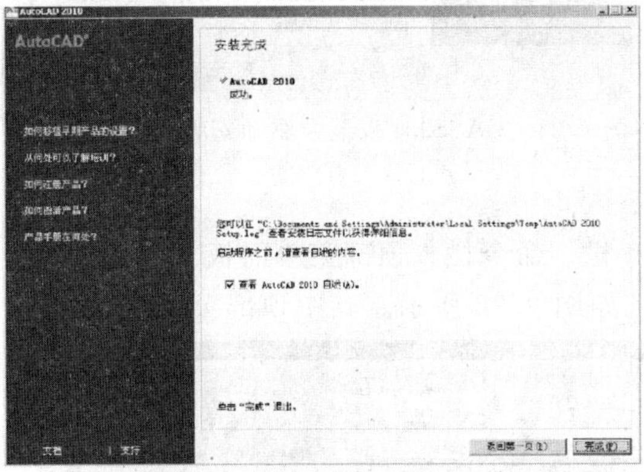

图 3.16　AutoCAD 安装完成界面

图 3.17　CASS9.1“欢迎”界面

2. CASS9.1 的安装

CASS9.1 的安装应该在安装完 AutoCAD 并运行一次后才进行。打开 CASS9.1 文件夹，找到 setup.exe 文件并双击它，屏幕上将出现图 3.17 的“欢迎”界面。

选择“同意”后单击“下一步”，会出现如下“选择 CAD 平台”界面，软件自动检测电脑上所装的 CAD 平台，并提示选择一个 CASS9.1 的安装平台（图 3.18）。

单击“下一步”后，软件会自动安装在指定的 CAD 平台上面，出现如图 3.19 所示界面。

单击“安装完成”后，会出现如图 3.20 所示软件锁驱动程序安装界面，这时必须确保已经插上软件锁。单击图 3.21 的“完成”，结束 CASS9.1 的安装。

图 3.18　CASS9.1“选择 CAD 平台”界面

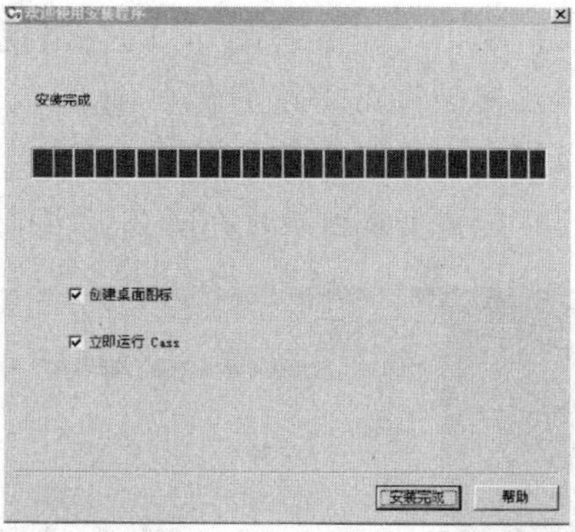

图 3.19　CASS9.1 软件安装界面

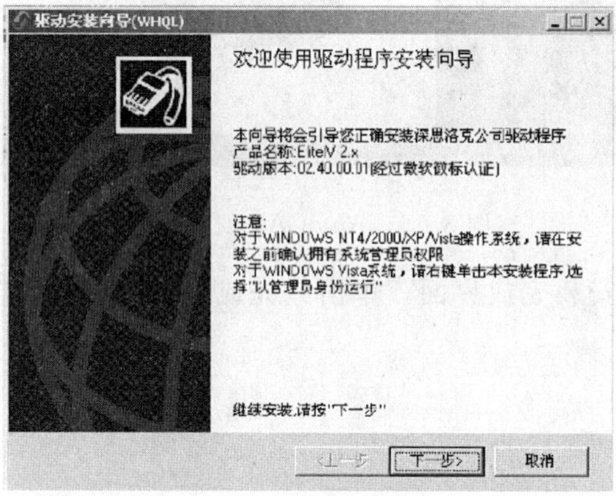

图 3.20　CASS9.1 安装“驱动安装”界面

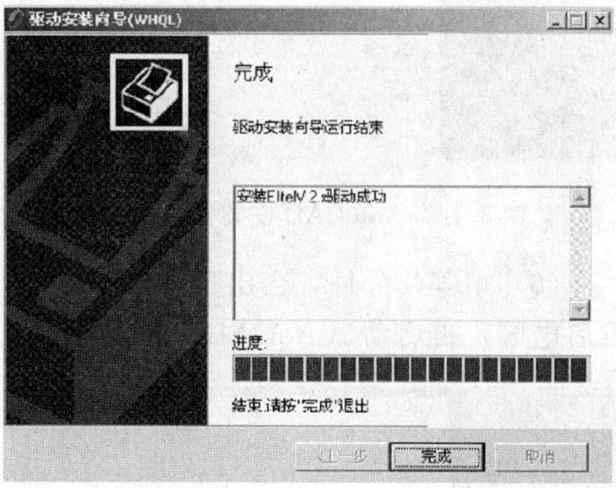

图 3.21　CASS9.1 安装“驱动安装完成”界面

3.2.1.3　CASS9.1 主界面介绍

CASS9.1 的操作界面主要分：标题栏、任务栏、命令栏、顶部菜单面板、图形界面、右侧屏幕菜单及 CASS 工具栏、属性对话框等，如图 3.22 所示。其中顶部菜单基本包括

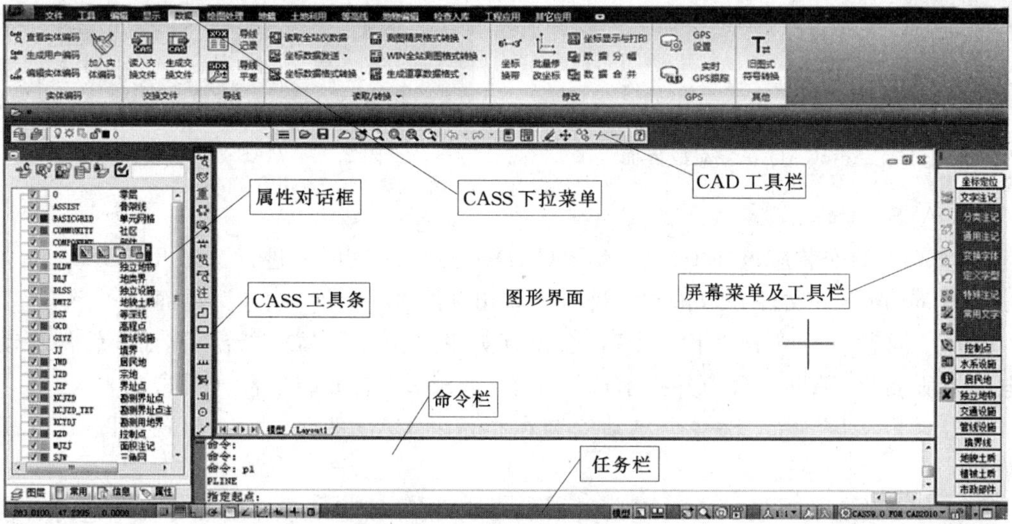

图 3.22　CASS9.1 图形主界面

了所有成图的操作。

CASS9.1 的 13 个顶部菜单功能如下：

（1）文件：主要用于控制文件的输入、输出，对整个系统的运行环境进行修改设定。

（2）工具：主要在编辑图形时提供绘图工具。

（3）编辑：主要通过调用 AutoCAD 命令，利用其强大丰富、灵活方便的编辑功能来编辑图形及管理图层。

（4）显示：提供观察一个图形多种方法及对象的三维动态显示，使视觉效果更加丰富多彩。

（5）数据：主要对数据导入导出、数据的编辑及对编码的编辑。

（6）绘图处理：确定比例尺、简码成图、高程信息的管理及分幅信息的生成、修改。

（7）地籍：主要是地籍图的绘制、编辑、修改及报表的生成与管理。

（8）土地利用：绘制行政区界，生成图斑等地类要素，对土地利用情况进行统计和查询。

（9）等高线：建立数字地面模型，计算并绘制等高线或等深线，自动切除穿建筑物、陡坎、高程注记的等高线。

（10）地物编辑：主要对地物进行加工编辑。

（11）检查入库：进行图形的各种检查以及图形格式转换。

（12）工程应用：主要对其坐标查询、面积计算、断面图绘制和土方量计算等。

（13）其它应用：主要是用来建立数据库，对图纸进行管理；数字市政监管和符号自定义。

3.2.1.4　CASS 系统常用概念及快捷命令

1. 常用概念

（1）对象：对象是在一个 CAD 系统中制图的图形元素。大多数 CAD 系统支持的典型对象是：点、线、圆弧和椭圆；复杂的对象经常是 CAD 专用的，如多段线、文字、标注、阴影和样条。

（2）属性：每个对象都有已知的如颜色、线型、线粗的属性。

（3）层：计算机辅助设计的一个基本概念是用层来组织和构造图样的，一个图样的每个对象精确的在一个层上，并且一个层可以容纳任意多的对象，大多数情况下具有共同属性和共同作用的对象集合在一个层上，层有属性，例如：颜色、粗细、线型等。

（4）块：是可组合起来形成单个对象（或称为块定义）的对象集合。

（5）复合线：是相连的直线、弧线组成的序列，就是 AutoCAD 中的多义线。它与直线的绘制及圆弧的绘制不同，多义线可以绘制相连的直线、相连的弧线以及相连的弧和直线的组合。

（6）实体：一是指构成图形的有形的基本元素或注记，二是指三维物体。

2. 快捷命令

在内业 CASS 软件绘图工作中，会常用到快捷键命令，如修改复合线用到的快捷键：

N：批量拟合复合线。

Y：复合线上加点。

画图用到的快捷键：

A：画弧。

L：画线段。

M：移动。

这样可以达到键盘与鼠标的灵活运用，提高画图的效率，Auto CAD 和 CASS 系统常用命令与快捷键见表 3.1。

表 3.1　快捷键与命令表

快捷键	作用	快捷键	作用
DD	通用绘图命令	A	画弧
V	查看实体属性	C	画圆
S	加入实体属性	CP	拷贝
F	图形复制	E	删除
RR	符号重新生成	L	画直线
H	线型换向	PL	画复合线
KK	查询坎高	LA	设置图层
X	多功能复合线	LT	设置线型
B	自由连接	M	移动
AA	给实体加地物名	P	屏幕移动
T	注记文字	Z	屏幕缩放
FF	绘制多点房屋	R	屏幕重画
SS	绘制四点房屋	PE	复合线编辑
W	绘制围墙	K	绘制陡坎
XP	绘制自然斜坡	G	绘制高程点
D	绘制电力线	I	绘制道路
N	批量拟合复合线	O	批量修改复合线高
WW	批量改变复合线宽	Y	复合线上加点
J	复合线连接	Q	直角纠正

3.2.2　测点点号定位成图法

3.2.2.1　定显示区

定显示区的作用是根据输入坐标数据文件的数据大小定义屏幕显示区域的大小，以保证所有点可见。首先移动鼠标至“绘图处理”项，单击即出现如图 3.23 所示的下拉菜单。

然后选择“定显示区”项，单击即出现一个对话窗，如图 3.24 所示。

这时，需输入碎部点坐标数据文件名。可直接通过键盘输入，如在“文件（N）:”（即光标闪烁处）输入 D:\CASS9.1\DEMO\YMSJ.DAT 后再移动鼠标至“打开

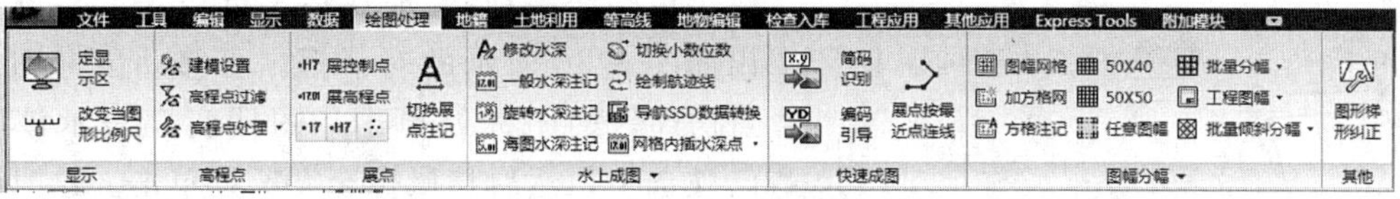

图 3.23　绘图处理下拉菜单

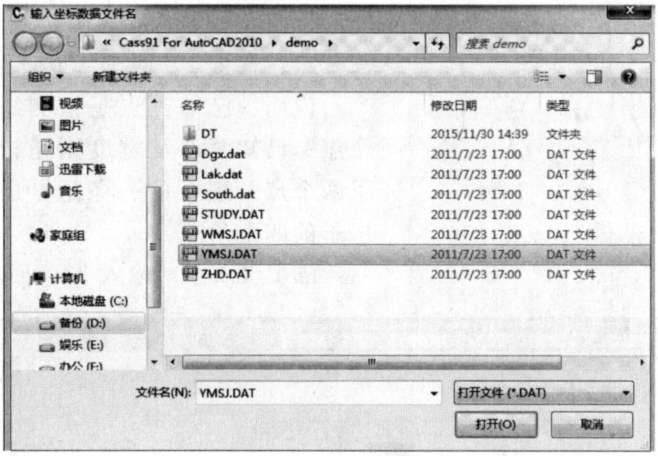

图 3.24　选择测点点号定位成图法的对话框

(O)”处，单击。也可参考 WINDOWS 选择打开文件的操作方法操作。这时，命令区显示：

最小坐标（米）X=87.315，Y=97.020

最大坐标（米）X=221.270，Y=200.00

3.2.2.2　选择测点点号定位成图法

移动鼠标至屏幕右侧菜单区之“坐标定位/点号定位”项，单击即出现如图 3.24 所示的对话框。输入点号坐标点数据文件名 D：\ CASS9.1 \ DEMO \ YMSJ. DAT 后，命令区提示：“读点完成！共读入 60 点”。

3.2.2.3　绘平面图

根据野外作业时绘制的草图，移动鼠标至屏幕右侧菜单区选择相应的地形图图式符号，然后在屏幕中将所有的地物绘制出来。系统中所有地形图图式符号都是按照图层来划分的，例如所有表示测量控制点的符号都放在“控制点”这一层，所有表示独立地物的符号都放在“独立地物”这一层，所有表示植被的符号都放在“植被土质”这一层。

(1) 为了更加直观地在图形编辑区内看到各测点之间的关系，先将野外测点点号在屏幕中展出来。其操作方法是：先移动鼠标至屏幕的顶部菜单“绘图处理”→“展野外测点点号”项单击，便出现如图 3.24 所示的对话框。输入对应的坐标数据文件名 D：\ CASS9.1 \ DEMO \ YMSJ. DAT 后，便可在屏幕展出野外测点点号。

(2) 根据外业草图，选择相应的图式符号在屏幕上将平面图绘出来。

外业作业草图如图 3.25 所示，由 33、34、35 号点连成一间普通房屋。移动鼠标至右

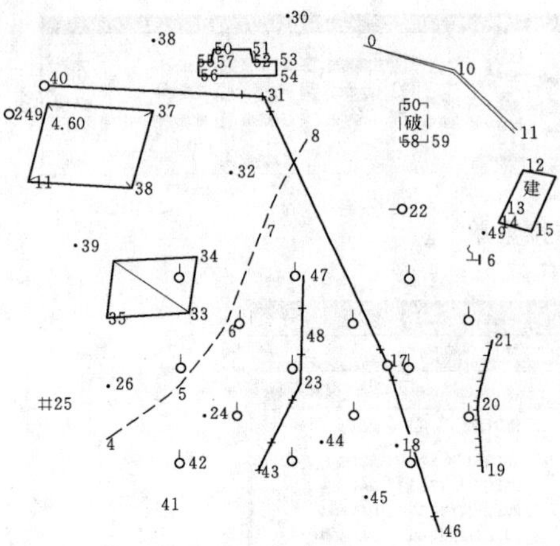

图 3.25　外业作业草图

侧菜单“居民地/一般房屋”处单击，系统便弹出如图 3.26 所示的对话框。再移动鼠标到“四点房屋”的图标处单击，图标变亮表示该图标已被选中，然后移鼠标至 OK 处单击。这时命令区提示：

绘图比例尺 1：〈500〉 输入 1000，回车。

1. 已知三点/2. 已知两点及宽度/3. 已知四点〈1〉：输入 1，回车（或直接回车默认选 1）。

说明：已知三点是指测矩形房子时测了三个点；已知两点及宽度则是指测矩形房子时测了两个点及房子的一条边；已知四点则是测了房子的四个角点。

点 P/〈点号〉 输入 33，回车。

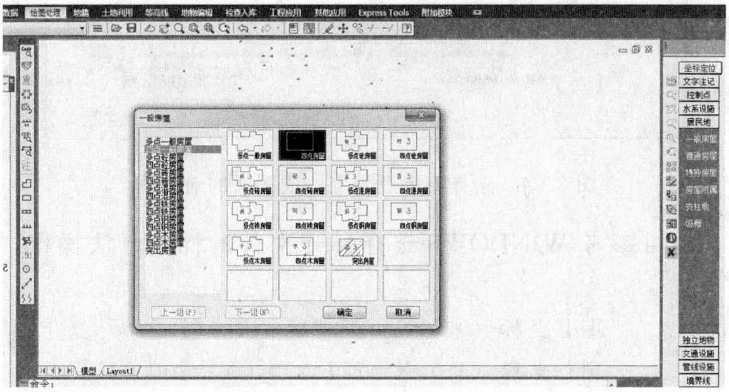

图 3.26　“居民地/一般房屋”图层图例

说明：点 P 是指根据实际情况在屏幕上指定的一个点；点号是指绘地物符号定位点的点号（与草图的点号对应），此处使用点号 33。

点 P/〈点号〉 输入 34，回车。

点 P/〈点号〉 输入 35，回车。

这样，即将 33、34、35 号点连成一间普通房屋。

注意：绘房子时，输入的点号必须按顺时针或逆时针的顺序输入，如上例的点号按 34、33、35 或 35、33、34 的顺序输入，否则绘出来房子就不对。重复上述操作，将 37、38、41 号点绘成四点棚房；60、58、59 号点绘成四点破坏房子；12、14、15 号点绘成四点建筑中房屋；50、52、51、53、54、55、56、57 号点绘成多点一般房屋；27、28、29 号点绘成四点房屋。同样在“居民地/垣栅”层找到“依比例围墙”的图标，将 9、10、11 号点绘成依比例围墙的符号；在“居民地/垣栅”层找到“篱笆”的图标将 47、48、23、43 号点绘成篱笆的符号。完成这些操作后，其平面图如图 3.27 所示。

把草图中的 19、20、21 号点连成一段陡坎，其操作方法：先移动鼠标至右侧屏幕菜单“地貌土质/人工地貌”处单击，这时系统弹出如图 3.28 所示的对话框。

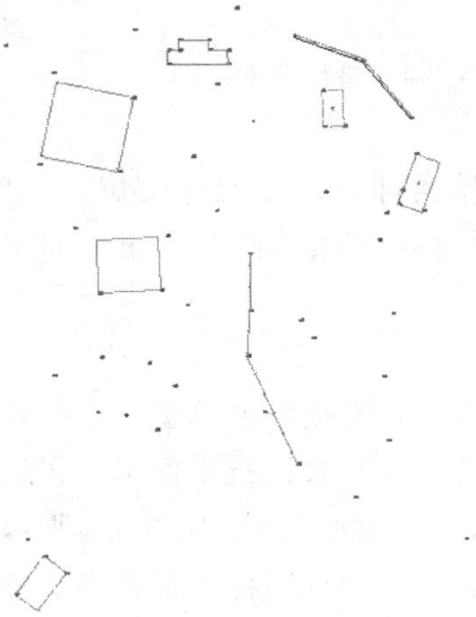

图 3.27　测点点号定位绘制的平面图

图 3.28　“地貌土质”图层图例

移鼠标到表示未加固陡坎符号的图标处单击选择其图标，再移鼠标到 OK 处单击确认所选择的图标。命令区便分别出现以下的提示：

请输入坎高，单位：米〈1.0〉输入坎高，回车（直接回车默认坎高 1m）。

说明：在这里输入的坎高（实测得的坎顶高程），系统将坎顶点的高程减去坎高得到坎底点高程，这样在建立（DTM）时，坎底点便参与组网的计算。

点 P/〈点号〉输入 19，回车。

点 P/〈点号〉输入 20，回车。

点 P/〈点号〉输入 21，回车。

点 P/〈点号〉回车或右击，结束输入。

注意：如果需要在点号定位的过程中临时切换到坐标定位，可以按“P”键，这时进入坐标定位状态，想回到点号定位状态时再次按“P”键即可。

拟合线〈N〉？回车或右击，默认输入 N。

说明：拟合的作用是对复合线进行圆滑。

这时，便在 19、20、21 号点之间绘成陡坎的符号，如图 3.29 所示。注意：陡坎上的坎毛生成在绘图方向的左侧。

这样，重复上述的操作便可以将所有测点用地图图式符号绘制出来。在操作的过程中，可以嵌用 CAD 的透明命令，如放大显示、移动图纸、删除、文字注记等。

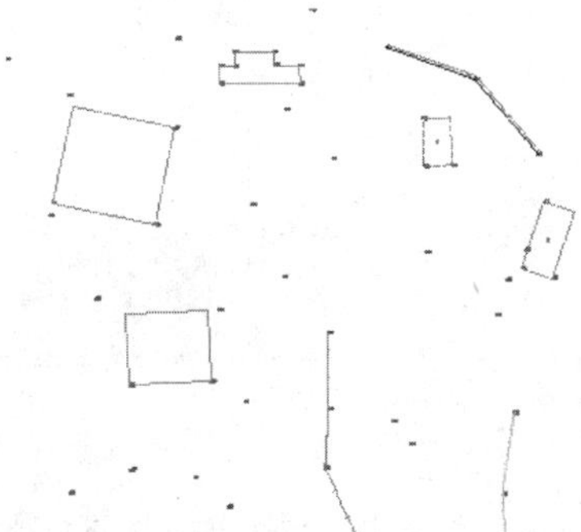

图 3.29　加绘陡坎后的平面图

3.2.3　屏幕坐标定位成图法

3.2.3.1　定显示区

此步操作与“点号定位”法作业流程的“定显示区”的操作相同。

3.2.3.2　选择坐标定位成图法

移动鼠标至屏幕右侧菜单区之“坐标定位”项，单击即进入“坐标定位”项的菜单。如果刚才在“测点点号”状态下，可通过选择“CASS 9.1 成图软件”按钮返回主菜单之后再进入“坐标定位”菜单。

3.2.3.3　绘平面图

与“点号定位”法成图流程类似，需先在屏幕上展点，根据外业草图，选择相应的图式符号在屏幕上将平面图绘出来，区别在于不能通过测点点号来进行定位了。仍以作居民地为例讲解。移动鼠标至右侧菜单“居民地”处单击，系统便弹出如图 3.26 所示的对话框。再移动鼠标到“四点房屋”的图标处单击，图标变亮表示该图标已被选中，然后移鼠标至 OK 处单击。这时命令区提示：

1. 已知三点/2. 已知两点及宽度/3. 已知四点〈1〉：输入 1，回车（或直接回车默认选 1）。

输入点：移动鼠标至右侧屏幕菜单的“捕捉方式”项，单击，弹出如图 3.30 所示的对话框。再移动鼠标到“NOD”（节点）的图标处单击，图标变亮表示该图标已被选中，然后移鼠标至 OK 处单击。这时鼠标靠近 33 号点，出现黄色标记，单击，完成捕捉工作。

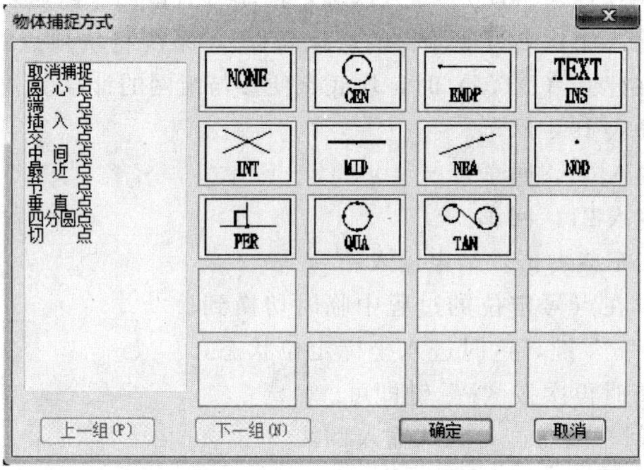

图 3.30　“捕捉方式”选项

输入点：同上操作捕捉 34 号点。

输入点：同上操作捕捉 35 号点。

这样，即将 33、34、35 号点连成一间普通房屋。

注意：在输入点时，嵌套使用了捕捉功能，选择不同的捕捉方式会出现不同形式的黄颜色光标，适用于不同的情况。

命令区要求“输入点”时，也可以用鼠标左键在屏幕上直接单击，为了精确定位也可输入实地坐标。下面以“路灯”为例进行演示。移动鼠标至右侧屏幕菜单“独立地物/公共设施”处单击，这时系统便弹出“独立地物/其它设施”的对话框，如图 3.31 所示，移动鼠标到“路灯”的图标处单击，图标变亮表示该图标已被选中，然后移鼠标至“确定”处单击。这时命令区提示：

输入点：输入 143.35，159.28，回车。

这时就在（143.35，159.28）处绘好了一个路灯。

注意：随着鼠标在屏幕上移动，左下角提示的坐标实时变化。

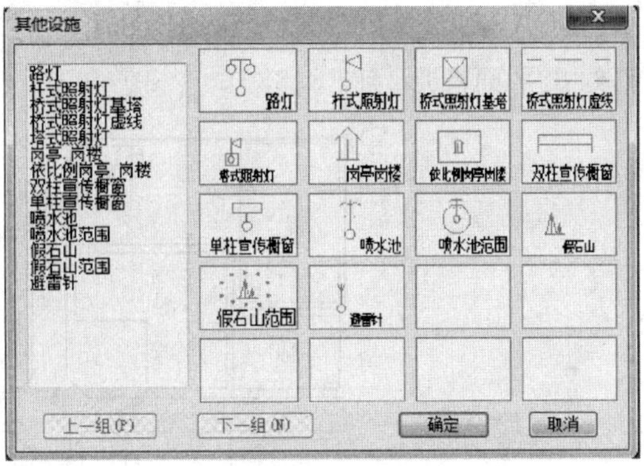

图 3.31 “独立地物/其它设施”图层图例

3.2.4 简编码自动成图法

此种工作方式也称作“带简编码格式的坐标数据文件自动绘图方式”，也是目前野外数字测图主要的成图方式。与“草图法”在野外测量时不同的是，每测一个地物点时都要在电子手簿或全站仪上输入地物点的简编码，简编码一般由一位字母和一或两位数字组成，可参考 CASS 软件说明书当中的 CASS9.1 的野外操作码。用户也可根据自己的需要通过 JCODE.DEF 文件定制野外操作简码。

3.2.4.1 定显示区

此步操作与“草图法”中“测点点号”定位绘图方式作业流程的“定显示区”操作相同。

3.2.4.2 简码识别

简码识别的作用是将带简编码格式的坐标数据文件转换成计算机能识别的程序内部码（又称绘图码）。移动鼠标至菜单“绘图处理”→“简码识别”项，该处以高亮度（深蓝）显示，单击，即出现如图 3.32 所示对话窗。输入带简编码格式的坐标数据文件名（此处

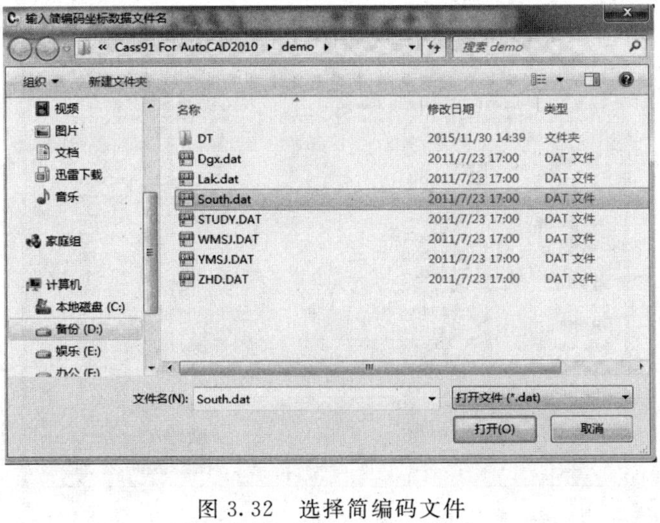

图 3.32 选择简编码文件

以 D:\CASS9.1\DEMO\South.dat 为例）。当提示区显示“简码识别完毕!”时会在屏幕绘出平面图形（图 3.33）。

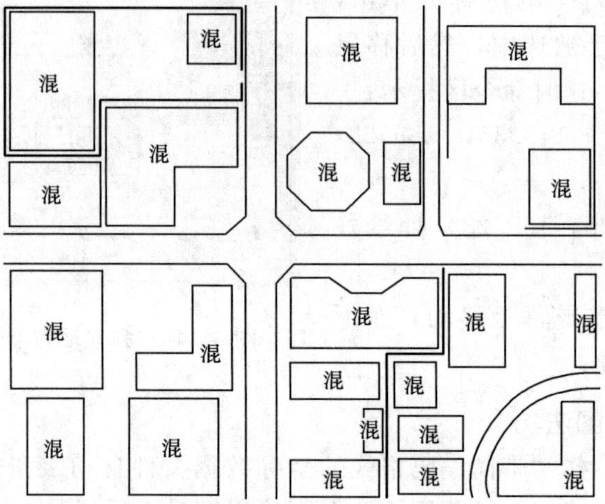

图 3.33　简编码法系统自动绘出图形

3.2.5　引导文件自动成图法

引导文件自动成图方式也称为“编码引导文件＋无码坐标数据文件自动绘图方式”。

简编码法数据文件里面包含了成图的三类信息：点位信息、连接信息和属性信息，因此能自动成图，如果在野外测的只是坐标，没有属性和连接信息，可以在内业成图之前根据草图上的属性信息和连接信息编写编码引导文件，该文件和仪器里的坐标文件构成成图需要的所有信息，因此编码引导文件也能自动成图。

3.2.5.1　编辑引导文件

移动鼠标至绘图屏幕的顶部菜单，选择“编辑”的“编辑文本文件”项，该处以高亮度（深蓝）显示，单击，屏幕命令区出现如图 3.34 所示的编辑文本对话框。

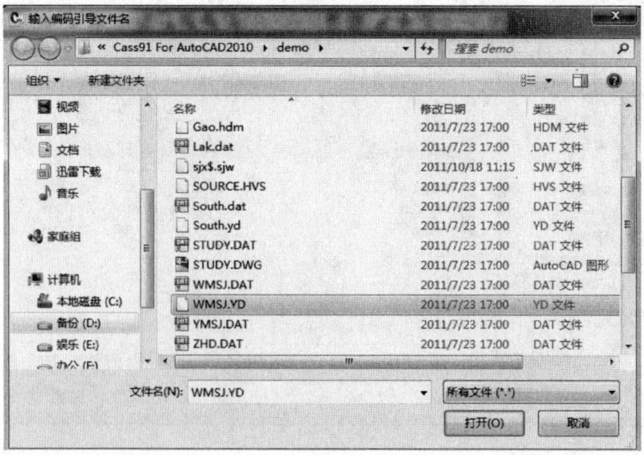

图 3.34　编辑文本对话框

以 D:\CASS9.1\DEMO\WMSJ.YD 为例。屏幕上将弹出记事本，这时根据野外作业草图，参考地物代码以及文件格式，编辑好此文件，文件的数据部分内容如图 3.35 所示。

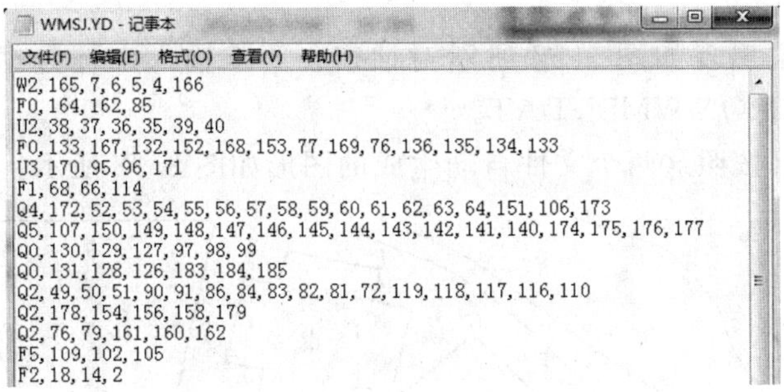


```
W2,165,7,6,5,4,166
F0,164,162,85
U2,38,37,36,35,39,40
F0,133,167,132,152,168,153,77,169,76,136,135,134,133
U3,170,95,96,171
F1,68,66,114
Q4,172,52,53,54,55,56,57,58,59,60,61,62,63,64,151,106,173
Q5,107,150,149,148,147,146,145,144,143,142,141,140,174,175,176,177
Q0,130,129,127,97,98,99
Q0,131,128,126,183,184,185
Q2,49,50,51,90,91,86,84,83,82,81,72,119,118,117,116,110
Q2,178,154,156,158,179
Q2,76,79,161,160,162
F5,109,102,105
F2,18,14,2
```

图 3.35　编码引导文件数据格式

说明：

（1）每一行表示一个地物。

（2）每一行的第一项为地物的“地物代码（简编码）”，以后各数据为构成该地物的各测点的点号（依连接顺序的排列）。

（3）同行的数据之间用逗号分隔。

（4）表示地物代码的字母要大写。

（5）用户可根据自己的需要定制野外操作简码，通过更新 D:\CASS9.1\SYSTEM\JCODE.DEF 文件即可实现。

3.2.5.2　定显示区

此步操作与“点号定位”法作业流程的“定显示区”的操作相同。

3.2.5.3　编码引导

编码引导的作用是将“引导文件”与“无码的坐标数据文件”合并生成一个新的带简编码格式的坐标数据文件。这个新的带简编码格式的坐标数据文件在下一步“简码识别”操作时将要用到。

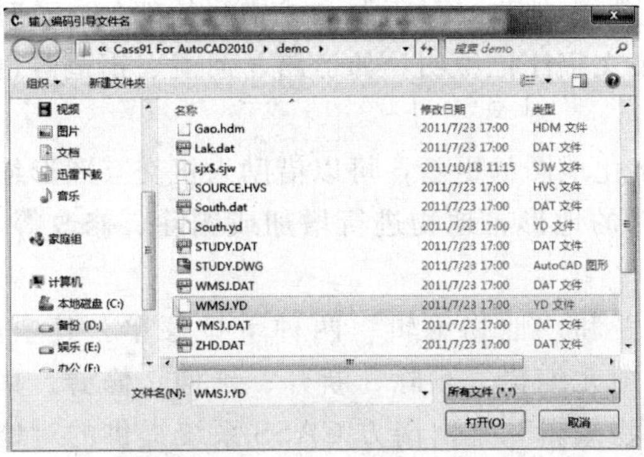

图 3.36　输入编码引导文件

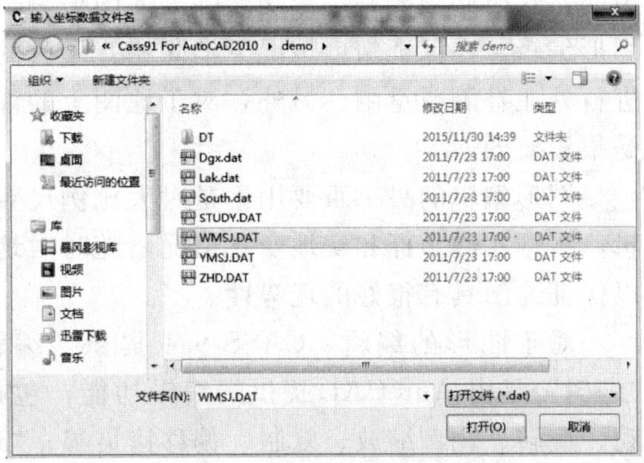

图 3.37　输入坐标数据文件

（1）移动鼠标至绘图屏幕的最上方，选择“绘图处理”→“编码引导”项，该处以高亮度（深蓝）显示，单击即出现如图3.36所示对话窗。输入编码引导文件名D：\CASS9.1\DEMO\WMSJ.YD或通过WINDOWS窗口操作找到此文件，然后单击“确定”按钮。

（2）接着，屏幕出现如图3.37所示对话窗。要求输入坐标数据文件名，此时输入D：\CASS9.1\DEMO\WMSJ.DAT。

（3）这时，屏幕按照这两个文件自动生成的图形如图3.38所示。

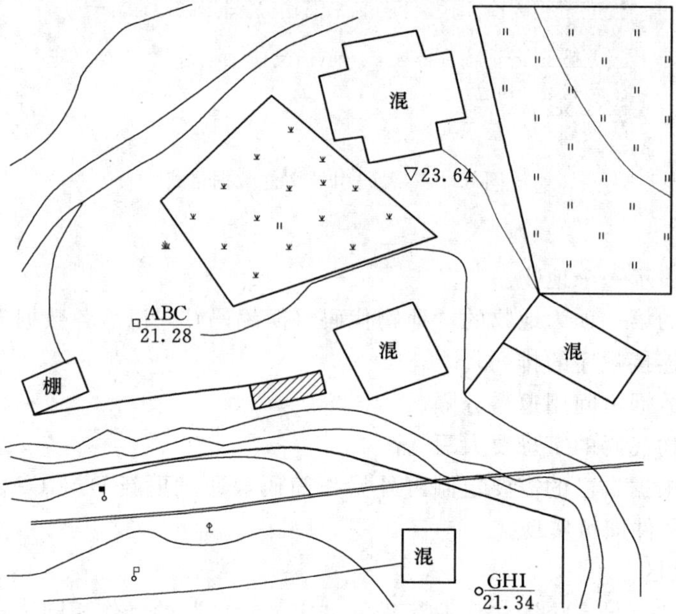

图3.38　引导编码法系统自动绘出图形

3.2.6　地形图的注记与编辑

在大比例尺数字测图的过程中，由于实际地形、地物的复杂性，漏测、错测是难以避免的，这时必须要有一套功能强大的图形编辑系统，对所测地图进行屏幕显示和人机交互图形编辑，在保证精度情况下消除相互矛盾的地形、地物，对于漏测或错测的部分，及时进行外业补测或重测。另外，对于地图上的许多文字注记说明，如道路、河流、街道等也是很重要的。

图形编辑的另一重要用途是对大比例尺数字化地图的更新，可以借助人机交互图形编辑，根据实测坐标和实地变化情况，随时对地图的地形、地物进行增加或删除、修改等，以保证地图具有很好的现势性。

对于图形的编辑，CASS 9.1提供“编辑”和“地物编辑”两种下拉菜单。其中，“编辑”是由AutoCAD提供的编辑功能，包括图元编辑、删除、断开、延伸、修剪、移动、旋转、比例缩放、复制、偏移拷贝等；“地物编辑”是由南方CASS系统提供的对地物编辑功能，包括线型换向、植被填充、土质填充、批量删剪、批量缩放、窗口内的图形存盘、多边形内图形存盘等。下面对成图常用的编辑功能进行举例说明。

3.2.6.1　物体捕捉

物体捕捉设置是绘图的基本技巧之一，在绘图中设置捕捉方式合理，不仅能准确捕捉物体，而且还能提高绘图效率。物体捕捉一般可以通过几种方式实现。

（1）在下拉菜单栏的工具菜单中选择捕捉方式，如图 3.39 所示。

（2）可以在任务栏中，右击图标，弹出对话框，单击“设置”弹出如图 3.40 所示捕捉对话框进行设置。

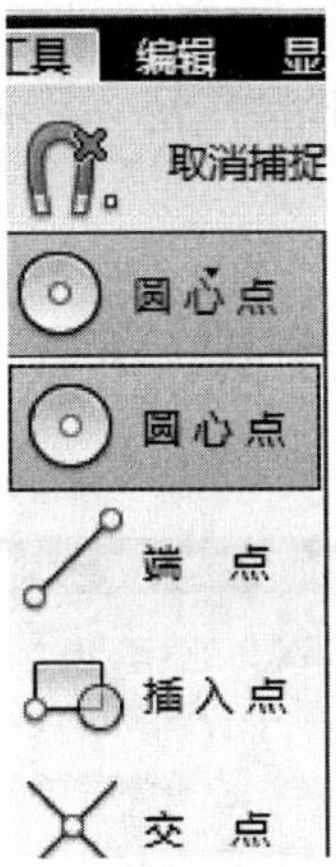

图 3.39　菜单设置物体捕捉方式

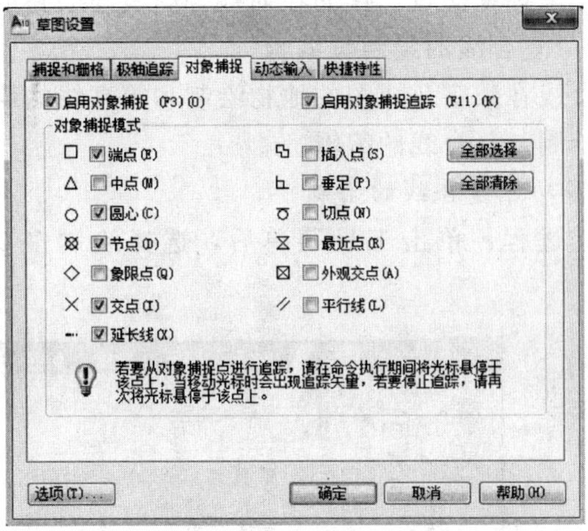

图 3.40　在任务栏中设置物体捕捉方式

（3）可以在右侧屏幕菜单工具栏单击图标，弹出物体捕捉方式对话框（图 3.41）进行设置。

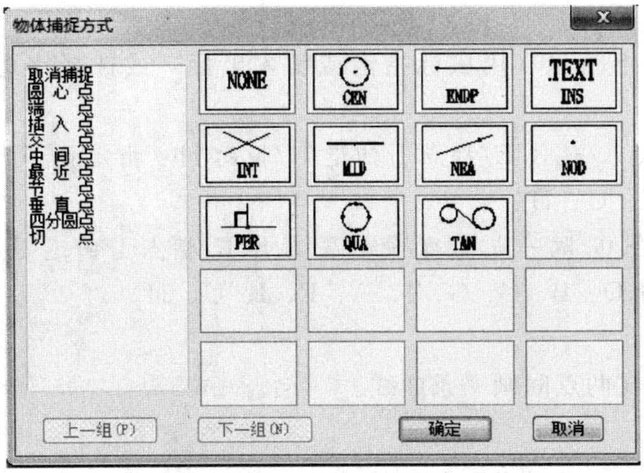

图 3.41　屏幕菜单工具设置捕捉方式

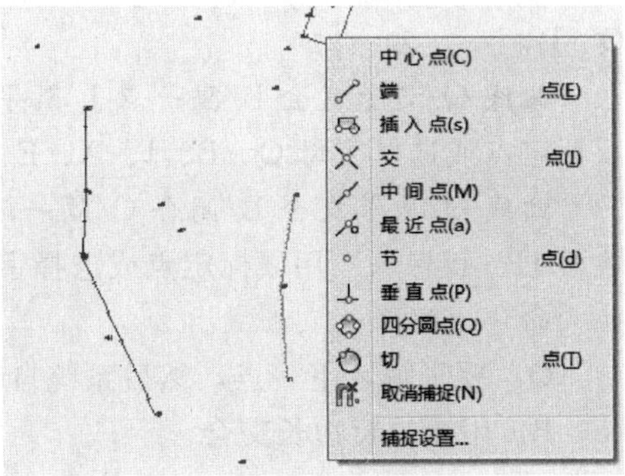

图 3.42　绘图过程中设置捕捉方式

（4）在绘图时，可以按 Shift＋右击进行设置，则在图形界面弹出捕捉方式对话框，如图 3.42 所示。

四种捕捉方式中，其中第二种方式是永久性捕捉，设置好后每次都按设置好的方式捕捉，后面两种是一次性捕捉，每次捕捉前都需要重新选择捕捉方式。一般的情况下，选择后面两种捕捉方式较为方便，操作效率高，不容易发生捕捉错误。

捕捉点的类型有：Endpoit（终点）、Midpoint（中点）、Center（中心点）、Node（节点）、Quadrant（四分圆点）、Intersection（交点）、Insertion（插入点）、Perpendicular（垂直点）、Tangent（切点）、Nearest（最近点）、Apparent Int（外观交点）、Extension（延伸点）、Parallel（平行点）。

一般情况下：点号捕捉节点；高程点捕捉圆心；不管地物在立体空间中是否相交外观交点可用来捕捉交点，比如在捕捉等高线与公路的交点时，此捕捉方式会很有效。

3.2.6.2　复合线的绘制与编辑

复合线在数字化成图的地物绘制和等高线的绘制中应用非常广泛，下面介绍多功能复合线的绘制与复合线的编辑。

1. 多功能复合线的绘制

操作过程：单击工具菜单后，选择绘制多功能复合线工具（图 3.43），看命令区提示。

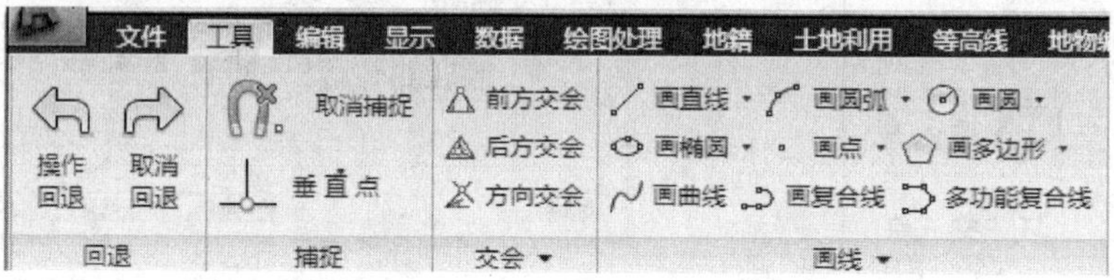

图 3.43　多功能复合线绘制菜单

提示：

输入线宽：〈0.0〉输入要画线的宽度，默认的宽度是 0.0。

第一点：输入第一点。

曲线 Q/边长交会 B/〈指定点〉指定下一点（用鼠标指定或键入坐标）或选择字母 Q、B。

曲线 Q/边长交会 B/隔一点 J/微导线 A/延伸 E/插点 I/回退 U/换向 H〈指定点〉用鼠标定点或选择字母 Q、B、J、A、E、I、U、H。

曲线 Q/边长交会 B/闭合 C/隔一闭合 G/隔一点 J/微导线 A/延伸 E/插点 I/回退 U/换向 H〈指定点〉用鼠标定点或选择字母 Q、B、C、G、J、A、E、I、U、H。

命令行解释：

Q：要求输入下一点，然后系统自动在两点间画一条曲线。

B：用于进行边长交会。

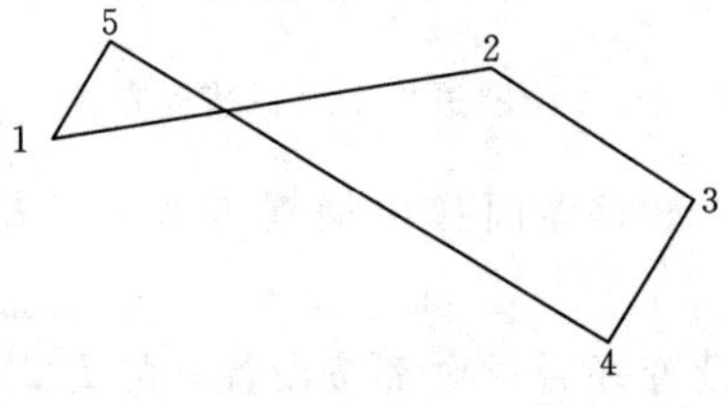

图 3.44　隔点闭合图

C：复合线将封闭，该功能结束。

G：程序将根据给定的最后两点和第一点计算出一个新点，如图 3.44 所示。

操作过程：单击多功能复合线菜单后，看命令区提示。

提示：

输入线宽：〈0.0〉输入所需线宽回车，直接回车默认线宽为 0。

第一点：用鼠标在屏幕上拾取第 1 点。

曲线 Q/边长交会 B/〈指定点〉用鼠标在屏幕上拾取第 2 点。

曲线 Q/边长交会 B/隔一点 J/微导线 A/延伸 E/插点 I/回退 U/换向 H〈指定点〉用鼠标在屏幕上拾取第 3 点。

曲线 Q/边长交会 B/闭合 C/隔一闭合 G/隔一点 J/微导线 A/延伸 E/插点 I/回退 U/换向 H〈指定点〉用鼠标在屏幕上拾取第 4 点。

曲线 Q/边长交会 B/闭合 C/隔一闭合 G/隔一点 J/微导线 A/延伸 E/插点 I/回退 U/换向 H〈指定点〉输入 G 回车。

然后系统会生成第 5 点，并自动从第 4 点经过第 5 点闭合到第 1 点。第 5 点即所谓的“隔点”，它满足这样一个条件：∠345 和∠451 均为直角。这种作法适合于三点确定一个房屋等的情况。

J：与选 G 相似，只是由用户输入一点来代替选 G 时的第一点。

A：“微导线”功能由用户输入当前点至下一点的左角（°）和距离（m），输入后将计算出该点并连线。要求输入角度时若输入 K，则可直接输入左向转角，若直接用鼠标单击，只可确定垂直和平行方向。此功能特别适合于知道角度和距离但看不到点的情况，如房角点被树或路灯等障碍物遮挡时。

E：“延伸”功能是延直线的方向伸长指定长度。

I：“插点”功能是在已绘制的复合线上插入一个复合线点。

U：取消最后画的一条。

H：“换向”功能是转向绘制线的另一端。

2. 复合线常见的编辑

复合线编辑在“地物编辑”菜单中有“复合线编辑”子菜单，如图 3.45 所示。下面主要介绍成图中常用的复合线编辑功能。

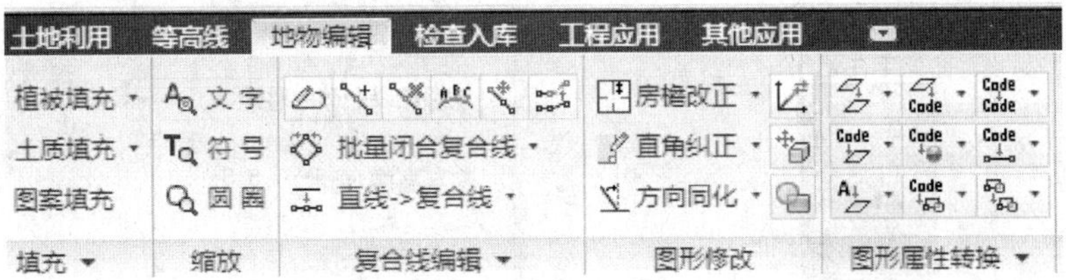

图 3.45 复合线编辑菜单

(1) 批量拟合复合线：对选中的复合线批量进行拟合或取消拟合。

操作过程：执行此菜单后，见命令区提示。

提示：

D 不拟合/S 样条拟合/F 圆弧拟合〈F〉这是选择拟合方法，S 拟合是样条拟合，线变化小，但不过点，F 拟合是曲线拟合过点，但线变化大。对密集的等高线一般选前者（输入 S），其它选后者（输入 F 或直接回车）。

空回车选目标/〈输入图层名〉：若空回车，则提示 Select object：可用点选或窗选等方法选择复合线；若输入图层名，将对该图层内所有的复合线操作。

（2）批量闭合复合线：将选定的未闭合复合线闭合。

（3）复合线编辑：对复合线的线形、线宽、颜色、拟合、闭合等属性进行修改。

操作过程：左键点取本菜单后，见命令区提示。

提示：

Select polyline：选取要编辑的复合线。

Enter an option [Close/Join/Width/Edit vertex/Fit/Spline/Decurve/Ltype gen/Undo]：输入编辑参数。

说明：C：将复合线封闭；J：将多个复合线连接在一起；W：改变复合线宽度；E：编辑复合线的顶点；F：将复合线进行曲线拟合；S：将复合线进行样条拟合；D：取消复合线的拟合；L：确定复合线顶点是否进行虚部控制；U：取消最后的Pedit操作。

（4）复合线上加点：在所选复合线上加一个顶点。选择线的位置即为加点处。

（5）复合线上删点：在复合线上删除一个顶点，直接选中顶点（蓝色节点）即可。

（6）移动复合线顶点：可任意移动复合线的顶点。

（7）相邻复合线连接：将首尾不相接的两条复合线连接为一体。

（8）分离的复合线连接：将首尾相接但不是同一个实体的复合线连接为一体。

在绘制地形图中，相同属性的复合线如果是同一地物，尽量连接为同一复合线以减少节点数，这样节省内存，便于统一编辑。

3.2.6.3　文字注记与文字编辑

地形图绘制时，需要根据国家测绘总局颁布的《图式》规范要求对地形图上地物或高程的属性进行规范的文字注记。

CASS右侧屏幕菜单提供了文字注记的快捷操作，如图3.46所示。文字注记有分类注记、通用注记、变换字体、定义字型、特殊注记和常用文字等。

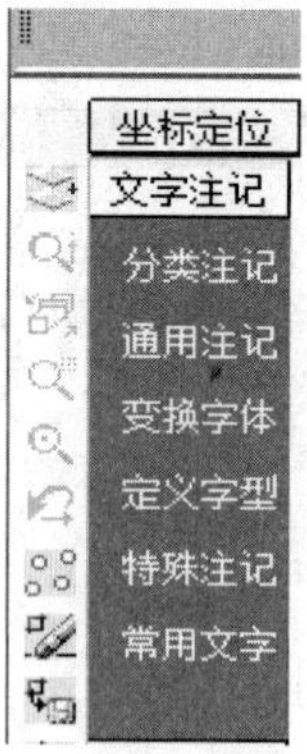

图3.46　CASS文件注记菜单

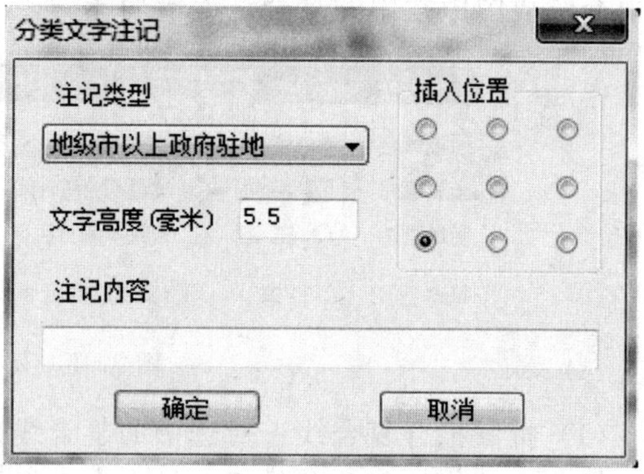

图3.47　分类注记对话框

1. 分类注记

执行此菜单后，会弹出一个对话框如图3.47所示。

分类注记提供了各类地名，控制点名，山脉名称，公路名称，水系名称和政府机构、乡镇和企事业单位名称，工矿名称等各类文字的注记。

先选择注记类型和注记文字高度，再输入注记内容，并确定文字的插入位置。选择好后单击“确定”，完成文字的注记，如图 3.48 所示。

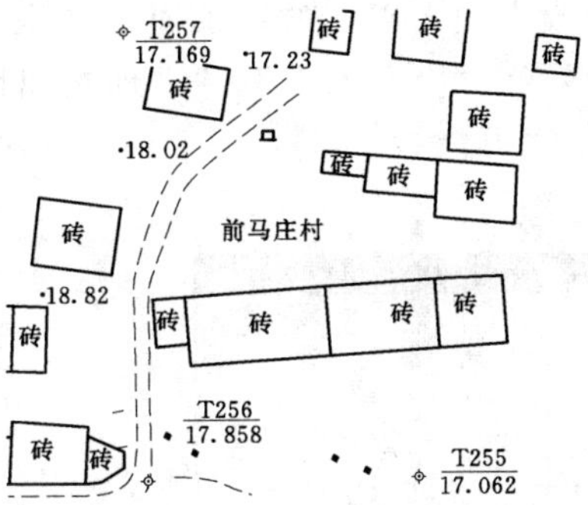

图 3.48　村庄的注记图

图 3.49　通用注记文字注记信息对话框

2. 通用注记

执行此菜单后，会弹出一个对话框如图 3.49 所示。通用注记主要是对各图层要素的注记。先选择注记类型、根据图元选择图面文字大小和注记排列，选择好后输入注记内容，单击“确定”完成注记。

3. 变换字体

功能：改变当前默认字体。

4. 定义字型

功能：控制文字字符和符号的外观。

5. 常用文字

功能：实现常用字的直接选取（不需用拼音或其它方式输入）。

选定其中的某个汉字（词）后，命令栏提示文字定位点（中心点）。用鼠标指定定位点后，系统即在相应位置注记选定的汉字（词）。

在这里注记的汉字的字高在 1∶1000 时恒为 3.0mm，如果想改变字体的大小，可以使用下拉菜单“地物编辑”→“批量缩放”→“文字”菜单操作。

3.2.6.4　实体属性的编辑与修改

在图形数据最终进入 GIS 系统的形势下，对于实体本身的一些属性还必须作更多、更具体的描述和说明，因此给实体增加了一个附加属性，该属性可以由用户根据实际的需要进行设置和添加。

1. 设置实体附加属性

如要将居民地中的建筑物加上名称、高度、用途、地理位置等附加属性，则只需将这些属性定义写入 attribute.def 文件中，格式如下：

*RESRGN，3，面状居民地

CODE，10，9，0，要素代码

name，10，9，0，名称

RESRGN 表示图层名，数字 3 表示图层类型为面（1 表示点、2 表示线、3 表示面、4 表示注记）；第二行起每行表示一个属性：第一项为属性代码，第二项为数据类型，第三项为数据字节长度，第四项为小数位数，末项为文字说明。特别说明的是 RESRGN 为用户自定义层名，可在 INDEX. INI 文件中设置修改。若改变了 attribute. def 中的图层名，则需在 INDEX. INI 中做相应改变。为用户修改方便，以上的附加属性项添加可以直接在人机交互界面上进行，操作为单击屏幕下拉菜单“检查入库”→“地物属性结构设置”弹出如图 3.50 所示对话框。

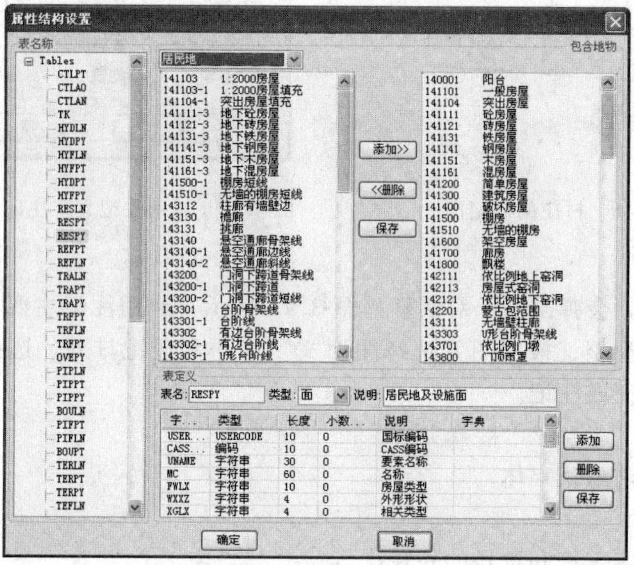

图 3.50　设置附加属性

在该对话框中进行设置同样可以将上面面状居民地的各附加属性写入 Attribute. def 文件中。单击 RESRGN 属性层名，出现如图 3.51 所示的实体已有属性项名称。

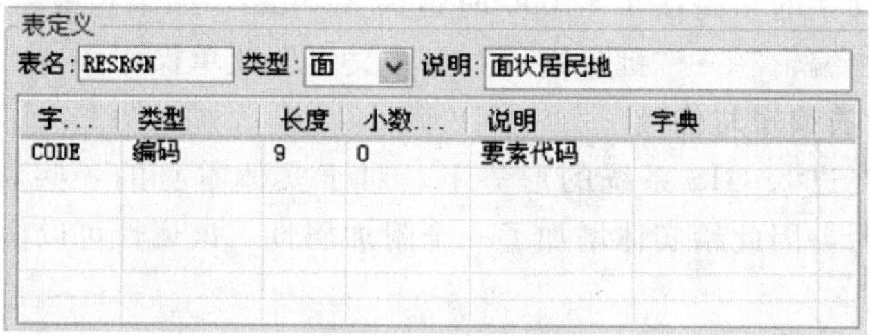

图 3.51　实体附加属性项

在单击“添加”按钮，则出现新的未命名的属性项，如图 3.52 所示。

同样的方法添加建筑物用途和建筑物地理位置等属性项，然后单击“确定”，则将以上添加的内容写入到 Attribute. def 文件中，重启软件则该设置生效。

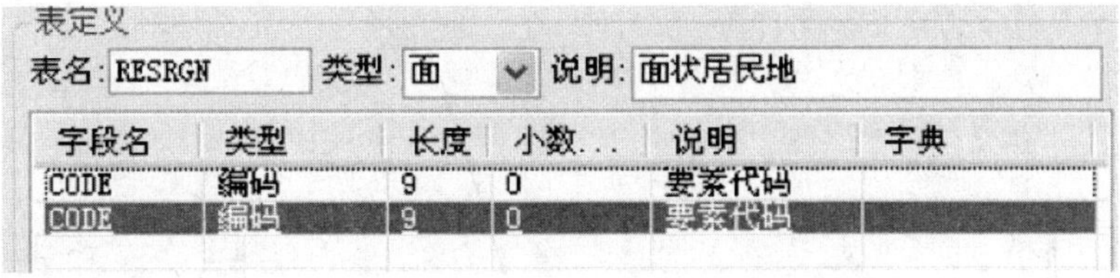

图 3.52　添加实体附加属性项

2. 修改实体附加属性

单击屏幕下拉菜单“检查入库”→“编辑实体附加属性”后选择要加属性的实体，弹出如图 3.53 所示对话框，对话框中各属性项为设置附加属性时添加字段。

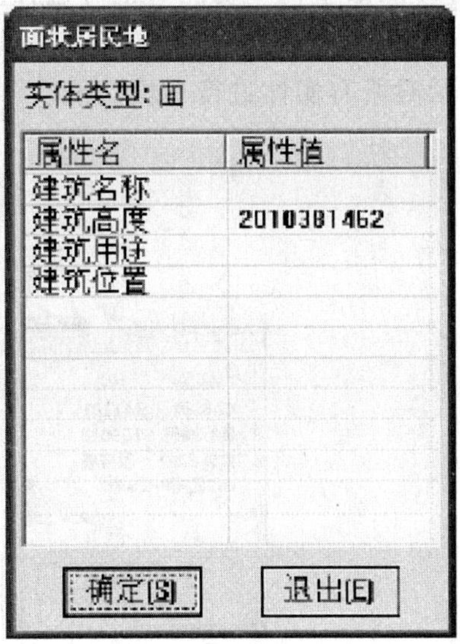

图 3.53　附加属性修改

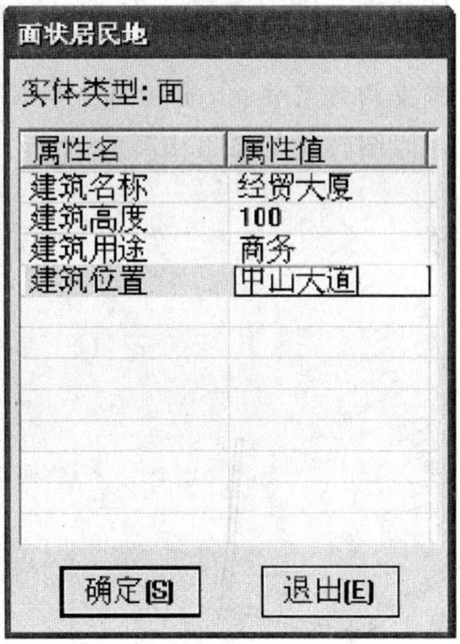

图 3.54　修改实体附加属性

在各属性项后添加上实际的属性值后单击“确定”，则自动保存该实体的附加属性，如图 3.54 所示。该属性进入 GIS 后可以更方便地查看和识别实体类型和性质。

3.2.6.5　地物编辑

在地形图绘制的过程中或绘制结束后，需要对绘制的地形图进行检查，发现错误时，需及时地对地物进行编辑或调整。地物常见的编辑功能有地物图形重构、线型换向、修改坎高、修改墙宽等。

1. 图形重构

通过右侧屏幕菜单绘出一个围墙、一块菜地、一条电力线、一个自然斜坡，如图 3.55 所示。

CASS4.0 以来都设计了骨架线的概念，复杂地物的主线一般都是有独立编码的骨架线。用鼠标左键点取骨架线，再点取显示蓝色方框的结点使其变红，移动到其它位置，或者将骨架线移动位置，效果如图 3.56 所示。

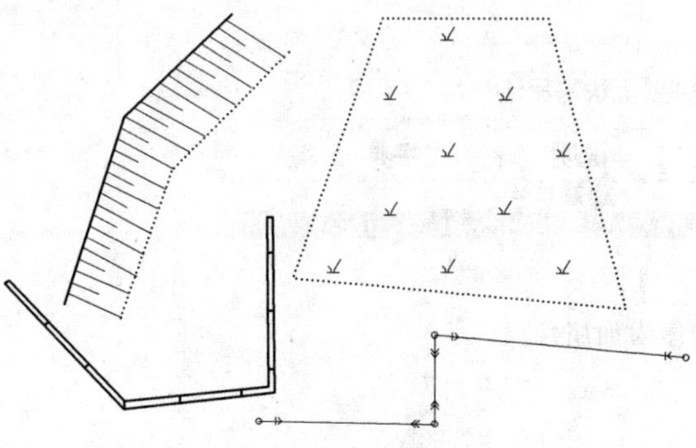

图 3.55 几种地物图形

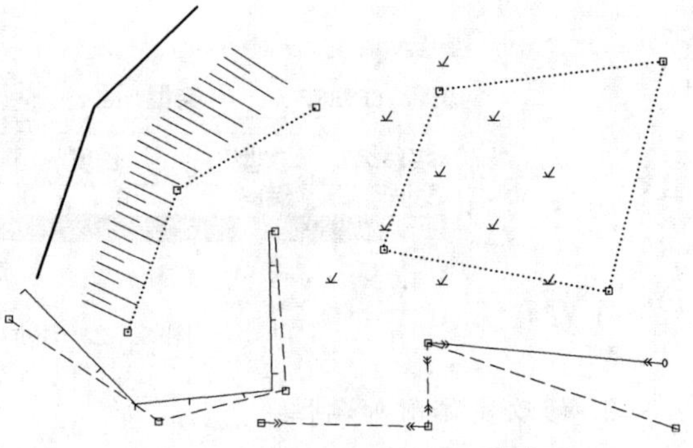

图 3.56 地物的骨架线移动后的效果

将鼠标移至“地物编辑”菜单项，单击，选择“图形重构”功能（也可选择左侧工具条的“图形重构”按钮），命令区提示：

选择需重构的实体：〈重构所有实体〉回车表示对所有实体进行重构功能。

此时，原图转化为图 3.57。

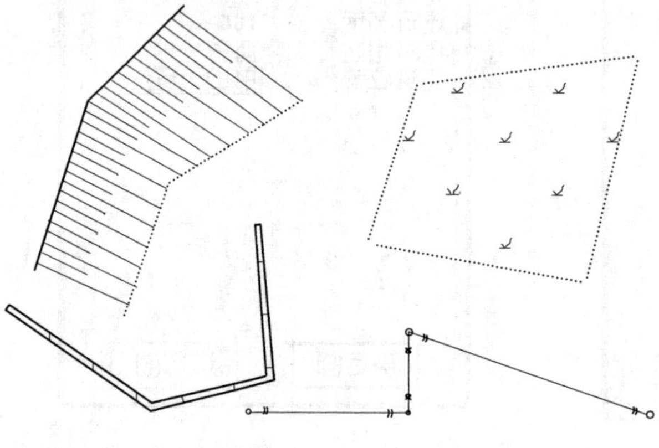

图 3.57 改变骨架线的实体图形重构后的效果

图 3.58 查看实体编码

2. 查看及加入实体编码

将鼠标移至“数据处理”菜单项，单击，弹出下拉菜单，选择“查看实体编码”项，命令区提示：选择图形实体，鼠标变成一个方框，选择图形，则屏幕弹出如图 3.58 所示的属性信息，或直接将鼠标移至多点房屋的线上，则屏幕自动出现该地物属性，如图 3.59 所示。

将鼠标移至“数据处理”→“加入实体编码”项，命令区提示：

输入代码（C）/〈选择已有地物〉鼠标变成一个方框，这时选择下侧的陡坎。

选择要加属性的实体：用鼠标点取实体。

选择对象：用鼠标的方框选择多点房屋。

这时原图变为图 3.60。

在第一步提示时，也可以直接输入编码（此例中输入未加固陡坎的编码 204201），这样在下一步中选择的实体将转换成编码为 204201 的未加固陡坎。

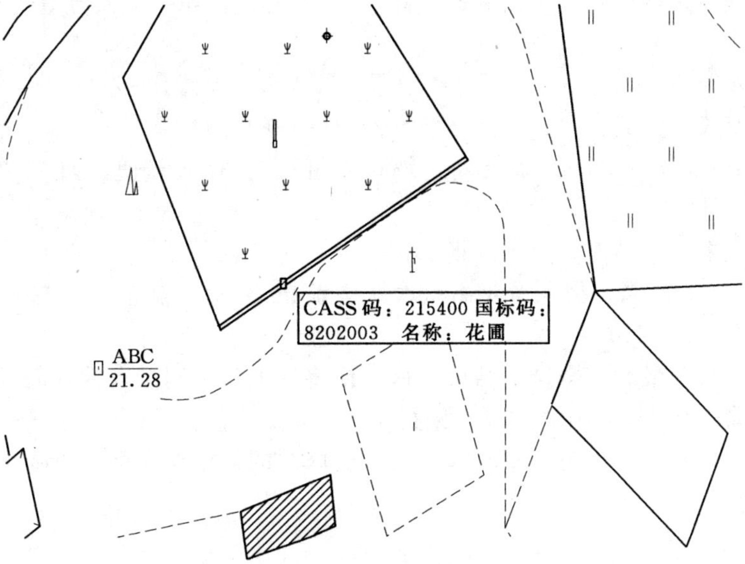

图 3.59　自动显示实体属性

3. 线型换向

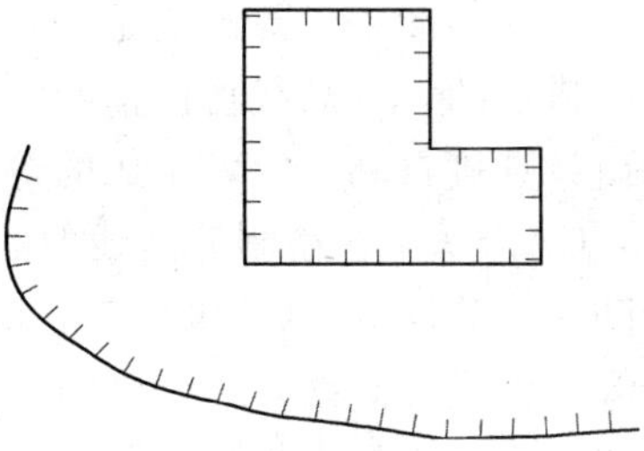

图 3.60　通过加入实体编码变换图形

通过右侧屏幕菜单绘出未加固陡坎、加固斜坡、依比例围墙、栅栏各一个，如图 3.61 所示。

将鼠标移至“地物编辑”→“线型换向”，命令区提示：请选择实体将转换为小方框的鼠标光标移至未加固陡坎的母线，单击。

这样，该条未加固陡坎即转变了坎的方向。以同样的方法选择“线型换向”命令（或在工作区右击重复上一条命令），单击栅栏、加固陡坎的母线以及依比例围墙的骨架线（显示黑色的线），完成换向功能。结果如图 3.62 所示。

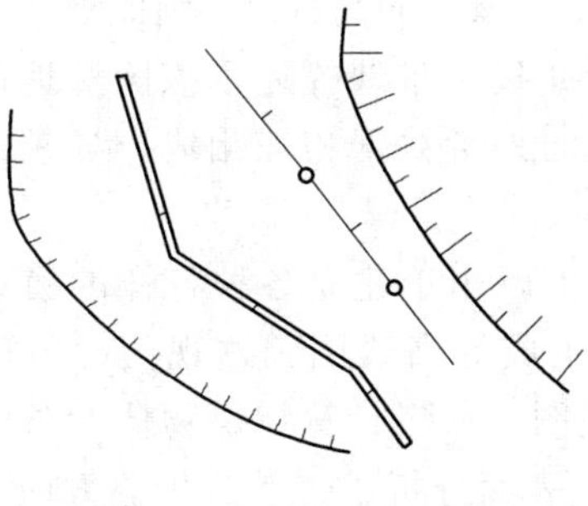

图 3.61　线型换向前

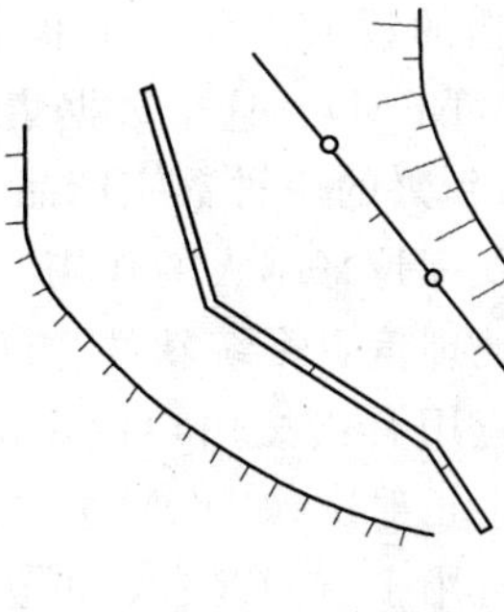

图 3.62　线型换向后

4. 坎高的编辑

通过右侧屏幕菜单的“地貌土质”项绘一条未加固陡坎，在命令区提示：输入坎高：（米）〈1.000〉 回车默认 1 米。

将鼠标移至“地物编辑”→“修改坎高”，则在陡坎的第一个结点处出现一个十字丝，命令区提示：

选择陡坎线

请选择修改坎高方式：(1) 逐个修改 (2) 统一修改〈1〉

当前坎高＝1.000米，输入新坎高〈默认当前值〉：输入新值，回车（或直接回车默认1米）。

十字丝跳至下一个结点，命令区提示：

当前坎高＝1.000米，输入新坎高〈默认当前值〉：输入新值，回车（或直接回车默认1米）。

如此重复，直至最后一个结点结束。这样便将坎上每个测量点的坎高进行了更改。

若在选择修改坎高方式中选择2，则提示：

请输入修改后的统一坎高：〈1.000〉输入要修改的目标坎高则将该陡坎的高程改为同一个值。

任务3.3　用CASS9.1软件绘制等高线

在地形图中，等高线是表示地貌起伏的一种重要手段。常规的平板测图，等高线是由手工描绘的，等高线可以描绘得比较圆滑但精度稍低。在数字化自动成图系统中，等高线是由计算机自动勾绘，生成的等高线精度相当高。

CASS9.1在绘制等高线时，充分考虑到等高线通过地性线和断裂线时情况的处理，如陡坎、陡涯等。CASS9.1能自动切除通过地物、注记、陡坎的等高线。由于采用了轻量线来生成等高线，CASS9.1在生成等高线后，文件大小比其它软件小了很多。在绘等高线之前，必须先将野外测的高程点建立数字地面模型（DTM），然后在数字地面模型上生成等高线。

3.3.1　数字地面模型（DTM）的建立

数字地面模型（DTM），是在一定区域范围内规则格网点或三角网点的平面坐标（x，y）和其地物性质的数据集合，如果此地物性质是该点的高程Z，则此数字地面模型又称为数字高程模型（DEM）。这个数据集合从微分角度三维地描述了该区域地形地貌的空间分布。DTM作为新兴的一种数字产品，与传统的矢量数据相辅相成，各领风骚，在空间分析和决策方面发挥越来越大的作用。

借助计算机和地理信息系统软件，DTM数据可以用于建立各种各样的模型解决一些实际问题，主要的应用有：按用户设定的等高距生成等高线图、透视图、坡度图、断面图、渲染图、与数字正射影像DOM复合生成景观图，或者计算特定物体对象的体积、表面覆盖面积等，还可用于空间复合、可达性分析、表面分析、扩散分析等方面。

我们在使用CASS9.1自动生成等高线时，应先建立数字地面模型。在这之前，可以先“定显示区”及“展高程点”，“定显示区”的操作与“草图法”中“点号定位”法的工作流程中的“定显示区”的操作相同，出现图3.24所示界面要求输入文件名时找到如下路径的数据文件“C:\CASS9.1\DEMO\DGX.DAT”。展点时选择“展高程点”选项，如图 3.63 所示下拉菜单。

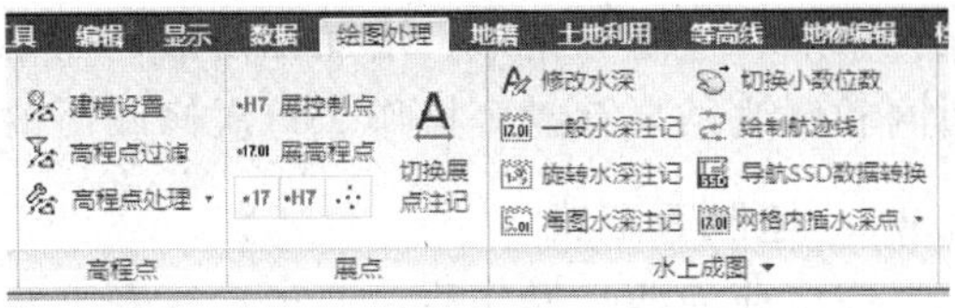

图 3.63　绘图处理下拉菜单

要求输入文件名时在“C:\CASS9.1\DEMO\DGX.DAT”路径下选择“打开”DGX.DAT 文件后命令区提示：

注记高程点的距离（米）：根据规范要求输入高程点注记距离（即注记高程点的密度），回车默认为注记全部高程点的高程。这时，所有高程点和控制点的高程均自动展绘到图上。

（1）移动鼠标至屏幕顶部菜单“等高线”项，单击，出现如图 3.64 所示的下拉菜单。

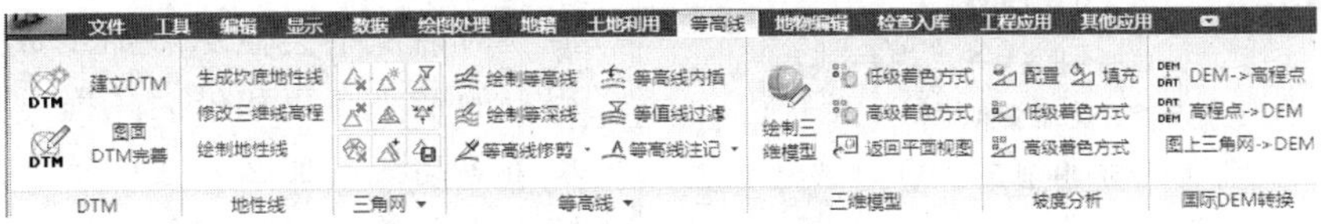

图 3.64　“等高线”的下拉菜单

（2）移动鼠标至“建立 DTM”项，该处以高亮度（深蓝）显示，单击，出现如图 3.65 所示对话窗。

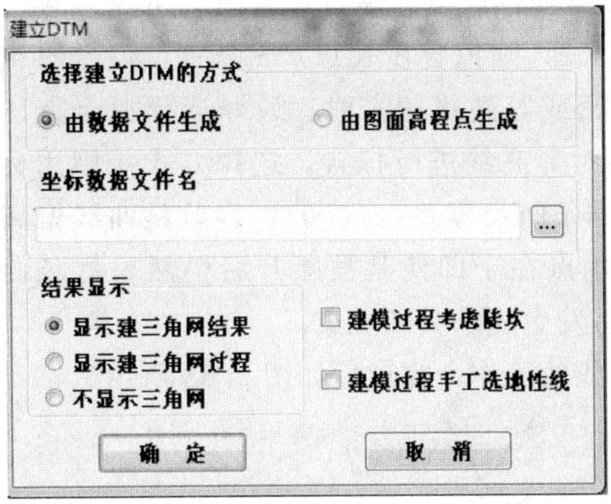

图 3.65　选择建模高程数据文件

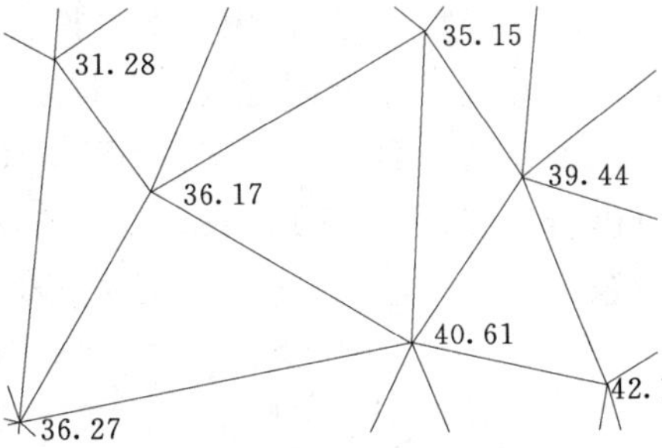

图 3.66　用 DGX.DAT 数据建立的三角网（局部）

首先选择建立 DTM 的方式，分为两种方式：由数据文件生成和由图面高程点生成，如果选择由数据文件生成，则在坐标数据文件名中选择坐标数据文件；如果选择由图面高程点生成，则在绘图区选择参加建立 DTM 的高程点。然后选择结果显示，分为三种：显示建三角网结果、显示建三角网过程和不显示三角网。最后选择在建立 DTM 的过程中是否考虑陡坎和地性线。单击确定后生成如图 3.66 所示的三角网。

3.3.2　数字地面模型（DTM）的修改

一般情况下，由于地形条件的限制在外业采集的碎部点很难一次性生成理想的等高线，如楼顶上控制点。另外还因现实地貌的多样性和复杂性，自动构成的数字地面模型与实际地貌不太一致，这时可以通过修改三角网来修改这些局部不合理的地方。其中包括删除三角形、过滤三角形、增加三角形、三角形内插点、删三角形顶点、重组三角形、删三角网和修改结果存盘等操作。每次修改后的三角网记得将修改后的三角网进行存盘。

3.3.3　绘制等高线

完成前面两步操作后，便可进行等高线绘制。等高线的绘制可以在绘平面图的基础上叠加，也可以在“新建图形”的状态下绘制。如在“新建图形”状态下绘制等高线，系统会提示输入绘图比例尺。

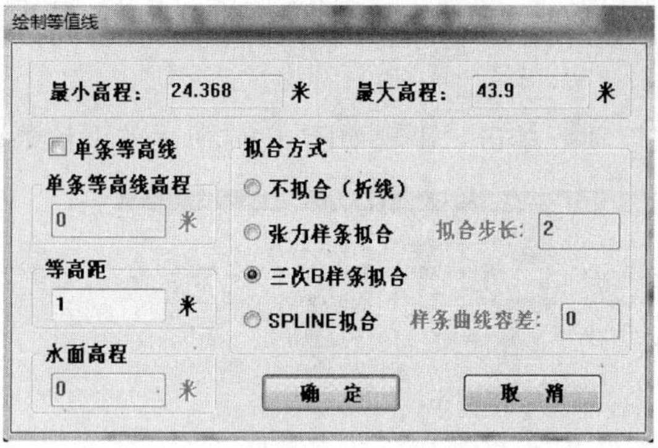

图 3.67　绘制等高线对话框

用鼠标选择下拉菜单“等高线”→“绘制等高线”项，弹出如图 3.67 所示对话框。

对话框中会显示参加生成 DTM 的高程点的最小高程和最大高程。如果只生成单条等高线，那么就在单条等高线高程中输入此条等高线的高程；如果生成多条等高线，则在等高距框中输入相邻两条等高线之间的等高距。最后选择等高线的拟合方式。总共有四种拟合方式：不拟合（折线）、张力样条拟合、三次 B 样条拟合和 SPLINE 拟合。观察等高线效果时，可输入较大等高距并选择不光滑，以加快速度。如选拟合方法 2，则拟合步长以 2m 为宜，但这时生成的等高线数据量比较大，速度会稍慢。测点较密或等高线较密时，最好选择拟合方法 3，也可选择不光滑，过后再用“批量拟合”功能对等高线进行拟合。选择方式 4 则用标准 SPLINE 样条曲线来绘制等高线，提示请输入样条曲线容差：〈0.0〉，容差是曲线偏离理论点的允许差值，可直接回车。SPLINE 线的优点在于即使其被断开后仍然是样条曲线，可以进行后续编辑修改，缺点是较方法 3 容易发生线条交叉现象。

当命令区显示“绘制完成!”便完成绘制等高线的工作，完成后如图 3.68 所示。

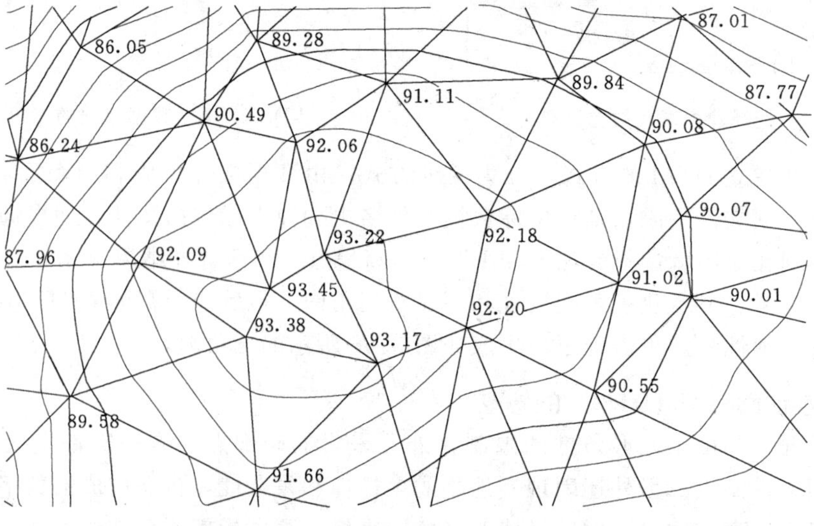

图 3.68　完成绘制等高线的工作（局部）

3.3.4　等高线的修饰

等高线绘制结束后需要对等高线进行编辑，使其符合规范要求。等高线编辑包括等高线的注记和等高线修剪。

3.3.4.1　等高线注记

用“窗口缩放”项得到局部放大图，再选择“等高线”→“等高线注记”→“沿直线高程注记”，如图 3.69 所示。

命令区提示：

请选择：(1) 只处理计曲线 (2) 处理所有等高线〈1〉输入 2 回车。

选取辅助直线（该直线应从低往高画）：〈回车结束〉用鼠标点取直线。

回车后等高线注记结束，如图 3.70 所示。等高线字头朝向高程增大的方向。

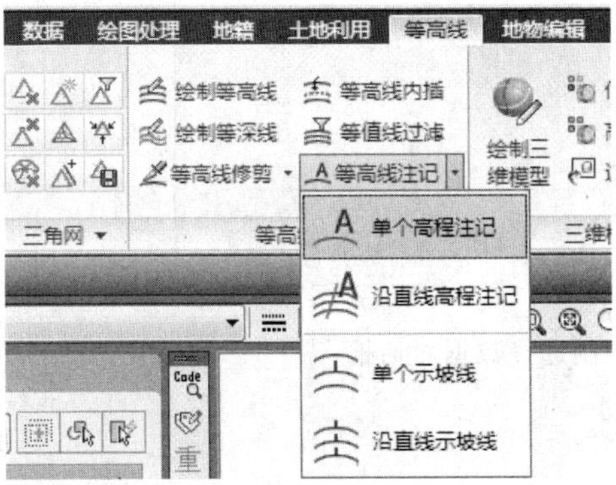

图 3.69　等高线注记菜单

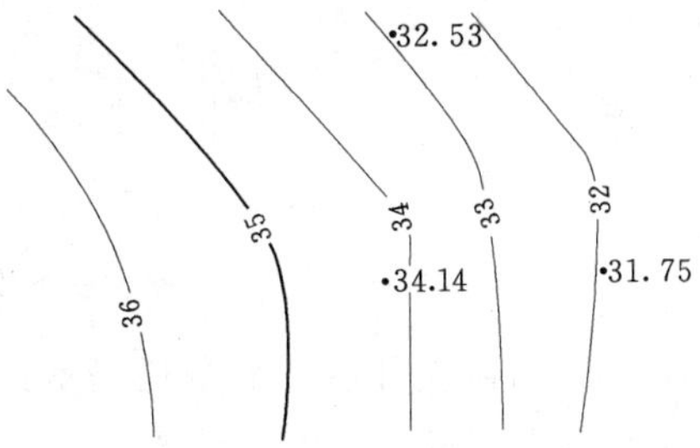

图 3.70　等高线高程注记

3.3.4.2　等高线修剪

等高线在穿越建筑物、公路、围墙、坡坎和注记处需要断开，在等高线注记完成后还需要对等高线进行修剪。

单击“等高线”→“等高线修剪”→“批量修剪等高线”，弹出如图 3.71 所示对话框。

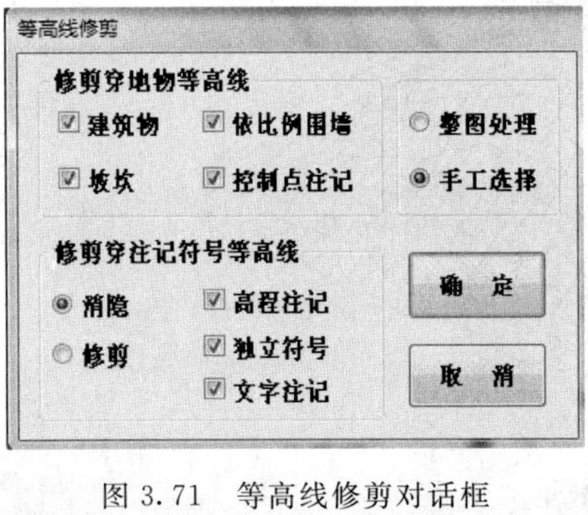

图 3.71　等高线修剪对话框

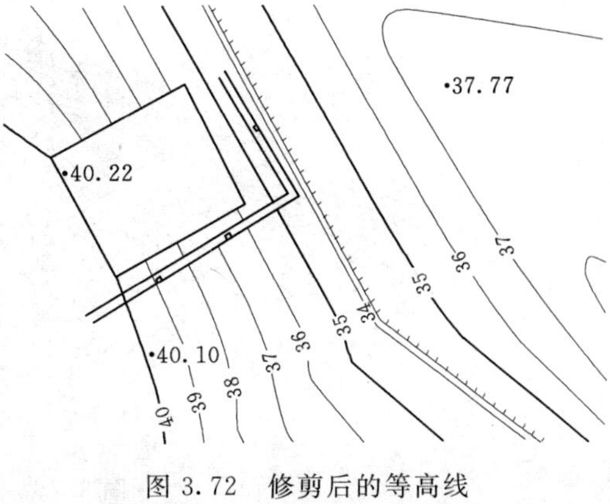

图 3.72　修剪后的等高线

首先选择是消隐还是修剪等高线，然后选择是整图处理还是手工选择需要修剪的等高线，最后选择地物和注记符号，单击确定后会根据输入的条件修剪等高线，如图 3.72

所示。

3.3.5　三维模型的绘制

建立了 DTM 之后，就可以生成三维模型，观察一下立体效果。移动鼠标至“等高线”→“绘制三维模型”项，单击，弹出对话框，如图 3.73 所示。

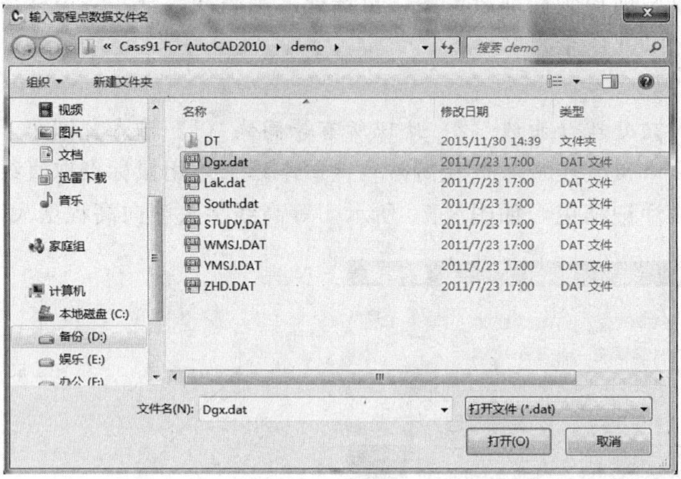

图 3.73　三维模型绘制选择数据对话框

选择 Dgx. dat 文件后，命令栏提示：

输入高程乘系数〈1.0〉：输入 5。

如果用默认值，建成的三维模型与实际情况一致。如果测区内的地势较为平坦，可以输入较大的值，将地形的起伏状态放大。因本图坡度变化不大，输入高程乘系数将其夸张显示。

是否拟合？(1) 是 (2) 否〈1〉回车，默认选 1，拟合。

这时将显示此数据文件的三维模型，如图 3.74 所示。

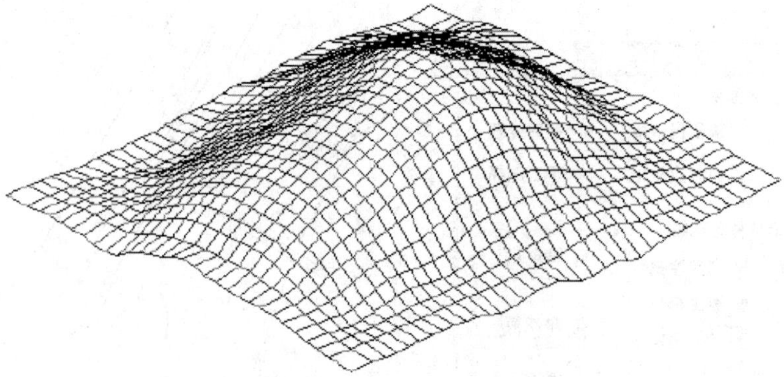

图 3.74　三维效果

另外利用“低级着色方式”“高级着色方式”功能还可对三维模型进行渲染等操作，利用“显示”菜单下的“三维静态显示”的功能可以转换角度、视点、坐标轴，利用“显示”菜单下的“三维动态显示”功能可以绘出更高级的三维动态效果。以上即是绘制等高线的全过程。

任务 3.4　地形图的分幅与整饰

3.4.1　地形图分幅的一般要求

大比例尺数字地形图的分幅，一般满足下列要求：

（1）地形图的分幅，可采用正方形分幅或矩形分幅。

（2）图幅的编号，宜采用图幅西南角坐标公里数表示。

（3）带状地形图或小测区地形图可采用顺序编号。

（4）对于已施测过地形图的测区，可沿用原有的分幅和编号。

在图形分幅前，应作好分幅的准备工作，应了解图形数据文件中的最小坐标和最大坐标。注意：在 CASS9.1 下侧信息栏显示的数学坐标和测量坐标是相反的，即 CASS9.1 系统中前面的数为 y 坐标（东方向），后面的数为 x 坐标（北方向）。

3.4.2　图框信息设置

选择“文件”菜单项，弹出下拉菜单，选择“CASS 参数设置”中“图框设置”进行图框信息的设置如图 3.75 所示。

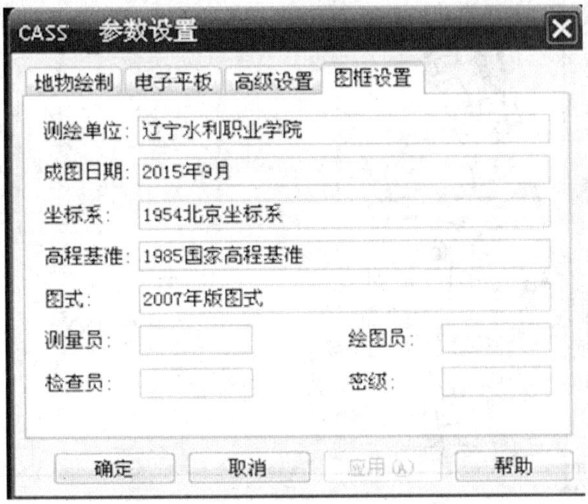

图 3.75　图框设置

3.4.3　地形图批量分幅

将鼠标移至“绘图处理”→“批量分幅”→“建方格网”，命令区提示：

请选择图幅尺寸：（1）50＊50（2）50＊40（3）自定义尺寸〈1〉按要求选择。此处直接回车默认选 1。

输入测区一角：在图形左下角单击。

输入测区另一角：在图形右上角单击。

这样在所设目录下就产生了各个分幅图，自动以各个分幅图的左下角的东坐标和北坐标结合起来命名，如“29.50－39.50”“29.50－40.00”等。如果要求输入分幅图目录名时直接回车，则各个分幅图自动保存在安装了 CASS9.1 的驱动器的根目录下。

选择“绘图处理”→“批量分幅”→“批量输出到文件”，在弹出的对话框中确定输出的图幅的存储目录名，然后确定即可批量输出图形到指定的目录。目录中某一幅图如图 3.76 所示。

4527.00—634.50

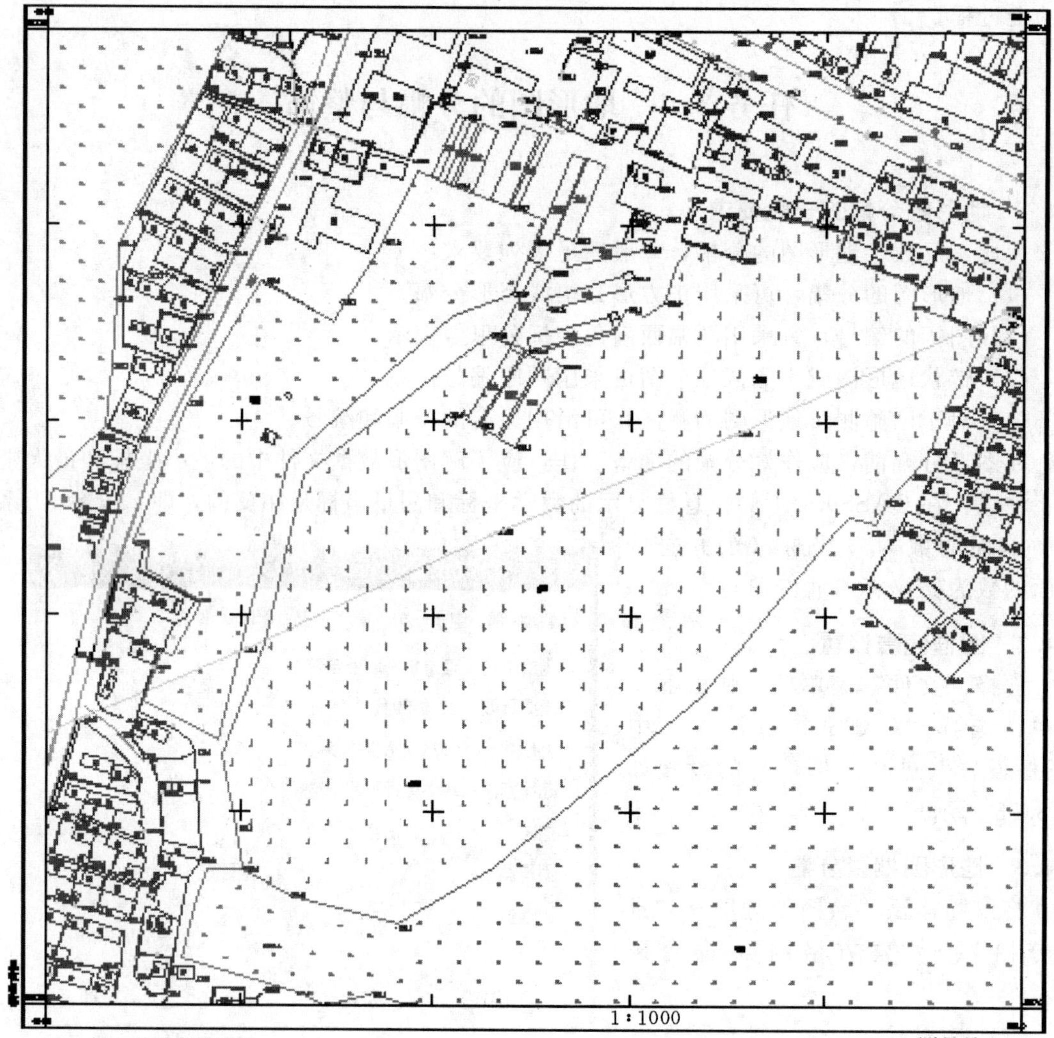

2002 年 3 月数字化制图
任意直角坐标系：坐标起点以××地方为原点起算
1985 国家高程基准，等高距为 1m。
2007 年版图式。

测量员：
绘图员：
检查员：

图 3.76 批量分幅的标准图幅（50×50）

3.4.4 任意图幅的分幅及整饰

该功能主要根据用图方式不同，给任意大小的图形加图框。

选择“绘图处理”菜单项，弹出下拉菜单，选择“任意图幅”，弹出如图 3.77 所示的对话框，按对话框输入图名、附注、图幅尺寸、测量员、绘图员、检查员、调绘员、接图表等信息，选择图幅取整方式，在左下角坐标的“东”“北”栏内输入或拾取相应坐标，回车。在“删除图框外实体”前打钩则可删除图框外实体，按实际要求选择，例如此处选择打钩。最后用鼠标单击“确定”按钮，即可生成任意图幅的地形图。

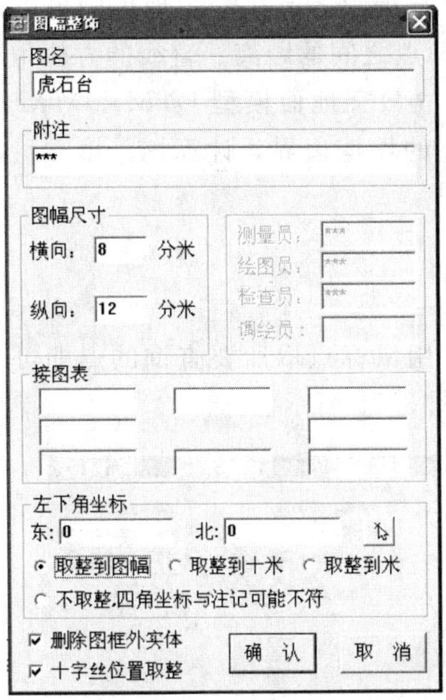

图 3.77　任意图幅整饰对话框

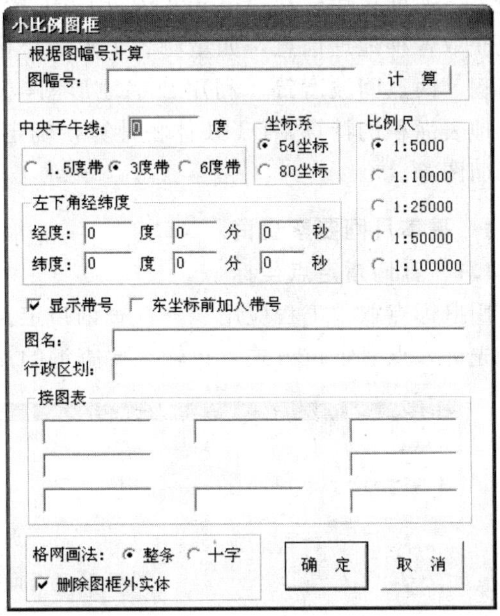

图 3.78　小比例尺图幅对话框

3.4.5　小比例尺地形图分幅及整饰

该功能主要根据输入的图幅左下角经纬度和中央子午线来生成小比例尺图幅。

选择“绘图处理”菜单项，弹出下拉菜单，选择“小比例尺图幅”，弹出如图 3.78 所示的对话框，输入图幅中央子午线、左下角经纬度、参考椭球、图幅比例尺等信息，系统自动根据这些信息求出国标图号并转换图幅各点坐标，再根据输入的图名信息绘出国家标准小比例尺图幅。

任务 3.5　数字地形图在工程建设中的应用

在国民经济建设中，各项工程建设的规划、设计阶段，都需要了解工程建设地区的地形和环境条件等资料，以便使规划、设计符合实际情况。通常都是以地形图的形式提供这些资料的。各项工程项目建设的施工阶段，必须要参照相应的地形图、规划图、施工图等图纸资料保证施工严格按照规划、设计要求完成。因此，地形图是制定规划、进行工程建设的重要依据和基础资料。

传统地形图通常是绘制在纸质材料上的，它具有直观性强、使用方便等优点，但同时存在易损坏、不易保存、难以更新等缺点。数字地形图是以数字形式存储在计算机存储介质上的地形图，与传统纸质地形图相比，数字地形图具有明显的优越性和广阔的发展前景。随着计算机技术和数字化测绘技术的迅速发展，数字地形图已广泛地应用于国民经济建设、国防建设和科学研究的各个方面，如国土资源规划利用、工程建设的设计和施工、交通工具的导航等。

过去，人们在纸质地图上进行各种量测工作，利用数字地形图同样可以完成，而且精度更高，速度更快。在 AutoCAD、南方 CASS 等软件环境下，利用数字地形图可以很容易地获取各种地理信息，如量测各个点的坐标、任意两点之间的距离、直线的方位角、点的高程、两点间坡度等。利用数字地形图，还可以建立数字地面模型 DTM。DTM 可以进行地表面积的计算，DTM 体积计算，确定场地平整的填挖边界，计算挖、填方量，绘制断面图等。

3.5.1　基本几何要素查询

3.5.1.1　查询指定点坐标

用鼠标点取“工程应用”→“查询指定点坐标”。用鼠标点取所要查询的点即可。也可以先进入点号定位方式，再输入要查询的点号，如图 3.79 所示。

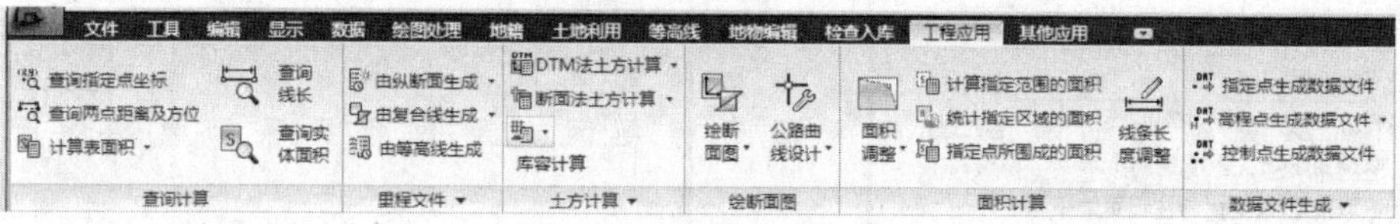

图 3.79　查询指点功能菜单

说明：系统左下角状态栏显示的坐标是笛卡尔坐标系中的坐标，与测量坐标系的 x 和 y 的顺序相反。用此功能查询时，系统在命令行给出的 x、y 是测量坐标系的值。

3.5.1.2　查询两点距离及方位

用鼠标点取“工程应用”→“查询两点距离及方位”。用鼠标分别点取所要查询的两点即可。也可以先进入点号定位方式，再输入两点的点号。

说明：CASS9.1 所显示的坐标为实地坐标，所以所显示的两点间的距离为实地距离。

3.5.1.3　查询线长

用鼠标点取“工程应用”→“查询线长”。用鼠标点取图上曲线即可。

3.5.1.4　查询实体面积

用鼠标点取“工程应用”→“查询实体面积”，用鼠标点取待查询的实体的边界线即可，要注意实体应该是闭合的。

3.5.1.5　计算表面积

对于不规则地貌，其表面积很难通过常规的方法来计算，在这里可以通过建模的方法来计算，系统通过 DTM 建模，在三维空间内将高程点连接为带坡度的三角形，再通过每个三角形面积累加得到整个范围内不规则地貌的面积。如图 3.80 所示计算矩形范围内地貌的表面积。

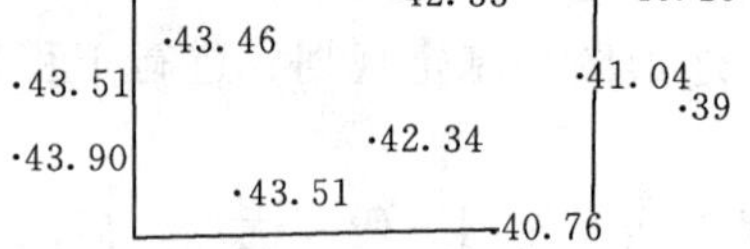

图 3.80　选定计算区域

单击“工程应用”→“计算表面积”→“根据坐标文件”命令，命令区提示：

请选择：（1）根据坐标数据文件（2）根据图上高程点：回车选 1。

选择计算区域边界线用拾取框选择图上的复合线边界。

请输入边界插值间隔（米）：〈20〉5 输入在边界上插点的密度。

如图 3.81 所示，表面积＝1627.866 平方米，详见 surface.log 文件显示计算结果，

surface.log 文件保存在 \ CASS9.0 \ SYSTEM 目录下面。

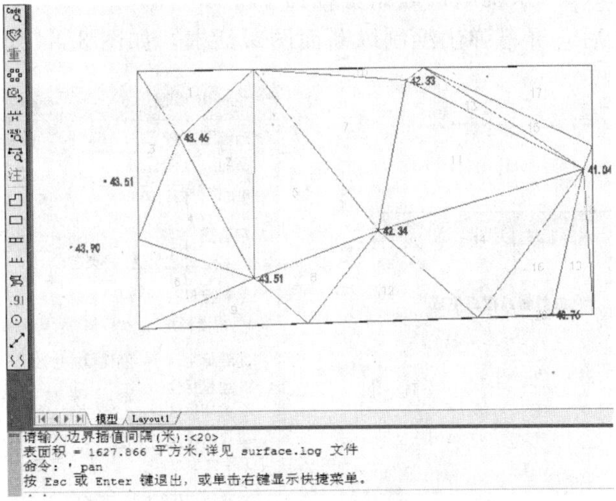

图 3.81　通过建模计算表面积的结果

另外表面积还可以根据图上高程点计算，操作的步骤相同，但计算的结果会有差异，因为由坐标文件计算时，边界上内插点的高程由全部的高程点参与计算得到，而由图上高程点来计算时，边界上内插点只与被选中的点有关，故边界上点的高程会影响到表面积的结果。到底由哪种方法计算合理与边界线周边的地形变化条件有关，变化越大的，越趋向于由图面上来选择。

3.5.2　断面图的绘制

断面图的绘制有以下几种方法：根据已知坐标文件、根据里程文件、根据三角网和根据等高线生成四种方案。基于外业断面一般是实测数据，这里仅介绍根据坐标文件和里程文件生成断面的操作。

3.5.2.1　由坐标文件生成

在操作前，先将外业测得的坐标数据文件按展高程点方式展绘在屏幕界面上，并把要绘制的断面的高程点用复合线连接起来，如图 3.82 所示。

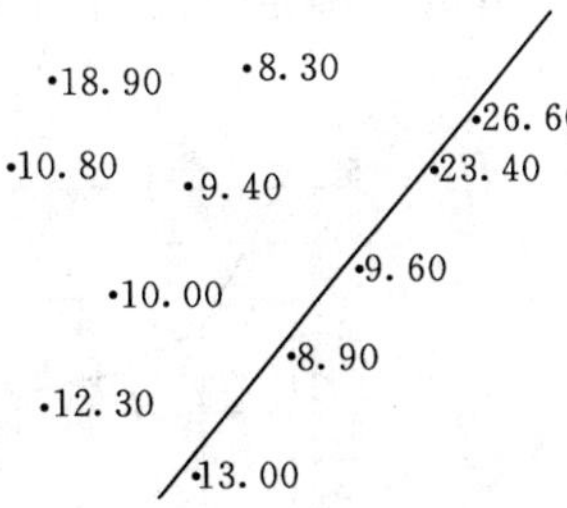

图 3.82　坐标生成断面文件展点图

(1) 先用复合线生成断面线，点取“工程应用”→“绘断面图”→“根据已知坐标”。

(2) 提示：选择断面线。用鼠标点取上步所绘断面线。屏幕上弹出“断面线上取值”的对话框，如图 3.83 所示，如果“坐标获取方式”栏中选择“由数据文件生成”，则在“坐标数据文件名”栏中选择高程点数据文件。

如果选“由图面高程点生成”，此步则为在图上选取高程点，前提是图面存在高程点，否则此方法无法生成断面图。

输入采样点间距：输入采样点的间距，系统的默认值为 20 米。采样点的间距的含义是复合线上两顶点之间若大于此间距，则每隔此间距内插一个点。若小于此间距则按实测绘制。

输入起始里程〈0.0〉系统默认起始里程为 0。

单击“确定”之后，屏幕弹出绘制纵断面图对话框，如图 3.84 所示。

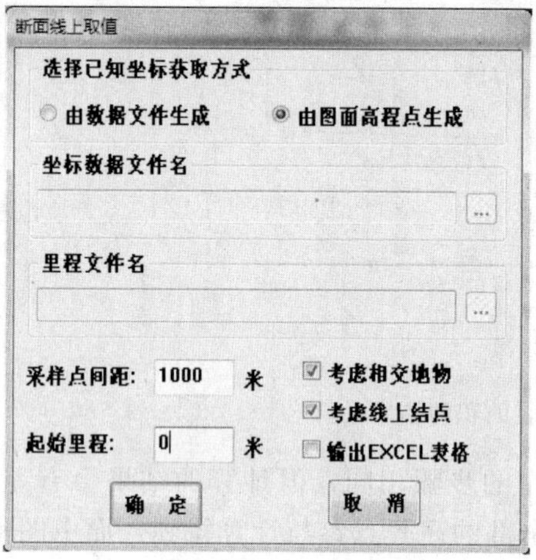

图 3.83　根据已知坐标绘断面图

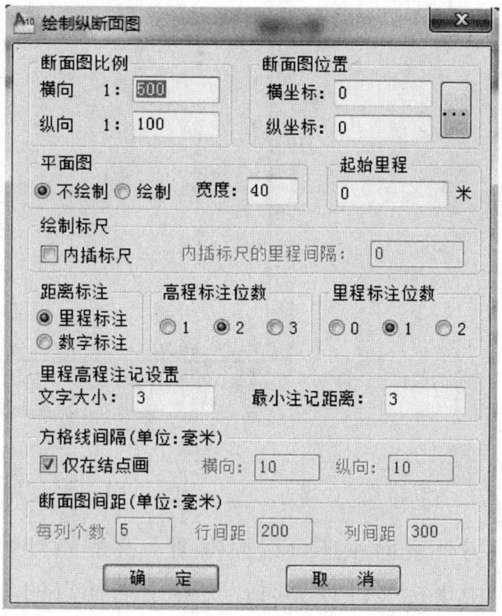

图 3.84　绘制纵断面图对话框

输入相关参数，如：

横向比例为 1:〈500〉输入横向比例，系统的默认值为 1∶500。

纵向比例为 1:〈100〉输入纵向比例，系统的默认值为 1∶100。

断面图位置：可以手工输入，亦可在图面上拾取。

可以选择是否绘制平面图、标尺、标注；还有一些关于注记的设置。

单击“确定”之后，在屏幕上出现所选断面线的断面图，如图 3.85 所示。

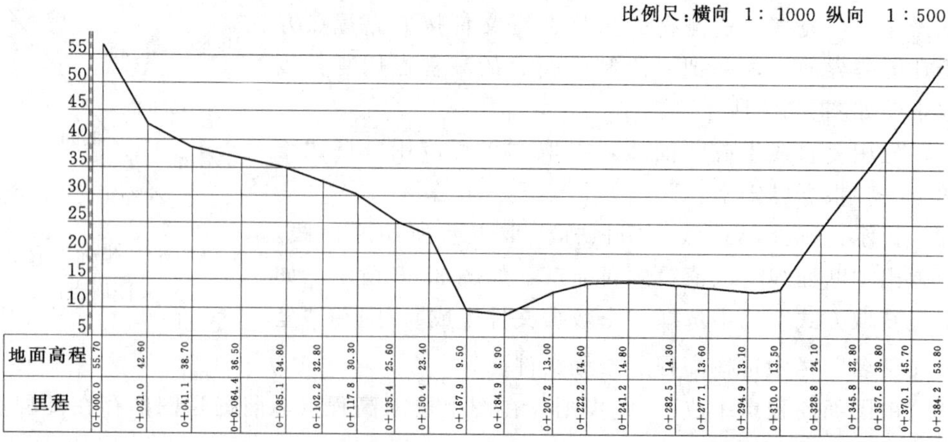

图 3.85　断面图

3.5.2.2　根据里程文件

CASS 软件的断面里程文件扩展名是“.hdm”，总体格式如下：

BEGIN，断面里程：断面序号
第 1 点里程，第 1 点高程
第 2 点里程，第 2 点高程
……
NEXT
另一期第 1 点里程，第 1 点高程
另一期第 2 点里程，第 2 点高程
……
下一个断面
……

说明：

（1）每个断面第一行以“BEGIN”开始；“断面里程”参数多用在道路土方计算方面，表示当前横断面中桩在整条道路上的里程，如果里程文件只用来画断面图，可以不要这个参数；“断面序号”参数和下面要讲的道路设计参数文件的“断面序号”参数相对应，以确定当前断面的设计参数，同样在只画断面图时可省略。

（2）各点应按断面上的顺序表示，里程依次从小到大。

（3）每个断面从“NEXT”往下的部分可以省略，这部分表示同一断面另一个时期的断面数据，例如设计断面数据，绘断面图时可将两期断面线同时画出来，如同时画出实际线和设计线。

一个里程文件可包含多个断面的信息，此时绘断面图就可一次绘出多个断面。里程文件的一个断面信息内允许有该断面不同时期的断面数据，这样绘制这个断面时就可以同时绘出实际断面线和设计断面线。方法如下：

（1）先将断面坐标数据根据比例尺展绘，检查其点位的正确性。如图 3.86 所示。

（2）选择“工程应用”→“生成里程文件”→“由坐标文件生成”，此时会弹出对话框，如图 3.87 所示。

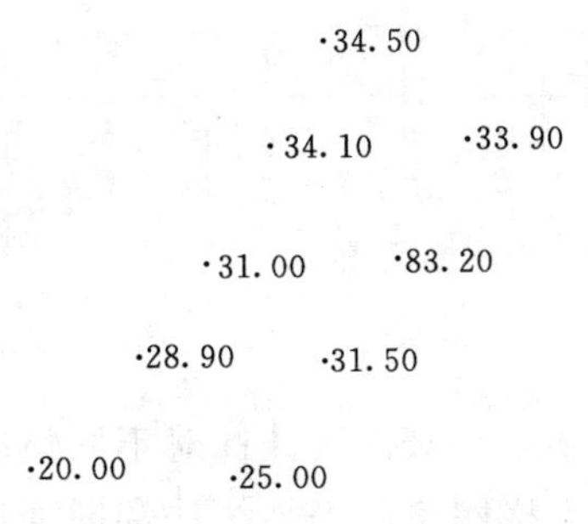

图 3.86　展点图（部分）

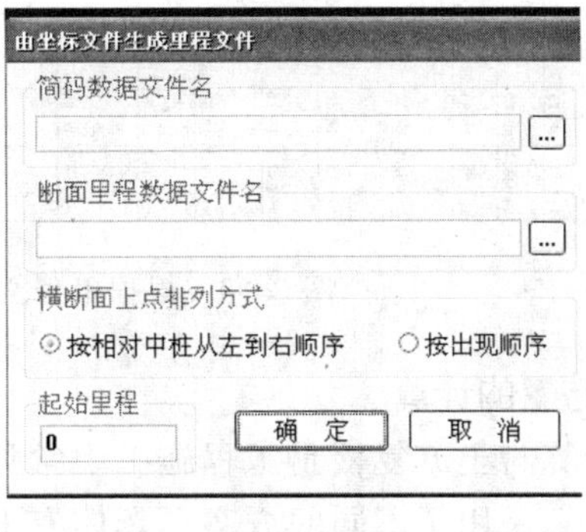

图 3.87　坐标文件生成里程文件对话框

（3）在对话框中，选择简码坐标数据文件，和要保存的断面里程数据文件。横断面上点排列方式一般选择按中桩从左到右顺序；起始里程为 0，单击确定。

简码数据文件的编码必须按以下方法定义。

点号，M_1，x 坐标，y 坐标，高程

点号，1，x 坐标，y 坐标，高程

……

点号，Mi，x 坐标，y 坐标，高程

点号，i，x 坐标，y 坐标，高程

……

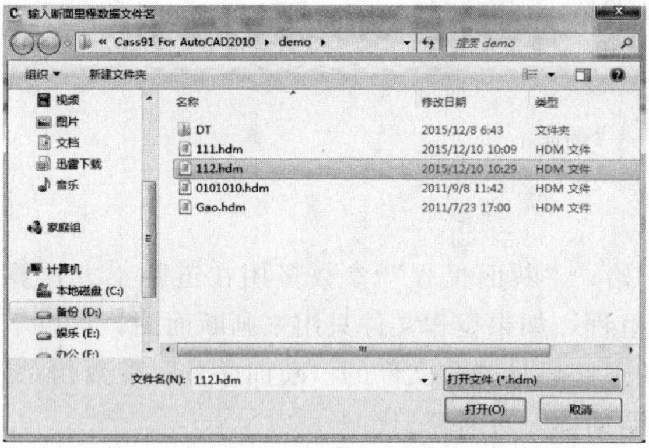

图 3.88　绘制断面图对话框

注意：代码 Mi 表示道路中心点，代码 i 表示该点是对应 Mi 的道路横断面上的点。M_1、M_2、M_3 各点应按实际的道路中线点顺序，而同一横断面的各点可不按顺序。

（4）选择“工程应用”菜单→“绘断面图”→“根据里程文件”，此时会弹出对话框，选择刚生成的里程文件（图 3.88）。

（5）选择相应的里程文件后，弹出绘制断面图设置对话框，参数设置后，在屏幕上选择断面图的放置位置，然后单击确定，生成横断面图（图 3.89）。

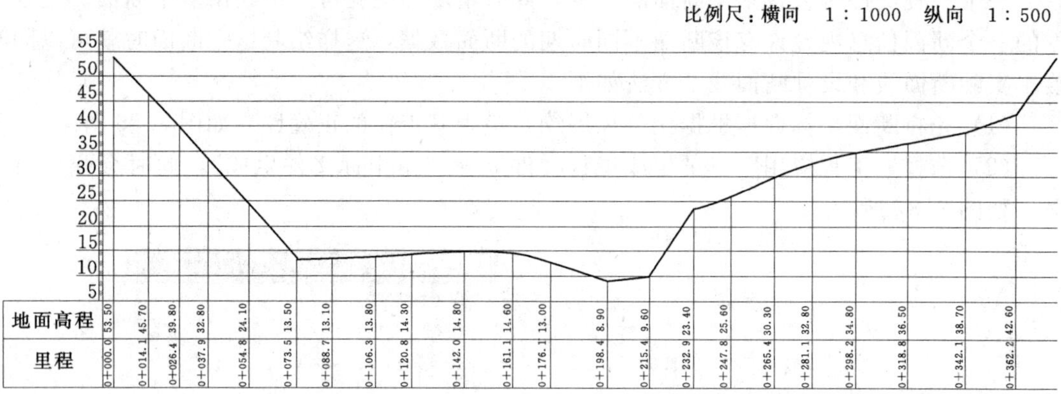

图 3.89　根据里程文件生成的第一个横断面图

3.5.3　土方量的计算

土方计算与土方复核是工程施工中常见的一项任务。CASS 软件针对不同情况下的施工土方量计算采用了不同的方案：具体有 DTM 法、方格网法、等高线法和断面法，还可以计算区域土方开挖平衡，确定开挖边界线。

3.5.3.1　DTM 法土方计算

由 DTM 模型来计算土方量是根据实地测定的地面点坐标（x，y，z）和设计高程，

通过生成三角网来计算每一个三棱锥的填挖方量，最后累计得到指定范围内填方和挖方的土方量，并绘出填挖方分界线。

DTM 法土方计算共有三种方法，第一种是由坐标文件计算，第二种是依照图上高程点进行计算，第三种是依照图上的三角网进行计算。前两种算法包含重新建立三角网的过程，第三种方法直接采用图上已有的三角网。

1. 根据坐标文件

用复合线画出所要计算土方的区域，一定要闭合，但是尽量不要拟合。因为拟合过的曲线在进行土方计算时会用折线迭代，影响计算结果的精度。

(1) 选择“工程应用”→“DTM 法土方计算”→“根据坐标文件”选项。

(2) 命令行提示：

选择计算区域边界线用拾取框点取所画的闭合复合线。

(3) 屏幕上弹出“输入高程点数据文件名”对话框，如图 3.90 所示。

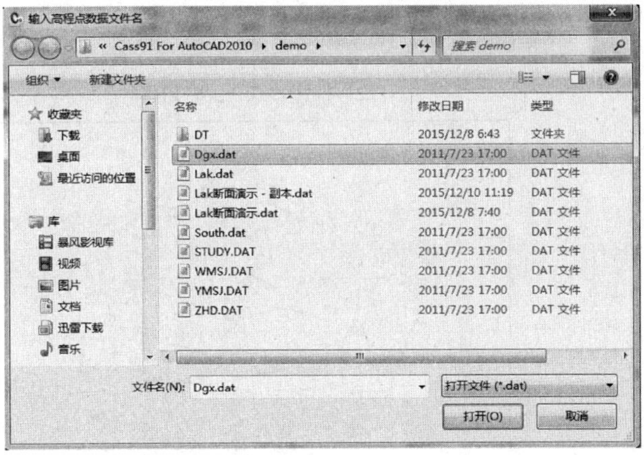

图 3.90　输入高程点数据文件名对话框

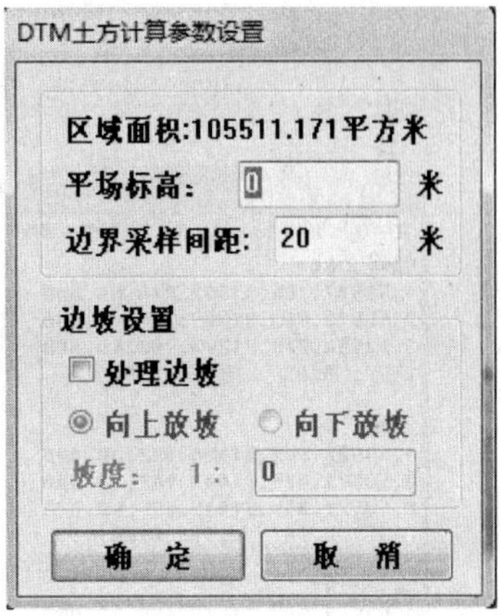

图 3.91　土方计算参数设置

(4) 选择高程点数据文件，并单击“打开”后，屏幕上弹出“DTM 土方计算参数设置”对话框，如图 3.91 所示。

1) 区域面积：该值为复合线围成的多边形的水平投影面积。

2) 平场标高：指设计要达到的目标高程。

3) 边界采样间隔：边界插值间隔的设定，默认值为 20 米。

4) 边坡设置：选中处理边坡复选框后，则坡度设置功能变为可选，选中放坡的方式（向上或向下：指平场高程相对于实际地面高程的高低，平场高程高于地面高程则设置为向下放坡）。然后输入坡度值。

(5) 设置好各参数后单击“确定”，屏幕上显示填挖方的提示框，如图 3.92 所示。同时图上绘出所分析的三角网、填挖方的分界线（白色线条）。并且命令行显示：挖方量＝××××.×立方米，填方量＝××××.×立方米。计算三角网构成详见 dtmtf.log 文件（图 3.93）。

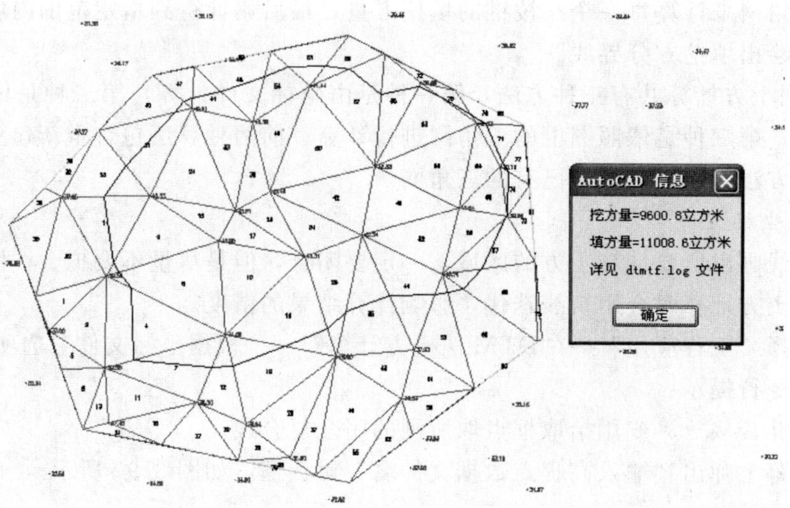

图 3.92 填挖方提示框

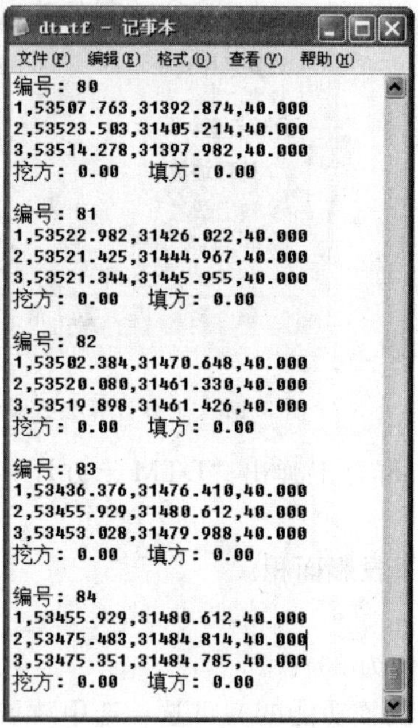

dtmtf - 记事本

文件(F) 编辑(E) 格式(O) 查看(V) 帮助(H)

编号：80
1,53507.763,31392.874,40.000
2,53523.503,31405.214,40.000
3,53514.278,31397.982,40.000
挖方：0.00 填方：0.00

编号：81
1,53522.982,31426.022,40.000
2,53521.425,31444.967,40.000
3,53521.344,31445.955,40.000
挖方：0.00 填方：0.00

编号：82
1,53502.384,31470.648,40.000
2,53520.080,31461.330,40.000
3,53519.898,31461.426,40.000
挖方：0.00 填方：0.00

编号：83
1,53436.376,31476.410,40.000
2,53455.929,31480.612,40.000
3,53453.028,31479.988,40.000
挖方：0.00 填方：0.00

编号：84
1,53455.929,31480.612,40.000
2,53475.483,31484.814,40.000
3,53475.351,31484.785,40.000
挖方：0.00 填方：0.00

图 3.93 DTM 土方计算 dtmtf.log 文件

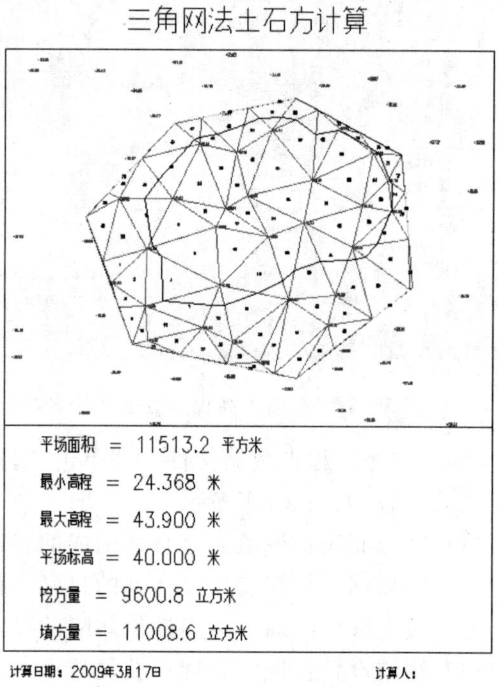

图 3.94 填挖方量计算结果

（6）关闭对话框后命令行提示：

*请指定表格左下角位置：〈直接回车不绘表格〉*用鼠标在图上适当位置单击，CASS会在该处绘出一个表格，包含平场面积、最大高程、最小高程、平场标高、填方量、挖方量和图形。如图 3.94 所示。

2. 根据图上高程点

（1）在图上展绘高程点，然后用复合线画出所要计算土方的区域，要求同 DTM 法。

（2）选择“工程应用”→“DTM 法土方计算”→“根据图上高程点”选项。

（3）命令行提示：

选择计算区域边界线：用鼠标点取所画的闭合复合线。

以下操作步骤与根据坐标文件计算方法相同。

3. 根据图上三角网

对已经生成的三角网进行必要的添加和删除，使结果更接近实际地形。

（1）选择“工程应用”→“DTM 法土方计算”→“根据图上三角网”选项。

（2）命令行提示：

平场标高（米）：输入平整的目标高程。

（3）命令行提示：

请在图上选取三角网：用鼠标在图上选取三角形，可以逐个选取也可拉框批量选取。

（4）选取完毕，回车后屏幕上显示填挖方的提示框，单击“确定”后图上绘出所分析的三角网、填挖方的分界线（白色线条）。

注意：用此方法计算土方量时不要求给定区域边界，因为系统会分析所有被选取的三角形，因此在选择三角形时一定要注意不要漏选或多选，否则计算结果有误，且很难检查出问题所在。

4. 计算两期间土方

两期土方计算指的是对同一区域进行了两期测量，利用两次观测得到的高程数据建模后叠加，计算出两期之中的区域内土方的变化情况。适用的情况是两次观测时该区域都是不规则表面。

两期土方计算之前，要先对该区域分别进行建模，即生成 DTM 模型，并将生成的 DTM 模型保存起来。

（1）选择“工程应用”→“DTM 法土方计算”→“计算两期间土方”选项。

（2）命令行提示：

第一期三角网：（1）图面选择（2）三角网文件〈2〉图面选择表示当前屏幕上已经显示的 DTM 模型；三角网文件指保存到文件中的 DTM 模型。

（3）命令行提示：

第二期三角网：（1）图面选择（2）三角网文件〈1〉1 默认选 1，则系统弹出计算结果（图 3.95）。

（4）单击“确定”后，屏幕出现两期三角网叠加的效果，如图 3.96 所示。在软件中以不同颜色表示高程是否发生变化，蓝色部分表示此处的高程已经发生变化，红色部分表示没有变化。

3.5.3.2　方格网法土方计算

由方格网来计算土方量是根据实地测定的地面点坐标（x，y，z）和设计高程，通过生成方格网来计算每一个方格内的填挖方量，最后累计得到指定范围内填方和挖方的土方量，并绘出填挖方分界线。

图 3.95　两期土方计算结果

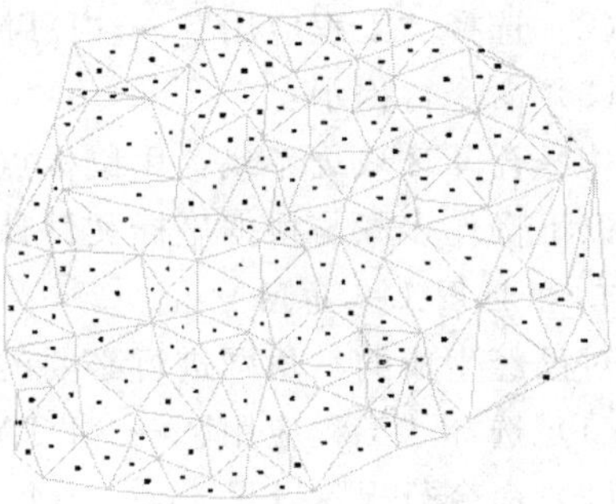

图 3.96　两期土方计算效果图

系统首先将方格的四个角上的高程相加（如果角上没有高程点，通过周围高程点内插得出其高程），取平均值与设计高程相减。然后通过指定的方格边长得到每个方格的面积，再用长方体的体积计算公式得到填挖方量。

（1）用复合线画出所要计算土方的区域，一定要闭合，但尽量不要拟合。因为拟合过的曲线在进行土方计算时会用折线迭代，影响计算结果的精度。

（2）选择“工程应用”→“方格网法土方计算”选项。

（3）命令行提示：

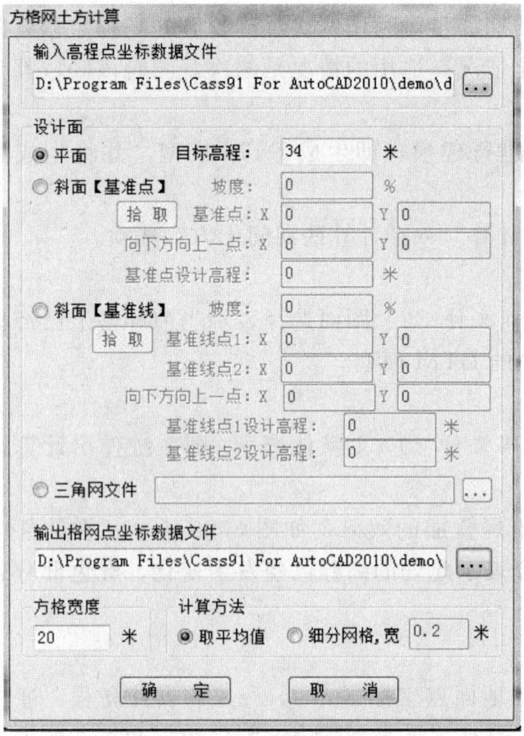

图 3.97　方格网土方计算对话框

选择计算区域边界线：选择土方计算区域边界线（闭合复合线）。

（4）屏幕上弹出“方格网土方计算对话框”，如图 3.97 所示。在对话框中选择所需的坐标文件；在“方格宽度”栏输入方格网的宽度（这是每个方格的边长），默认值为 20 米，方格的宽度越小，计算精度越高。但如果给的值太小，超过了野外采集的点的密度也是没有实际意义的；设计面可以是平面，也可以是斜面，还可以是三角网。

1）在“设计面”栏选择“平面”时，需要输入目标高程。

2）在“设计面”栏选择“斜面”时，又分“斜面【基准点】”和“斜面【基准线】”两种情况。

如选择“斜面【基准点】”，需要输入坡度、基准点和向下方向上一点的坐标，以及基准点的设计高程。基准点和向下方向上一点的坐标可以直接输入，也可以单击“拾取”用鼠标在屏幕上拾取。

如选择“斜面【基准线】”，需要输入坡度、基准线上两个点和基准线向下方向上一点的坐标，以及输入基准线上两个点的设计高程。基准线上两个点和基准线向下方向上一点的坐标可以直接输入，也可以单击“拾取”用鼠标在屏幕上拾取。

3）在“设计面”栏选择“三角网文件”时，需要选择设计的三角网文件。

（5）单击“确定”，命令行显示：

最小高程=××.×××，最大高程=××.×××

总填方=××××.×立方米，总挖方=×××.×立方米

同时图上绘出所分析的方格网，填挖方的分界线（绿色折线），并给出每个方格的填挖方、每行的挖方和每列的填方。结果如图 3.98 所示（此处以设计面为平整场地为例）。

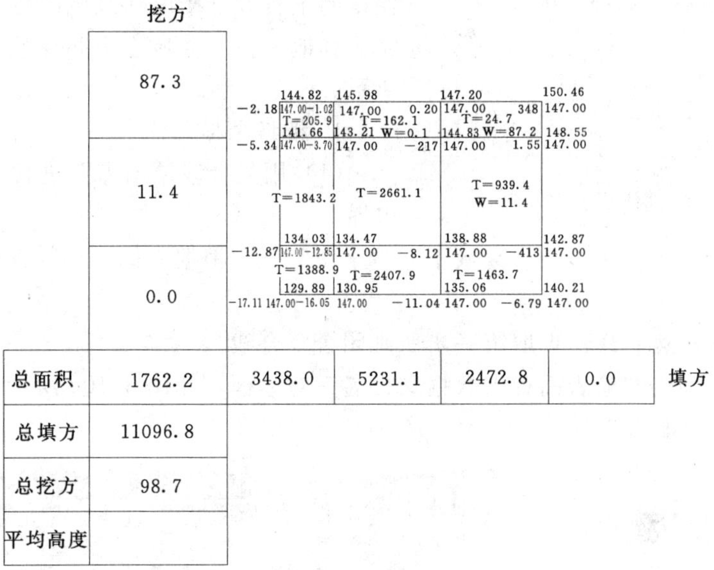

图 3.98　方格网法土方计算成果图

3.5.3.3　等高线法土方计算

用此功能可计算任两条等高线之间的土方量，但所选等高线必须闭合。由于两条等高线所围面积可求，两条等高线之间的高差已知，可求出这两条等高线之间的土方量。

（1）选择“工程应用”→“等高线法土方计算”选项。

（2）命令行提示：

选择参与计算的封闭等高线：可逐个点取参与计算的等高线，也可按住鼠标左键拖框选取。但是只有封闭的等高线才有效。

（3）点取完毕回车后命令行提示：

输入最高点高程：〈直接回车不考虑最高点〉

（4）回车后屏幕弹出如图 3.99 所示的总方量消息框。

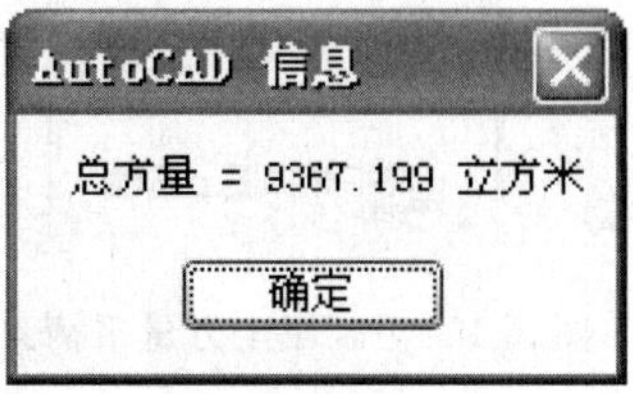

图 3.99　等高线法土方计算总方量消息框

等高线法土石方计算

计算日期：2009 年 4 月18日　　　计算人：

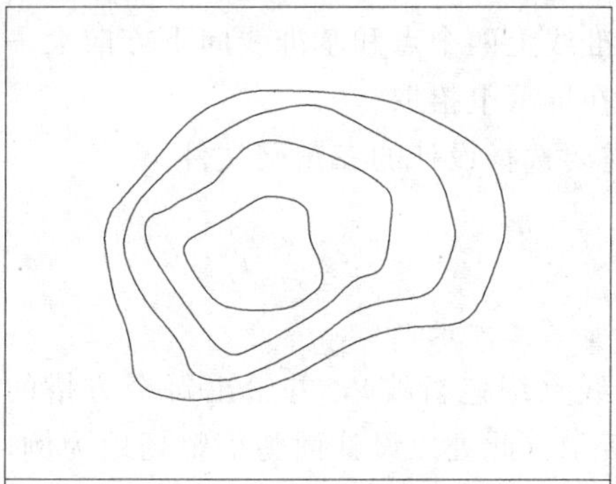

计算公式：$V=(A1+A2+\sqrt{A1*A2})*(h2-h1)/3$

A1(平方米)	h2(米)	A2(平方米)	h1(米)	V(立方米)
5926.48	40.000	3958.70	41.000	4909.6
3958.70	41.000	2219.57	42.000	3047.5
2219.57	42.000	734.15	43.000	1410.1
合计				9367.2

图 3.100　等高线法土方计算

（5）单击确定后命令行提示：

请指定表格左上角位置：〈直接回车不绘制表格〉：如需绘制表格，则在图上空白区域单击，系统将在该点绘出计算成果表格，如图 3.100 所示。从表格中可以看到每条等高线围成的面积和两条相邻等高线之间的土方量，另外，还有计算公式等。

3.5.3.4　区域土方量平衡

当一个场地的土方平衡时，挖掉的土石方刚好等于填方量。以填挖方边界线为界，从较高处挖得的土石方直接填到区域内较低的地方，就可完成场地平整。区域土方量平衡菜单如图 3.101 所示。

1. 根据坐标文件

（1）用复合线绘出需要进行土方平衡计算的边界。

（2）选择“工程应用”→“区域土方量平衡”→“根据坐标文件”选项。

（3）命令行提示：

选择计算区域边界线：点取第一步所画闭合复合线。

（4）屏幕上弹出“输入高程点数据文件名”对话框，如图 3.102 所示。选择高程点数据文件名后单击“打开”。

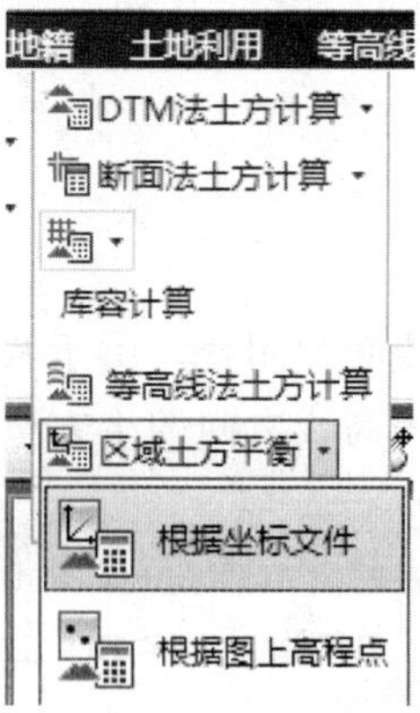

图 3.101　区域土方量平衡菜单

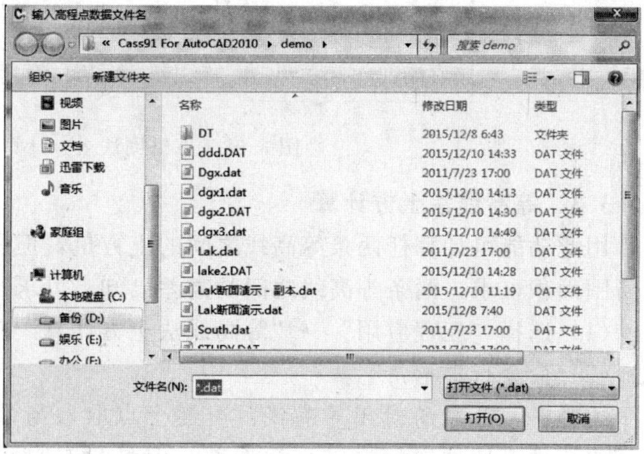

图 3.102　输入高程点数据文件名对话框

（5）命令行提示：

输入边界插值间隔（米）：〈20〉这个值将决定边界上的取样密度，如前面所说，如果密度太大，超过了高程点的密度，实际意义并不大。一般用默认值即可。

（6）回车后时命令行也显示土方平衡高度=37.911 米，挖方量=28477 立方米，填方量=28476 立方米。

(7) 单击“确定”后，命令行提示：

请指定表格左下角位置：〈直接回车不绘制表格〉如要绘制表格，在图上空白区域单击鼠标左键，在图上绘出计算结果表格，如图 3.103 所示，图中粗实线为土方开挖平衡线，其线上高程为 29.648m。

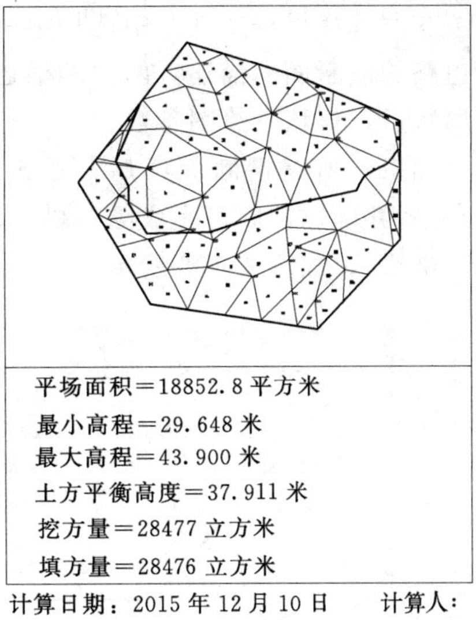

图 3.103　区域土方量平衡

2. 根据图上高程点

如果图上有高程点，则可根据图上高程点进行区域土方量平衡计算。

(1) 用复合线绘出需要进行土方平衡计算的边界。

(2) 选择“工程应用”→“区域土方量平衡”→“根据图上高程点”选项。

(3) 命令行提示：

选择计算区域边界线：点取第一步所画闭合复合线。

以下操作步骤同“1. 根据坐标文件”计算方法的 (5)、(6)、(7) 步。

3.5.3.5　断面法土方量计算

CASS 提供了道路断面、场地断面和任意断面的土方计算，本节主要介绍任意断面法土方计算过程，其它断面计算原理与之类似。

1. 根据实地断面里程文件与设计断面线计算工程量

根据每个里程桩实际横断面与设计断面可以计算工程的土方开挖量。

(1) 在“工程应用”下拉菜单中，选择“断面法土方计算\任意断面”选项。

(2) 屏幕上弹出“任意断面设计参数”对话框，如图 3.104 所示。

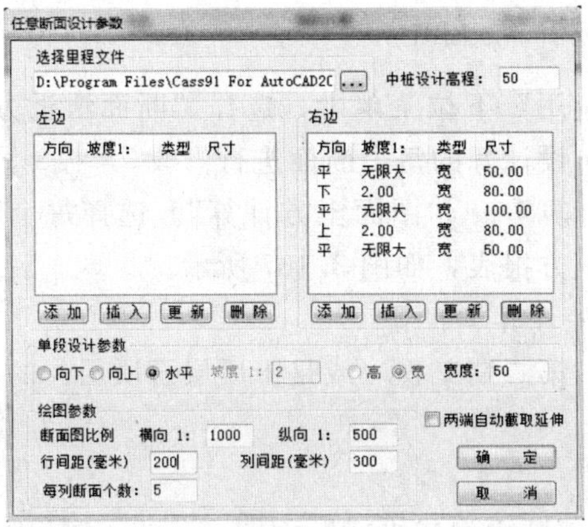

图 3.104　任意断面设计参数对话框

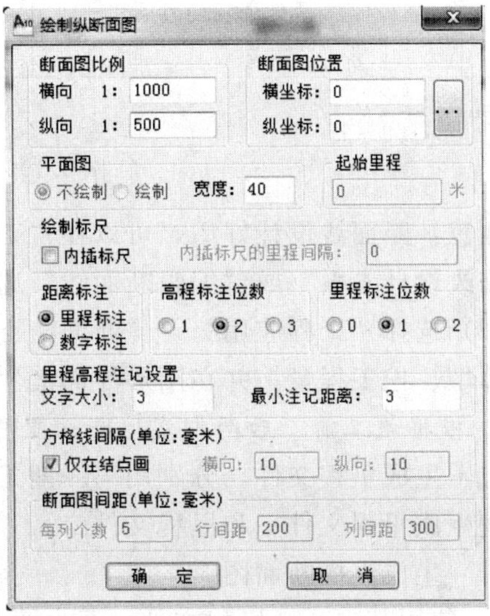

图 3.105　绘制纵断面图对话框

在“选择里程文件”中选择第一步中生成的里程文件。在左右两边的显示框中是对设计道路的横断面的描述，两边的描述都是从中桩开始向两边描述的，在中桩两边添加好断面参数后，再填写绘图参数。

编辑好道路横断面线后，单击“确定”弹出“绘制纵（横）断面图”对话框（图 3.105）并确定，即可生成纵（横）断面实际断面线（粗线）和每个断面对应的设计断面线（细线），如图 3.106 所示。

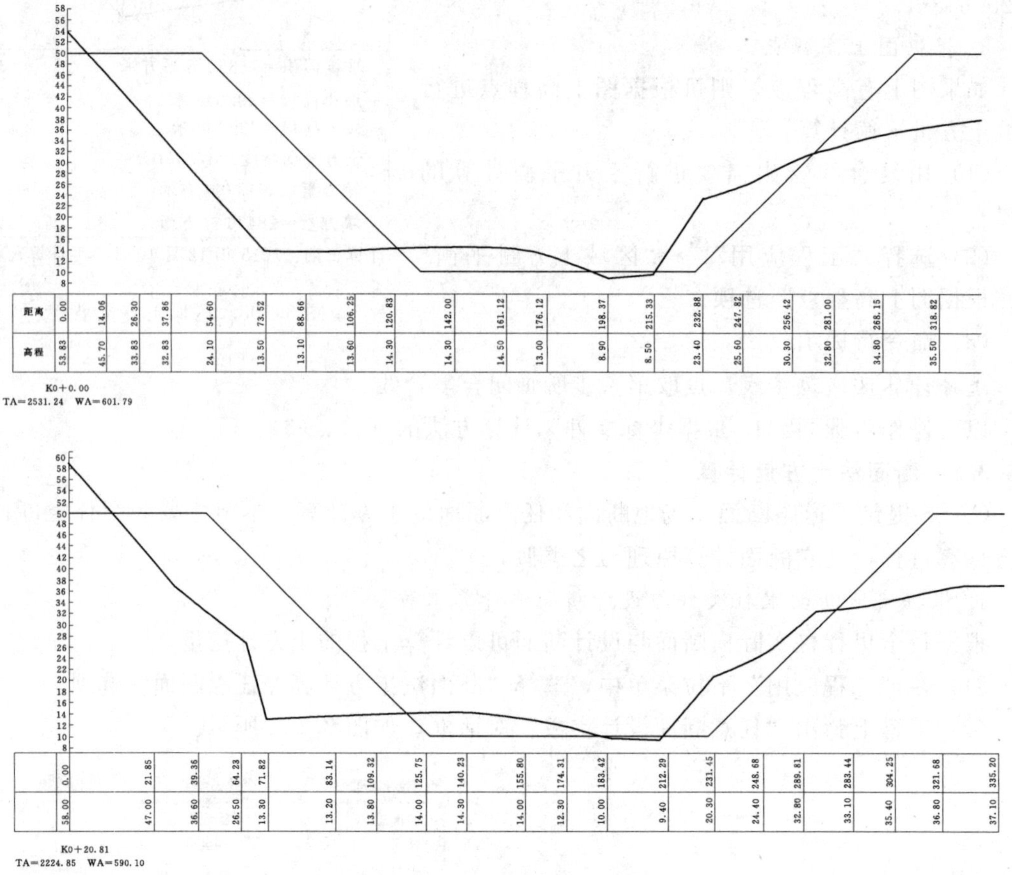

图 3.106　土方计算断面图

注意：断面线设计好后，可以在“工程应用”下拉菜单中，选择“断面法土方计算”→“修改设计参数”或“编辑断面线”选项对设计好的每个断面进行修改。

（3）选择“工程应用”→“断面法土方计算”→“图面土方计算”。选择每个断面即可计算填、挖工程量。并在图形界面上生成土方报表，如图 3.107 所示。

2. 根据施工前、后两期实地断面里程文件计算工程量

（1）生成里程文件。分别用第一期工程、第二期工程（或是土质层石质层）的高程文件分别生成里程文件一和里程文件二。

（2）生成纵横断面图。

1）使用其中一个里程文件，至少两个相邻断面生成纵横断面图。（注：还是用土方计

土石方数量计算表

里　程	中心高(m)		横断面积(m²)		平均面积(m²)		距离(m)	总数量(m³)	
	填	挖	填	挖	填	挖		填	挖
K0+0.00		3.80	2531.24	601.79	2378.04	595.95	20.81	49482.32	12400.46
K0+20.81		9.00	2224.85	590.10					
合　计								49482.3	12400.5

图3.107　土方计算报表

算任意场地断面生成，只是不选择设计断面生成就可以了。）

2）选择“工程应用”→“断面法土方计算”→“图上添加断面线”选项。

3）屏幕上弹出“选择里程文件”选项，如图3.108所示。

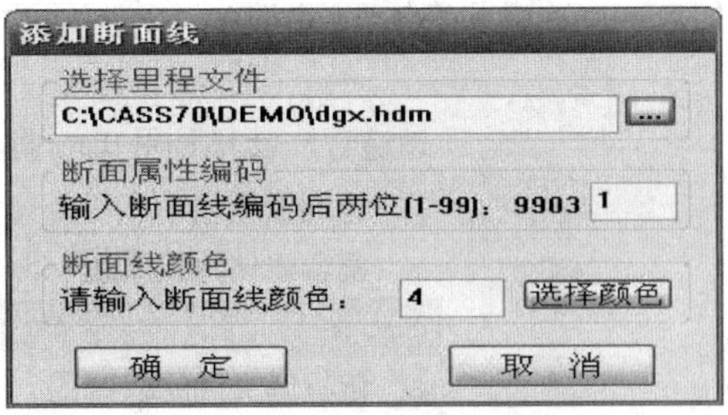

图3.108　添加断面线对话框

在选择里程文件栏选择另一期的里程文件（和前期两个相同断面一致）。

4）单击“确定”后，命令行显示，选择对象：框选需要添加横断面线的断面图。回车确认，图上的断面图上就有两条横断面线了。

（3）计算两期工程间工程量。

1）选择“工程应用”→“断面法土方计算”→“二断面线间土方计算”选项。

2）命令行提示：

输入第一期断面线编码（C）/〈选择已有地物〉：选择第一期的断面线。

输入第二期断面线编码（C）/〈选择已有地物〉：选择第二期的断面线。

选择对象：框选需要计算的断面图。

3）回车确认，命令行提示：

指定土石方计算表左上角位置：点取插入土方计算表的左上角。

4）命令行显示，总挖方=×××.××立方米，总填方=×××.××立方米。

任务3.6　地籍图的绘制

3.6.1　绘制地籍图

3.6.1.1　生成平面图

用任务3.2介绍的方法绘出平面图。示例文件C：\CASS9.1\DEMO\SOUTH.dat是带简码的坐标数据文件，故可用“简码法”来完成。所绘平面图如图3.109所示。

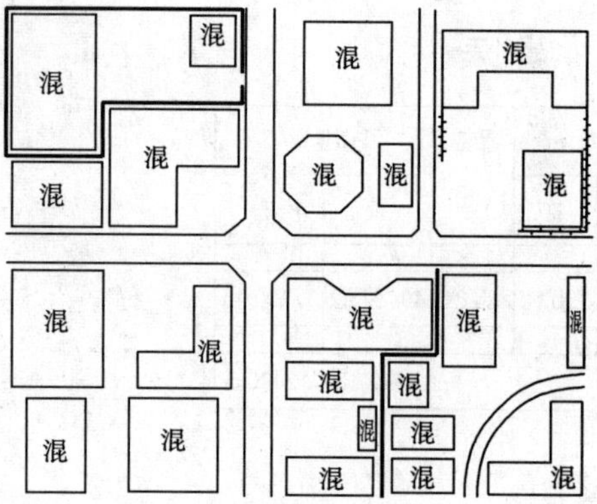

图 3.109　用 SOUTH.dat 示例数据绘制的平面图

3.6.1.2　生成权属线

地籍部分的核心是带有宗地属性的权属线，生成权属线有两种方法：

（1）可以直接在屏幕上用坐标定点绘制。

（2）通过事前生成权属信息数据文件的方法来绘制权属线。

3.6.1.3　生成权属信息数据文件

可以通过四种方法得到权属信息文件，如图 3.110 所示，举例说明其中两种方法。

1. 用复合线生成权属文件

这种方法适用于一个宗地就是一栋建筑物的情况。

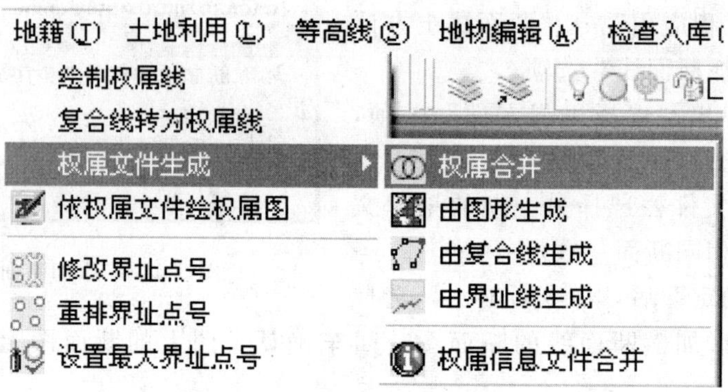

图 3.110　权属文件生成的四种方法

选择“绘图处理”菜单之“用复合线生成权属文件”项，输入地籍权属信息数据文件名后，命令区提示：

选择复合线（回车结束）：用鼠标点取一栋封闭建筑物。

输入宗地号：输入“0010100001”，回车。

输入权属主：输入“天河中学”，回车。

输入地类号：输入“44”，回车。

该宗地已写入权属信息文件！

请选择：1、继续下一宗地 2、退出〈1〉：输入 2，回车。

说明：选 1 则重复以上步骤继续下一宗地，选 2 则退出本功能。

2. 用界址线生成权属文件

如果图上没有界址线，可用“地籍成图”子菜单下“绘制权属线”生成，如图 3.111 所示。（注：在 CASS 中，“界址线”和“权属线”是同一个概念。）

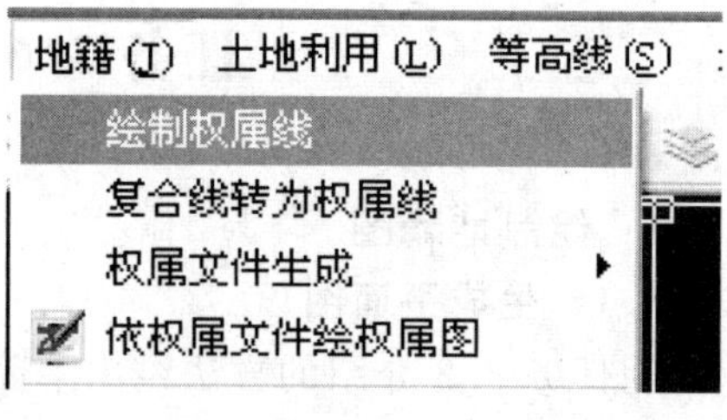

图 3.111　绘制权属线菜单

使用此功能时，系统会提示输入宗地边界的各个点。当宗地闭合时，系统将认为宗地已绘制完成，弹出对话框，要求输入宗地号、权属主、地类号等。输入完成后单击“确定”按钮，系统会将对话框中的信息写入权属线。

操作步骤如下：

执行“地籍\权属生成\由界址线生成”命令后，用鼠标在图上批量选取权属线，然后系统弹出对话框，要求输入权属信息文件名，这个文件将用来保存下一步要生成的权属信息。

输入文件名后，单击“保存”，权属信息将被自动写入权属信息文件。

得到带属性权属线后，可通过“绘图处理\依权属文件绘权属图”作权属图。

3.6.1.4　绘权属地籍图

生成平面图之后，可以用手工绘制权属线的方法绘制权属地籍图，也可通过权属信息文件来自动绘制。

1. 手工绘制

使用“地籍成图”子菜单下“绘制权属线”功能生成，并选择不注记，可以手工绘出权属线，这种方法最直观，权属线出来后系统立即弹出对话框，要求输入属性，单击“确定”按钮后系统将宗地号、权利人、地类编号等信息加到权属线里，如图3.112所示。

图3.112　加入权属线属性

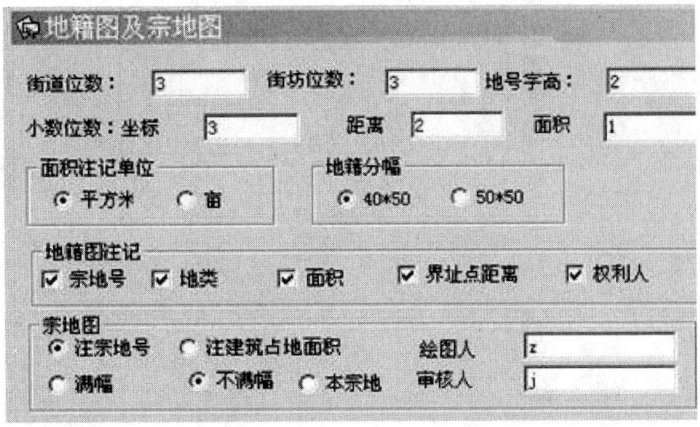

图3.113　地籍参数设置

2. 通过权属信息数据文件绘制

首先可以利用“地籍成图\地籍参数设置”功能对成图参数进行设置。

根据实际情况选择适合的注记方式，绘权属线时要做哪些权属注记。如要将宗地号、地类、面积、界址点间距离、权利人等全部注记，则在这些选项前的方格中打上钩，如图3.113所示。

特别要说明的是“宗地内图形”中是否满幅的设置。CASS5.0以前的版本没有此项设置，默认均为满幅绘图，根据图框大小对所选宗地图进行缩放，所以有时会出现诸如1∶1215这样的比例尺。有些单位在出地籍图时不希望这样的情况出现。他们需要整百或整五十的比例尺。这时，可将“宗地图内图形”选项设为“不满幅”，再将其上的“宗地图内比例尺分母的倍数”设为需要的值。比如：设为50，成图时出现的比例尺只可能是1∶(50×N)，N为自然数。

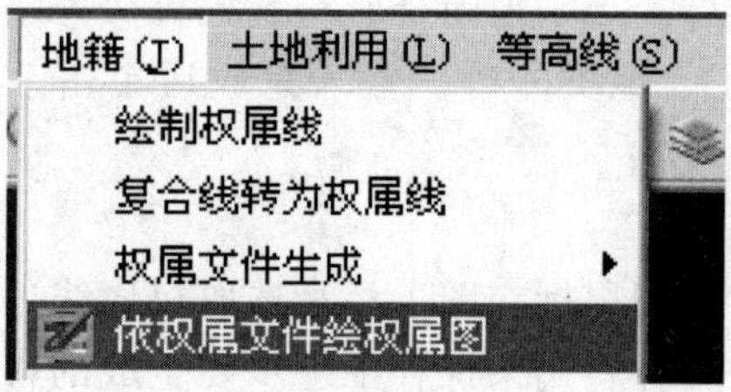

图 3.114 “地籍”下拉菜单

参数设置完成后，选择“地籍＼依权属文件绘权属图”，如图 3.114 所示。

CASS 界面弹出要求输入权属信息数据文件名的对话框，这时输入权属信息数据文件，命令区提示：

输入范围（宗地号、街坊号或街道号）〈全部〉：根据绘图需要，输入要绘制地籍图的范围，默认值为全部。

说明：可通过输入“街道号×××”，或输入“街道号×××街坊号××”，或输入“街道号×××街坊号××宗地号×××××”，输入绘图范围后程序即自动绘出指定范围的权属图。如：输入 0010100001 只绘出该宗地的权属图，输入 00102 将绘出街道号为 001 街坊号为 02 的所有宗地权属图，输入 001 将绘出街道号为 001 的所有宗地权属图。

最后得到如图 3.115 所示的图形，存盘为 C：＼CASS9.1＼DEMO＼SOUTHDJ.DWG。

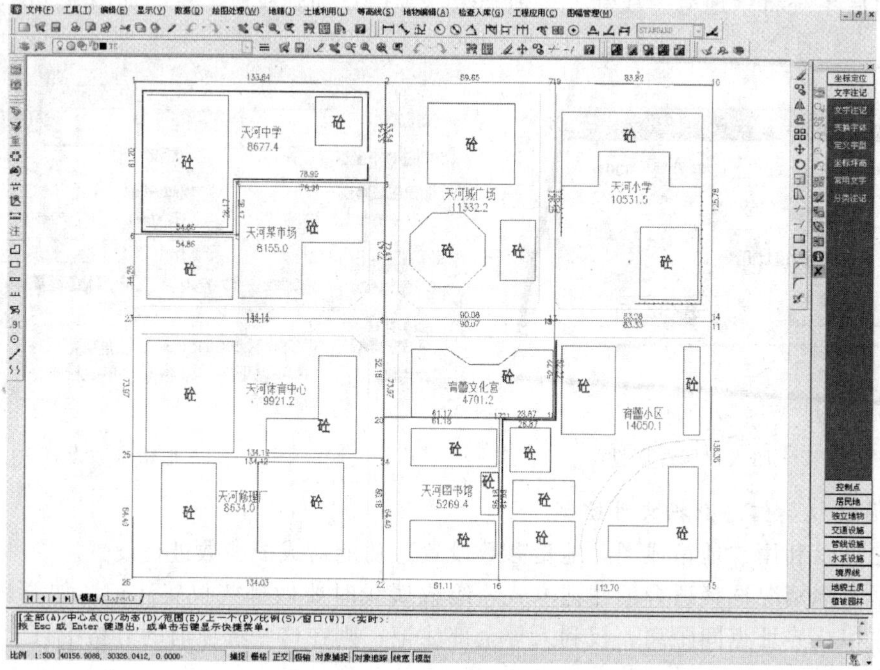

图 3.115　地籍权属图（砼表示混凝土）

3.6.1.5　图形编辑

在地籍菜单下，可以完成多种图形编辑，如修改界址点号、重排界址点号、界址点圆圈修饰（剪切＼消隐）、界址点生成数据文件、查找指定宗地和界址点、修改界址线属性等。

3.6.2 宗地属性处理

3.6.2.1 宗地合并

宗地合并每次将两宗地合为一宗。

选取“地籍成图”菜单下“宗地合并”功能。

屏幕提示：

选择第一宗地：点取第一宗地的权属线。

选择另一宗地：点取第二宗地的权属线。

完成后发现，两宗地的公共边被删除。宗地属性为第一宗地的属性。

3.6.2.2 宗地分割

宗地分割每次将一宗地分割为两宗地。执行此项工作前必须先将分割线用复合线画出来。

选取“地籍成图”菜单下“宗地分割”功能。

屏幕提示：

选择要分割的宗地：选择要分割宗地的权属线。

选择分割线：选择用复合线画出的分割线。

回车后原来的宗地自动分为两宗，但此时属性与原宗地相同，需要进一步修改其属性。

3.6.2.3 修改宗地属性

选取“地籍成图”菜单下“修改宗地属性”功能。

屏幕提示：

选择宗地：用鼠标点取宗地权属线或注记均可。点中后系统会弹出如图 3.116 对话框，这个对话框是宗地的全部属性，一目了然。

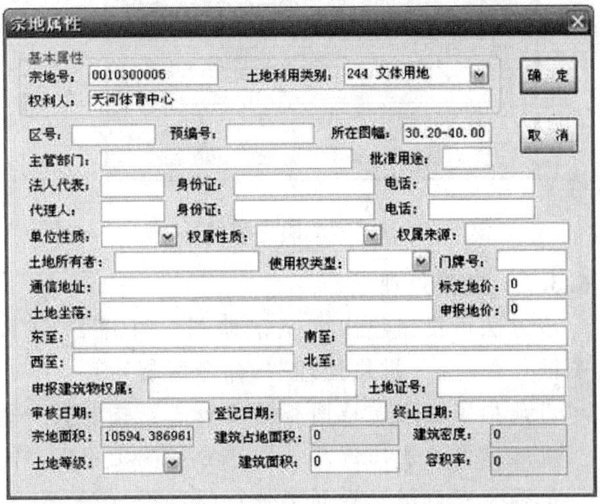

图 3.116 宗地属性对话框

3.6.2.4 输出宗地属性

输出宗地属性功能可以将上图所示的宗地信息输出到 ACCESS 数据库。选取“地籍成图”菜单下“输出宗地属性”功能。屏幕弹出对话框，提示输入 ACCESS 数据库文件名，输入文件名。请选择要输出的宗地：选取要输出的到 ACCESS 数据库的宗地。选完后回车，系统将宗地属性写入给定的 ACCESS 数据库文件名。用户可自行将此文件用微软的 ACCESS 打开来查看。

3.6.3 绘制宗地图

绘制地籍图以后，便可制作宗地图了。宗地图的绘制有单块宗地和批量处理两种方法，两种都是基于带属性的权属线。

3.6.3.1　单块宗地

该方法可用鼠标划出切割范围。打开图形 C：\ CASS9.1 \ DEMO \ SOUTHDJ.DWG。选择"绘图处理 \ 宗地图框（可缩放图）\ A4 竖 \ 单块宗地"。弹出如图 3.117 所示对话框，根据需要选择宗地图的各种参数后单击"确定"，屏幕提示如下：

用鼠标器指定宗地图范围——第一角：用鼠标指定要处理宗地的左下方。

另一角：用鼠标指定要处理宗地的右上方。

用鼠标器指定宗地图框的定位点：屏幕上任意指定一点。

一幅完整的宗地图就画好了，如图 3.118 所示。

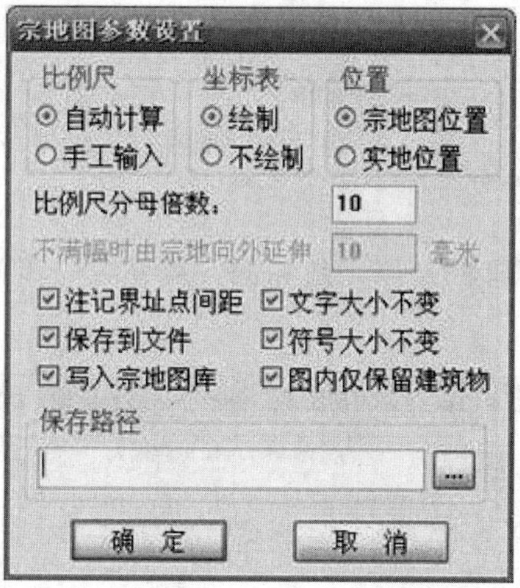

图 3.117　宗地图参数设置

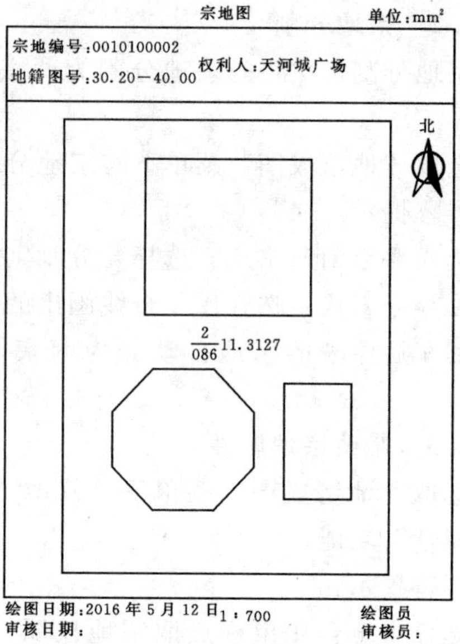

图 3.118　单块宗地图

3.6.3.2　批量处理

该方法可批量绘出多宗宗地图。打开 SOUTHDJ.DWG 图形，选择"绘图处理 \ 宗地图框 \ A4 竖 \ 批量处理"。命令区提示：

用鼠标器指定宗地图框的定位点：指定任一位置。

请选择宗地图比例尺：(1) 自动确定 (2) 手工输入〈1〉直接回车默认选 1。

是否将宗地图保存到文件？(1) 否 (2) 是〈1〉回车默认选 1。

选择对象：用鼠标选择若干条权属线后回车结束，也可开窗全选。

若干幅宗地图画好了，如图 3.119 所示，如果要将宗地图保存到文件，则在所设目录中生成若干个以宗地号命名的宗地图形文件，而且可以选择按实地坐标保存。

3.6.4　绘制地籍表格

3.6.4.1　界址点成果表

选择"绘图处理 \ 绘制地籍表格 \ 界址点成果表"项，弹出对话框要求输入权属信息数据文件名，输入 C：\ CASS9.1 \ DEMO \ SOUTHDJ.QS。

命令区提示：

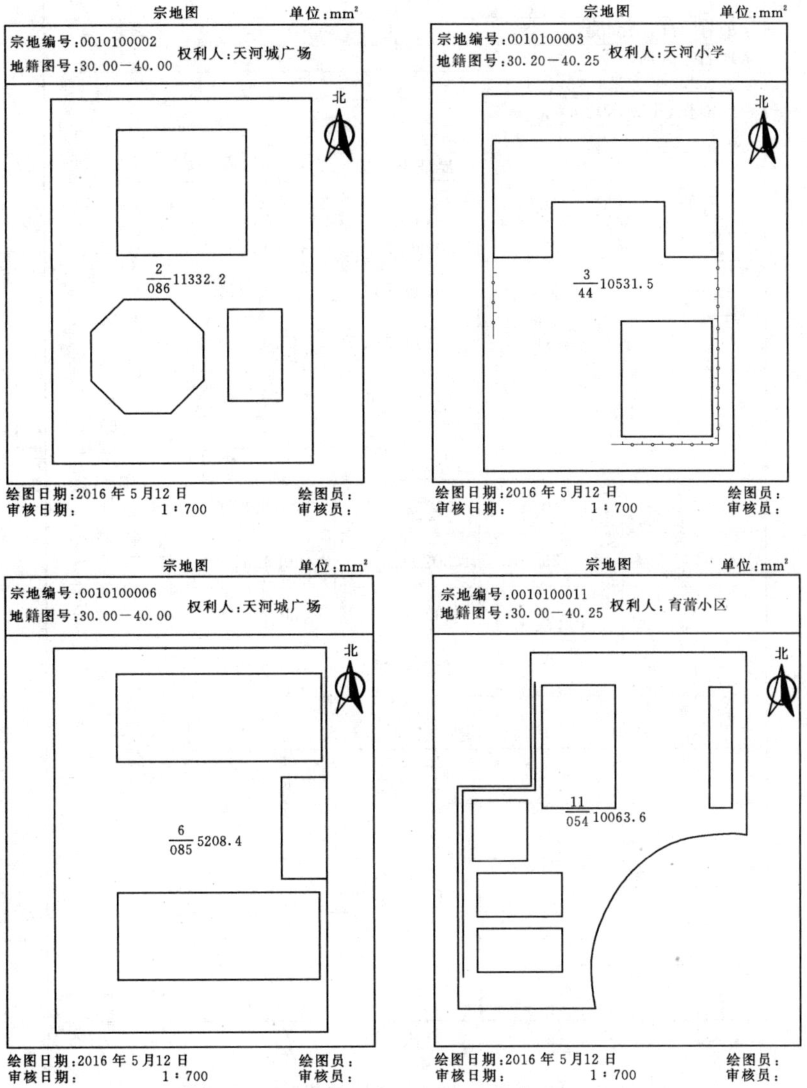

图 3.119 批量作宗地图

用鼠标指定界址点成果表的点：用鼠标指定界址点成果表放置的位置。

(1) 手工选择宗地 (2) 输入宗地号〈1〉回车默认选 1。

选择对象：拉框选择需要出界址点表的宗地。

是否批量打印（Y/N)?〈N〉回车默认不批量打印。

根据绘图需要，输入要绘制界址点成果表的宗地范围，可以输入“街道号×××”，或输入“街道号×××街坊号××”，或输入“街道号×××街坊号××宗地号×××××”，程序默认值为绘全部宗地的界址点成果表。如：输入 0010100001 只绘出该宗地的界址点成果表（图 3.120），输入 00102 将绘出街道号为 001 街坊号为 02 内所有宗地的界址点成果表，输入 001 将绘出街道号为 001 内所有宗地的界址点成果表。

界址点成果表				第1页 共1页
宗地号　0010100001				
宗地名　天河小学				
宗地面积(平方米) 7509.3				
建筑面积(平方米) 0.0				
界址点坐标				
序号	点号	坐标		边长
		x(m)	y(m)	
1	37	30299.733	40049.668	
				120.75
2	36	30299.733	40170.414	
				6.60
3	181	30299.743	40179.014	
				47.36
4	182	30252.396	40178.947	
				8.53
5	41	30252.358	40170.419	
				71.81
6	40	30252.379	40098.812	
				28.16
7	39	30224.219	40098.812	
				49.17
8	38	30224.210	40049.646	
				75.52
1	37	30299.733	40049.668	

制表：张　　　　审核：张　　　　2005年12月25日

图3.120　0010100001宗地的界址点成果表

界址点坐标表

点号	X	Y	边长
J1	30299.747	40179.014	
			86.38
J2	30299.860	40265.398	
			122.89
J3	30176.975	40265.402	
			86.17
J4	30177.260	40179.228	
			75.13
J5	30252.386	40178.947	
			47.36
J1	30299.747	40179.014	
S=10594.4平方米　合15.8916亩			

图3.121　界址点坐标表

用鼠标器指定界址点成果表的定位位置，移动鼠标到您所需的位置（鼠标点取的位置即是界址点成果表表格的左下角位置）单击，符合范围宗地的界址点成果表随即自动生成，如图3.121所示，表格的大小正好为A4尺寸。

3.6.4.2　以街道为单位宗地面积汇总表

选择“绘图处理\绘制地籍表格\以街道为单位宗地面积汇总表”项，弹出对话框要求输入权属信息数据文件名，输入C:\CASS9.1\DEMO\SOUTHDJ.QS，命令区提示：

输入街道号：输入 001，将该街道所有宗地全部列出，如图 3.122 所示。

输入面积汇总表左上角坐标：用鼠标点取要插入表格的左上角点。

3.6.4.3 街道面积统计表

选择“绘图处理 \ 绘制地籍表格 \ 街道面积统计表”项，弹出对话框要求输入权属信息数据文件名，输入 C：\ CASS9.1 \ DEMO \ SOUTHDJ.QS，命令区提示：

输入面积统计表左上角坐标：用鼠标点取要插入表格的左上角点。

如图 3.123 所示，由于本例使用的权属信息数据文件只有一个街道，故表中只有一行，街道名栏可手工添入。

_____市_____区_____01_____街道

项目 地籍号	地类名称 （有二级类的列二级类）	地类代号	面积/m²	备注
010100001	教育	44	7509.28	
010100002	商业服务业	11	8299.25	
010200003	旅游业	12	9284.08	
010200004	医卫	45	6946.25	
010300005	文、体、娱	41	10594.39	
010300006	铁路	61	10342.86	
010400007	商业服务业	11	4596.56	
010400008	机关、宣传	42	4716.92	
010400009	住宅用地	50	9547.89	
010400010	教育	44	2513.77	

图 3.122　以街道为单位宗地面积汇总表

街道面积统计表

街道号	街道名	总面积
010		74551.25

图 3.123　街道面积统计表

001 街道街坊面积统计表

街坊号	街坊名	总面积
00104		21575.22
00103		20937.31
00102		16230.27
00101		15808.26

图 3.124　街坊面积统计表

3.6.4.4 街坊面积统计表

选择“绘图处理 \ 绘制地籍表格 \ 街坊面积统计表”项，命令区提示：

输入街道号：输入 001。

弹出对话框要求输入权属信息数据文件名，输入 C：\ CASS9.1 \ DEMO \ SOUTHDJ.QS，命令区提示：

输入面积统计表左上角坐标：用鼠标点取要插入表格的左上角点。

作出表格如图 3.124 所示。

项 目 小 结

本项目主要介绍了：

（1）全站仪数据传输：重点是通讯参数设置。

（2）RTK 数据传输：重点是 RTK 手簿的操作，关键点是数据格式转换。

（3）南方 CASS9.1 成图系统的基本情况。

（4）CASS9.1 成图系统绘制平面图的方法。

（5）地形图的注记与编辑。

（6）等高线的绘制方法。

（7）地形图的分幅与整饰。

（8）绘制地籍图、地籍表格。

（9）数字地形图在工程上的应用。

数据传输可以完成测量仪器与计算机的双边传输，就是说：可以将全站仪内存或电子手簿中的数据、GPS接收机内存或手簿中的数据传输至计算机，也可以将计算机内存中的数据传输至全站仪、GPS接收机或手簿。本项目介绍的数据传输，特指的是将全站仪内存、RTK手簿中的数据传输至计算机。首先要了解相应的绘图软件（本项目介绍的软件是CASS9.1）所要求的数据格式，传输前要将数据转换成规定的格式；其次掌握全站仪上的通讯设置等操作，掌握RTK手簿上的操作；最后掌握从全站仪、RTK手簿到计算机的数据传输的操作。

大比例尺地形图是工程规划、设计和施工中的重要地形资料，特别是在规划设计阶段，不仅要以地形图为底图，进行总平面的布设，而且还要根据需要，在地形图上进行一定的量算工作，以便因地制宜地进行合理的规划和设计，所以大比例尺绘图软件的选择应以工程上的应用为原则。

目前测绘单位应用最多的数字测图软件有三种：一是清华山维公司开发的EPSW系列，二是武汉瑞得测绘自动化公司开发的RDMS系列，三是南方测绘仪器公司开发的CASS系列。CASS系列与EPSW系列、RDMS系列相比较，最明显的区别在于：CASS系列软件是一种在AutoCAD平台上开发的测绘软件，所有的AutoCAD功能都可以在其上实现。工程的规划设计，大多采用的就是AutoCAD软件，所以，CASS系列软件无疑是最好的选择。

熟悉CASS系列软件的工程技术人员，可以直接利用AutoCAD相应功能或者利用CASS系列软件中的功能（如南方CASS软件中的“工程应用”部分），可以方便地从数字地形图上查询点、线、面等基本信息；利用生成的DTM绘制断面图，并进行土方量的计算等。

所以本项目选取了CASS系列软件中的CASS9.1，即介绍了数字地形图的绘制、编辑与整饰方法，也介绍了绘制地籍图、地籍表格的方法，还介绍了数字地形图在工程上的应用。

知　识　检　验

1. CASS的数据文件格式是什么？
2. RTK中格式为*.dat的数据文件的格式是什么？
3. 数据传输前，全站仪上要进行哪些设置？RTK手簿上要进行哪些操作？
4. 解释以下名词：①对象；②实体；③块；④复合线。
5. 绘制平面图有哪几种方法？
6. 简述绘制等高线的方法。
7. CASS9.1可进行哪几种基本几何要素的量算？
8. 断面图的绘制有哪几种方法？
9. 土方量的计算有哪几种方法？

项目4　数字测图成果质量评定与技术总结

项目描述

数字测图产品质量是测绘工程项目成败的关键，它不仅会影响到整个工程建设项目的质量，而且也关系到测绘企业的生存和社会信誉。因此，为保证数字测图的质量，在数字测图的每一个环节都严格遵守相应的规范或技术规程，遵照测绘任务书、技术设计书或合同书中的要求，并按《数字测图成果质量要求》进行严格的质量控制。从搜集资料、确定坐标系统和高程系统开始，到野外踏勘、选点，仪器设备的准备，控制测量，野外数据采集，直至内业绘图、成图、成果输出，质量控制贯穿于整个数字测图过程。为更好地保证数字测图产品质量，数字测图过程中最好引入测绘工程监理制度，由测绘监理工程师把控数字测图成果质量。

测绘任务完成后，针对测绘任务实施过程中出现的主要技术问题和处理方法，成果（或产品）质量、新技术的应用等问题还要进行分析研究、认真总结，作出客观的描述和评价，最后编制技术总结。

本项目由3项任务组成，“任务4.1数字测图成果质量评定”的主要内容包括：数字测图成果质量要求，数字测图成果检查，数字测图成果质量评定，数字测图成果检查报告。“任务4.2数字测图技术总结”的主要内容包括：技术总结的目的，数字测图技术总结的主要内容。“任务4.3数字测图技术总结案例学习”提供了技术总结案例，供学习参考。

通过本项目的学习，使学生达到如下要求：了解数字测图成果质量要求，掌握数字地形图检查内容及方法，明确数字测图成果质量评定内容，掌握数字测图技术总结的编写格式，在技术总结案例的指导下学会编写数字测图技术总结。

任务4.1　数字测图成果质量评定

4.1.1　数字测图成果质量要求

数字测图成果的质量要求是通过若干质量元素/质量子元素来描述的。数字测绘成果种类不同，其质量元素组成也不同。数字地形图的质量元素见表4.1。

下面介绍数字地形图质量元素的一般规定。

1. 空间参考系

大地基准、高程基准、地图投影符合相应比例尺地形图测图规范的规定。

2. 位置精度

（1）平面精度。地形图上控制点的坐标值符合已测坐标值。地形图上的实测数据，其

表 4.1 **数字地形图质量元素**

数字地形图质量元素	数字地形图质量子元素	数字地形图质量元素	数字地形图质量子元素
空间参考系	大地基准	时间准确度	数据更新
	高程基准		数据采集
	地图投影	元数据质量	元数据完整性
位置精度	平面精度		元数据准确性
	高程精度	表征质量	几何表达
属性精度	分类正确性		符号正确性
	属性正确性		地理表达
完整性	要素完整性		注记正确性
逻辑一致性	概念一致性		图廓整饰准确性
	格式一致性	附件质量	图历簿质量
	拓扑一致性		附属文档质量

地物点对邻近野外控制点位置中误差以及邻近地物点间的距离中误差不大于表 4.2 的规定。

表 4.2 **地物点平面位置精度**

地区分类	比例尺	点位中误差	邻近地物点间距离中误差
城镇、工业建筑区、平地、丘陵地	1∶500	±0.15	±0.12
	1∶1000	±0.30	±0.24
	1∶2000	±0.60	±0.48
困难地区、隐蔽地区	1∶500	±0.23	±0.18
	1∶1000	±0.45	±0.36
	1∶2000	±0.90	±0.72

(2) 高程精度。地形图上各类控制点的高程值符合已测高程值。高程注记点相对于邻近图根点的高程中误差不应大于相应比例尺地形图基本等高距的1/3。困难地区放宽0.5倍。等高线插求点相对于邻近图根点的高程中误差，平地不应大于基本等高距的1/3，丘陵地不应大于基本等高距的1/2。山地不应大于基本等高距的2/3，高山地不应大于基本等高距。

3. 属性精度

描述地形要素的各种属性项名称、类型、长度、顺序、个数等属性项定义符合要求，描述地形要素的各种属性值正确无误。

4. 完整性

各种地物要素完整，各种名称及注记正确完整，无遗漏或多余、重复现象；各种地物要素分层正确，无遗漏层或多余层、重复层现象。

5. 逻辑一致性

描述地形要素类型（点、线、面等）定义符合要求；数据层定义符合要求；数据文件命名、格式、存储组织等符合要求，数据文件完整、无缺失；闭合要素保持封闭，线段相交或相接无悬挂或过头现象；连续地物保持连续，无错误的伪节点现象；应断开的要素处理符合要求。

6. 时间准确度

生产过程中按要求使用了现势资料。

7. 元数据质量

元数据内容正确，内容完整，无多余、重复或遗漏现象。

8. 表征质量

要素几何类型表达正确，要素综合取舍与图形概括符合规范要求，并能正确反映各要素的分布地理特点和密度特征；地图符号使用正确，配置合理，保持规定的间隔，清晰易读；线划光滑、自然，节点保真度强，无折刺、回头线、粘连、自相交、抖动、变形扭曲等现象；有方向性的符号方向正确；注记选取与配置符合要求，注记字体、字大、字向、字色符合要求，配置合理，清晰易读，指向明确无歧义；图廓内外整饰符合要求，无错漏、重复现象。

9. 附件质量

附件指应随数字测绘成果上交的资料，一般包括图历簿，制图过程中所使用的参考资料，数据图幅清单，技术设计书，检查验收报告等。附件应符合以下要求：图历簿填写正确，无错漏、重复现象，能正确反映测绘成果的质量情况及测制过程；其它要求上交的附件完整、无缺失。

4.1.2　数字测图成果检查

数字测图产品实行过程检查、最终检查和验收制度（二级检查一级验收制）。过程检查由生产单位检查人员承担，最终检查由生产单位的质量管理机构负责实施，验收工作由任务的委托单位组织实施，或由该单位委托具有检验资格的检验机构验收。

4.1.2.1　提交检查验收的资料

技术设计书、技术总结等；数据文件，包括图幅内外整饰信息文件，元数据文件等；输出的检查图；技术规定或技术设计书规定的其它文件资料。

4.1.2.2　检查验收依据

有关的测绘任务书，合同书中有关产品质量特征的摘要文件或委托检查、验收文件；有关法规和技术标准；技术设计书和有关的技术规定等。

4.1.2.3　数字地形图检查内容及方法

1. 数学基础检查

将图廓点、公里网交点、控制点的坐标按检索条件在屏幕上显示，并与理论值和控制点已知坐标值核对。

2. 平面和高程精度的检查

（1）选取检测点的一般规定。数字地形图平面检测点应是均匀分布，随机选取的明显地物点。平面和高程检测点数量视地物复杂程度等具体情况确定，每幅图一般选取 20～50 个点。

（2）检测方法。检测点的平面坐标和高程采用外业散点法按测站点精度施测。用钢尺或测距仪（全站仪）量测地物点间距，量测边数每幅图一般不少于20处。检测中如发现被检测的地物点和高程点具有粗差时，应视情况重测。当一幅图检测结果算得的中误差超过“数字测图成果质量要求”当中位置基准的平面精度和高程精度的规定，应分析误差分布的情况，再对邻近图幅进行抽查。中误差超限的图幅应重测。

地物点的点位中误差（平面位置中误差）按式（4.1）～式（4.3）计算。

$$m_x = \pm\sqrt{\frac{\sum_{i=1}^{n}(X_i - x_i)^2}{n-1}} \tag{4.1}$$

$$m_y = \pm\sqrt{\frac{\sum_{i=1}^{n}(Y_i - y_i)^2}{n-1}} \tag{4.2}$$

$$m_{检} = \pm\sqrt{m_x^2 + m_y^2} \tag{4.3}$$

式中 $m_{检}$——检测地物点的点位中误差，m；

m_x——纵坐标 x 的中误差，m；

m_y——横坐标 y 的中误差，m；

X_i——第 i 个检测点的纵坐标检测值（实测），m；

x_i——第 i 个同名检测点的纵坐标原测值（从数字地形图上提取），m；

Y_i——第 i 个检测点的横坐标检测值（实测），m；

y_i——第 i 个同名检测点的横坐标原测值（从地形图上提取），m；

n——检测点数。

邻近地物点间距中误差按式（4.4）计算。

$$m_s = \pm\sqrt{\frac{\sum_{i=1}^{n}\Delta s_i^2}{n-1}} \tag{4.4}$$

式中 Δs_i——第 i 个相邻地物点实测边长与图上同名边长较差，m；

n——量测边条数。

高程中误差按式（4.5）计算。

$$m_H = \pm\sqrt{\frac{\sum_{i=1}^{n}(H_i - h_i)^2}{n-1}} \tag{4.5}$$

式中 H_i——第 i 个检测点的实测高程，m；

h_i——数字地形图上相应内插点高程；

n——检测高程点个数。

3. 接边精度的检查

通过量取两相邻图幅接边处要素端点的距离是否等于0来检查接边精度，未连接的要素记录其偏离值；检查接边要素几何上自然连接情况，避免生硬；检查面域属性、线划属性的一致性，记录属性不一致的要素实体个数。

4. 属性精度的检查

(1) 检查各个层的名称是否正确，是否有漏层。

(2) 逐层检查各属性表中的属性项是否正确，有无遗漏。

(3) 按地理实体的分类、分级等语义属性检索，在屏幕上将检测要素逐一显示，并与要素分类代码核对来检查属性的错漏，用抽样点检查属性值、代码、注记的正确性。

(4) 检查公共边的属性值是否正确。

5. 逻辑一致性检查

(1) 用相应软件检查各层是否建立拓扑关系及拓扑关系的正确性。

(2) 检查各层是否有重复的要素。

(3) 检查有向符号，有向线状要素的方向是否正确。

(4) 检查多边形闭合情况，标识码是否正确。

(5) 检查线状要素的结点匹配情况。

(6) 检查各要素的关系表示是否正确，有无地理适应性矛盾，是否能正确反映各要素的分布特点和密度特征。

(7) 检查水系、道路等要素是否连续。

6. 整饰质量检查

(1) 检查各要素是否正确，尺寸是否符合图式规定。

(2) 检查图形线划是否连续光滑、清晰，粗细是否符合规定。

(3) 检查要素关系是否合理，是否有重叠、压盖现象。

(4) 检查高程注记点密度是否满足每 $100cm^2$ 内 8～20 个的要求。

(5) 检查各名称注记是否正确，位置是否合理，指向是否明确，字体、字大、字向是否符合规定。

(6) 检查注记是否压盖重要地物或点状符号。

(7) 检查图面配置、图廓内外整饰是否符合规定。

7. 附件质量检查

(1) 检查所上交的文档资料填写是否正确、完整。

(2) 逐项检查元数据文件是否正确、完整。

4.1.3 数字测图成果质量评定

对数字测图成果进行检查以后，根据检查的结果，对单位成果和批成果进行质量评定，并划分出质量等级。

4.1.3.1 概念

(1) 单位成果：为实施检查、验收而划分的基本单位。宜以幅为单位。

(2) 批成果：同一技术设计要求下生产的同一测区的单位成果的集合。

(3) 概查：对单位成果质量要求的特定检查项的检查。

(4) 详查：对单位成果质量要求的所有检查项的检查。

(5) 样本：从批成果中抽取的用于评定批成果质量的单位成果集合。

4.1.3.2 单位成果质量评定

单位成果质量评定通过单位成果质量分值评定质量等级，质量等级划分为优级品、良级品、合格品、不合格品四级。概查只评定合格品、不合格品两级。详查评定四级质量等级。工作内容如下：

(1) 一般以一幅图或几幅图作为一个单位成果，每个单位成果由多个质量元素组成，每个质量元素又分为多个质量子元素（见表4.1数字地形图质量元素），每个质量子元素又分为多个检查项，根据质量检查的结果分别计算每个检查项的质量分值。

如质量元素位置精度，就分为平面精度和高程精度两个质量子元素，又分成平面位置中误差、高程注记点高程中误差、等高线高程中误差等多个检查项。分别计算平面位置中误差、高程注记点高程中误差、等高线高程中误差等所有检查项的质量分值，其中平面位置中误差的质量分值，用式(4.6)进行计算。

$$s=\begin{cases}60+\dfrac{40}{0.7\times m_0}(m_0-m):m>0.3m_0\\100:m\leqslant 0.3m_0\end{cases}\tag{4.6}$$

式中　s——检查项质量分值；

m_0——中误差限差；

m——检测中误差。

其它检查项质量分值计算参照《数字测绘成果质量检查与验收》(GB/T 18316—2008)。

当质量元素不满足规定的合格条件时，不计算质量分值，该质量元素为不合格。

(2) 根据某个质量元素所有检查项的质量分值，将其中最小的质量分值确定为这个质量元素的质量分值。再根据质量元素的分值，将其中最小的质量分值确定为单位成果质量分值，最后评定单位成果质量等级，见表4.3。

表4.3　单位成果质量评定等级

质量得分	质量等级	质量得分	质量等级
90分$\leqslant s \leqslant$100分	优级品	质量元素检查结果不满足规定的合格条件	不合格品
75分$\leqslant s <$90分	良级品	位置精度检查中粗差比例大于5%	
60分$\leqslant s <$75分	合格品	质量元素出现不合格	

4.1.3.3　批成果质量判断

批成果质量判断通过合格判定条件（见表4.4）确定批成果的质量等级，质量等级划分为合格批、不合格批两级。

表4.4　批成果质量评定

质量等级	判定条件	后续处理
合格批	样本中未发现不合格单位成果，且概查时未发现不合格单位成果	测绘单位对验收中发现的各类质量问题均应修改
不合格批	样本中发现不合格单位成果，或概查时发现不合格单位成果，或不能提交批成果的技术性文档（如设计书、技术总结、检查报告等）和资料性文档（如接合表、图幅清单等）	测绘单位对批成果逐一查改合格后，重新提交验收

4.1.4　数字测图成果检查报告

最终检查和质量评定工作结束后，测绘生产单位应编制检查报告。检查报告经生产单位领导审核后，随数字测图成果一并提交验收。

检查报告的主要内容包括：

（1）任务概要。

（2）检查工作概况（包括仪器设备和人员组成情况）。

（3）检查的技术依据。

（4）主要技术问题及处理情况，对遗留问题的处理意见。

（5）质量统计和检查结论。

任务 4.2　数字测图技术总结

4.2.1　技术总结的目的

测绘技术总结是在测绘任务完成后，对测绘技术设计文件和技术标准、规范等的执行情况，技术设计方案实施中出现的主要技术问题和处理方法，成果（或产品）质量、新技术的应用等进行分析研究、认真总结，并作出的客观描述和评价。测绘技术总结为用户对成果（或产品）的合理使用提供方便，为测绘单位持续质量改进提供依据，同时也为技术设计、有关技术标准、规定的制定提供资料。测绘技术总结是与测绘成果（或产品）有直接关系的技术性文件，是长期保存的重要技术档案。

4.2.2　数字测图技术总结的主要内容

4.2.2.1　概述

（1）任务来源、目的，测图比例尺，生产单位，作业起止日期，任务安排概况等。

（2）测区名称、范围、测量内容，行政隶属，自然地理特征，交通情况，困难类别等。

4.2.2.2　已有资料及其应用

（1）资料的来源、地理位置和利用情况等。

（2）资料中存在的主要问题及处理方法。

4.2.2.3　作业依据、设备和软件

（1）作业技术依据及其执行情况，执行过程中技术性更改情况等。

（2）使用的仪器设备与工具的型号、规格与特性，仪器的检校情况，使用的软件基本情况介绍等。

（3）作业人员组成。

4.2.2.4　坐标、高程系统

采用的坐标系统、高程系统，投影方法，图幅分幅与编号方法，地形图的等高距等。

4.2.2.5　控制测量

（1）平面控制测量。已知控制点资料和保存情况，首级控制网及加密控制网的等级、网形、密度、埋石情况、观测方法、技术参数，记录方法，控制测量成果等。

（2）高程控制测量。已知控制点资料和保存情况，首级控制网及加密控制网的等级、网形、密度、埋石情况、观测方法、技术参数，视线长度及其距地面和障碍物的距离，记录方法，重测测段和次数，控制测量成果等。

（3）内业计算软件的使用情况，平差计算方法及各项限差，控制测量数据的统计、比较，外业检测情况与精度分析等。

（4）生产过程中出现的主要技术问题和处理方法，特殊情况的处理及其达到的效果，新技术、新方法、新设备等应用情况，经验教训、遗留问题、改进意见和建议等。

4.2.2.6　地形图测绘

（1）测图方法，外业采集数据的内容、密度、记录的特征，数据处理、图形处理所用软件和成果输出的情况等。

（2）测图精度的统计、分析和评价，检查验收情况，存在的主要问题及处理方法等。

（3）新技术、新方法、新设备的采用情况以及经验、教训等。

4.2.2.7　测绘成果质量说明和评价

简要说明、评价测绘成果的质量情况、产品达到的技术质量指标，并说明其质量检查报告的名称和编号。

4.2.2.8　提交成果

（1）技术设计书。

（2）测图控制点展点图，水准路线图，埋石点点之记等。

（3）控制测量平差报告、平差成果表。

（4）地形图元数据文件，地形图全图和分幅图数据文件等。

（5）输出的地形图。

（6）数字测图技术报告、检查报告、验收报告。

（7）其它需要提交的成果。

任务4.3　数字测图技术总结案例学习

案例：棋盘山水库大坝地形图测量技术总结

4.3.1　概述

受×××委托，×××承担了棋盘山水库大坝地形图、大坝横断面的测量任务；并于2007年9月17日进入现场勘察，28日结束外业，10月8日上交全部测量成果。

测区位于棋盘山水库，经度：东经××°××′××″，纬度：北纬××°××′××″。主要测量内容是：25km的三等水准路线，大坝标准断面图和大坝周边1∶500地形图。

4.3.2　已有资料及其利用

收集并使用测区附近2个GPS点（DYS，PXZ2）的控制资料，其平面成果为1954年北京坐标系，中央经线经度为123度；高程成果为1956年黄海高程系。另外收集到了位于××区××内的一个沈阳市二等水准点，其高程为53.××××，编号为沈阳××。

4.3.3 作业依据、设备及人员

1. 作业依据

(1)《水利水电工程测量规范》(CJJ 8—99)。

(2)《全球定位系统(GPS)测量规范》(GB/T 18314—2001)。

(3)《1∶500、1∶1000、1∶2000 地形图图式》(GB/T 7929—1995)。

2. 仪器设备投入

本项目拟投入仪器设备及软件情况见表 4.5。

表 4.5　拟投入仪器设备及软件情况表

序号	设备名称	品牌型号	数量	状态	备　注
1	GPS 接收机	南方 9600	4 台	合格	平面精度:2cm+1ppm×D 高程精度:2cm+2ppm×D
2	便携机	DELLD800	1 台	合格	
3	精密水准仪	WILD N3	1 台	合格	每公里往返测平均 高差中误差:1mm/km
4	水准仪	DZS_3	1 台	合格	每公里往返测平均 高差中误差:3mm/km
5	全站仪	SOKKIA SET530R	2 台	合格	测角精度:5s 测距精度:3+2ppm
6	绘图软件	地形图制图系统 CASS5.1	1 套	有效	生产商:南方测绘公司 版本:CASS 5.1
7	数据处理软件	平差易 2002	1 套	有效	生产商:南方测绘公司 版本:Power Adjust 2002
8	数据处理软件	GPS 数据处理软件包	1 套	有效	生产商:南方测绘公司 版本:GPSPro Ver4.0

注　ppm 表示 10^{-6}。

3. 人员

队长:×××。

技术负责人:×××和×××。

队员:×××、×××、×××等。

4.3.4 坐标及高程系统

(1)平面采用 1954 年北京坐标系;中央经线 123°。

(2)高程采用 1956 年黄海高程系。

4.3.5 控制网的外业观测及内业计算

4.3.5.1 平面控制测量

(1)控制点资料。使用水库附近的大洋山和满堂山的两个已知点,其坐标和高程数据见表 4.6。

表 4.6　　大洋山和满堂山的坐标和高程数据

点名	位置	x	y	H
DYS	大洋山	4647943.×××	557145.×××	245.×××
PXZ2	满堂山	4641034.×××	553409.×××	189.×××

（2）观测方法。用南方静态 GPS9600 共四台仪器进行观测，组成边连式的 GPS 首级控制网，如图 4.1 所示。

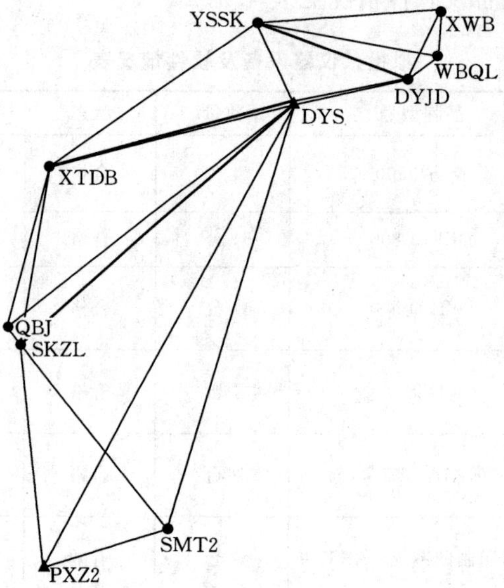

图 4.1　GPS 控制网

技术参数要求：

GPS 网等级：二等　　　　观测时段长度：≥90min

采样间隔：10s　　　　　截止高度角：15°　　　　PDOP 值：<6

（3）平差计算。采用南方测绘静态 GPS 数据处理软件进行数据处理，最后成果见表 4.7。

表 4.7　　平 差 计 算 成 果

点名	坐标 x	坐标 y	高程 H	x　y　H	点名
QBJ	4644558.×××	552860.×××	103.×××		QBJ
DYS	4647943.×××	557145.×××	245.×××	× × ×	DYS
DYJD	4648280.×××	558799.×××	111.×××		DYJD
XWB	4649314.×××	559355.×××	106.×××		XWB
PXZ2	4641034.×××	553409.×××	189.×××	× × ×	PXZ2
SKZL	4644336.×××	553074.×××	103.×××		SKZL
SMT2	4641582.×××	555294.×××	120.×××		SMT2

续表

点名	坐标 x	坐标 y	高程 H	x　y　H	点名
WBQL	4648621.×××	559269.×××	104.×××		WBQL
XTDB	4646986.×××	553504.×××	73.×××		XTDB
YSSK	4649124.×××	556560.×××	96.×××		YSSK

4.3.5.2　高程控制测量

1. 高程数据的引测

已知的水准点位于××区××内的一个沈阳市二等水准点，其高程为 53.××××，编号为沈阳××。沿着沈棋公路布设了一条闭合水准路线，全长 25km，采用北光 DZS_3 型水准仪进行三等水准测量。成果见表 4.8。

表 4.8　　**测　量　成　果**

点名	往测高差	返测高差	平均高差	高程
起始点	−0.486	−0.484	−0.485	53.××××
N1	1.817	1.829	1.823	52.××××
N2	−0.202	−0.199	−0.2005	54.××××
N3	18.245	18.233	18.239	54.××××
N4	18.539	18.535	18.537	72.××××
N5	−9.649	−9.653	−9.651	91.××××
N6	16.928	16.94	16.934	81.××××
N7	−3.85	−3.846	−3.848	98.××××
N8	15.646	15.629	15.6375	94.××××
N9	9.101	9.097	9.099	110.××××
N10	−8.382	−8.382	−8.382	119.××××
N11	9.872	9.864	9.868	110.××××
XMT2	0.119	0.114	0.1165	120.××××
SMT2	5.518	5.525	5.5215	120.××××
N12	−35.883	−35.88	−35.8815	126.××××
N13	−11.774	−11.773	−11.7735	90.××××
N14	25.235	25.241	25.238	78.××××
SKZL	5.594	5.590	5.592	103.××××
基点				109.××××
累计高差	56.388	56.380	56.384	109.××××

2. 高程控制测量

高程控制测量兼顾大坝变形监测点和测压管高程测量，大坝变形监测网高程控制网共

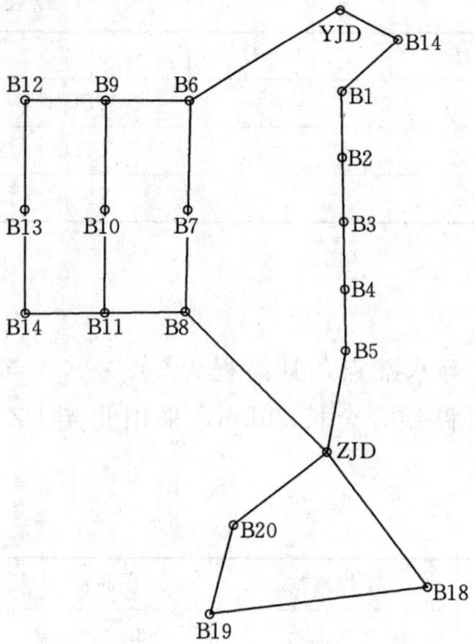

图4.2 二等水准网示意图

14个变形监测点和12个测压管，采用N3精密水准仪进行二等精密水准测量，共布设了4个闭合环，采用南方测绘平差易2002版本软件进行成果计算。高程控制网示意图如图4.2所示。

高程控制网平差结果如下：

（1）本成果为按高程网处理的平差成果。

计算软件：南方平差易2002。

网名棋盘山水库大坝变形监测高程控制网。

计算日期：2007-09-28。

观测人：××× 记录人：××× 计算者：×××

测量单位：×××。

（2）高程控制网等级：国家二等。

每千米高差中误差=2.15mm。

起始点高程：H_{ZJD}=109.××××m。

闭合差统计报告见表4.9，控制点成果见表4.10。

表4.9 闭合差统计报告

路线形式	水准路线	高差闭合差/mm	限差/mm	路线长度/km
闭合路线	[B19—B20—B18—ZJD]	1.3	1.4	0.117
闭合路线	[B10—B9—B6—B7—B8—B11]	1.0	2.6	0.422
闭合路线	[B12—B13—B14—B11—B10—B9]	0.9	2.3	0.342
闭合路线	[B1—QBJ—YJD—B6—B7—B8—ZJD—SKZL—B5—B4—B3—B2]	0.3	3.6	0.820

表4.10 控制点成果表

点名	高程	等级	备注	大坝测压管高程	
				点号	高程
ZJD	109.××××	Ⅱ			
YJD	103.××××	Ⅱ		1	101.×××
QBJ	103.××××	Ⅱ		2	101.×××
SKZL	103.××××	Ⅱ		3	101.×××
B1	101.××××	Ⅱ		4	102.×××
B2	101.××××	Ⅱ		5	102.×××
B3	101.××××	Ⅱ		6	102.×××
B4	101.××××	Ⅱ		7	93.×××
B5	101.××××	Ⅱ		8	93.×××
B6	102.××××	Ⅱ		9	93.×××

续表

点名	高程	等级	备注	大坝测压管高程	
B7	102.××××	Ⅱ		10	87.×××
B8	102.××××	Ⅱ		11	87.×××
B9	93.××××	Ⅱ		12	87.×××
B10	93.××××	Ⅱ			
B11	93.××××	Ⅱ			
B12	87.××××	Ⅱ			
B13	87.××××	Ⅱ			
B14	87.××××	Ⅱ			
B15	109.×××		三角高程		
B16	109.×××		三角高程		
B17	112.×××		三角高程		
B18	113.××××	Ⅱ			
B19	111.××××	Ⅱ			
B20	115.××××	Ⅱ			

说明：B15、B16、B17 三个点是大坝右岸山坡上的三个点，因为地势陡峭，无法用水准测量的方法进行观测，因此采用了三角高程进行直反站观测，取平均值见表 4.10。

4.3.6　大坝地形图测绘

采用 SOKKIA SET530R 全站仪进行外业数据采集，然后采用南方测绘 CASS5.1 成图软件进行绘图，比例尺 1：500，测图面积大约 16.6 万 m^2，约合 250 亩。覆盖大坝以及两端山体、坝下排水楞体、排水槽、尾水渠以及居民桥、乐园、输水洞以及进口和出口起闭室、溢洪道及两边各 150m。同时测绘了上坝公路、挡水枪、道口、路灯、电缆走向、办公楼院内等水库主要建筑物。

4.3.7　横断面测量技术要求

4.3.7.1　比例尺及断面编号方法

（1）成图比例尺为纵向 1：100，横向 1：500。

（2）断面成图方法：数字化成图。

（3）断面编号方法：从大坝左侧的档水枪墙头开始编号，作为 K0＋000，然后每隔 50m 设置一个断面，编号分别为 K0＋050、K0＋100、K0＋150、K0＋200、K0＋250、K0＋300。加测了三个断面，总共 9 个断面。

4.3.7.2　断面数据采集及成图

1. 观测方法

利用 SOKKIA SET530R 全站仪进行外业数据采集。

2. 作业流程

用全站仪采集断面点三维坐标直接存于内存──→通讯至南方 CASS5.1 数字成图软件

导入计算机中，经过编辑⟶小组自检、互检⟶技术负责专检；最后成图。

4.3.8　检查验收

按测绘成果检查验收规定，作业部门对作业成果实行二级检查，即在作业员自查、互查的基础上，实行技术负责人二级检查，检查比例均为100%，最后由队长进行验收、上交。

控制点选点埋石检查率100%；外业观测手簿检查率100%；计算过程检查率100%；绘图过程检查率100%；成果整理检查率100%。

4.3.9　上交资料

（1）横断面图（电子版）。

（2）1∶500地形图（电子版）。

（3）变形监测网平面控制成果。

（4）变形监测网高程控制成果。

（5）技术总结（电子版）。

（6）打印成果一套。

项　目　小　结

本项目主要介绍了：

（1）数字测图成果质量评定：数字测图成果质量要求，数字地形图检查内容及方法，数字测图成果质量评定内容。

（2）数字测图技术总结：技术总结的编写格式。

通过本项目的学习，重点掌握数字测图成果质量评定内容和方法，能将数字测图成果进行正确的分级；在案例的指导下，掌握数字测图技术总结的编写格式。

知　识　检　验

1. 数字地形图有哪些质量元素？
2. 数字地形图有哪些检查内容？
3. 什么是单位成果？如何确定单位成果质量分值？
4. 简述数字测图成果检查报告的主要编写内容。
5. 简述数字测图技术总结的编写格式。

项目5 地形图的图形输出

项目描述

经地形图图形分幅及整饰后的地形图，以图形文件的形式存储在计算机硬盘或光盘上，可永久保存，所有图幅可以进行统一地管理，以方便使用。地形图可以直接输出在计算机屏幕上，可以按任意比例放大缩小；也可以按照不同的比例尺（不受地形图测图比例尺的限制）、通过与计算机连接的绘图仪或打印机打印输出。

本项目由2项任务组成，“任务5.1地形图的屏幕输出”的主要内容包括：图幅信息操作，图幅显示，图幅列表。“任务5.2地形图的打印输出”的主要内容包括：绘图仪简介，绘图仪和计算机连接，绘图仪打印出图。通过本项目的学习，使学生达到如下要求：掌握地形图的屏幕输出方法，了解如何进行图幅管理，学会地形图的打印输出。

任务5.1 地形图的屏幕输出

地形图的屏幕输出，可以通过双击图形文件或者通过点取文件菜单下的打开已有图形完成；还可以在CASS主界面中用鼠标点取“图幅管理”项完成。

点取“图幅管理\图幅信息操作”项，如图5.1所示，可进行图幅信息操作、图幅显示等操作，完成地形图的屏幕输出。

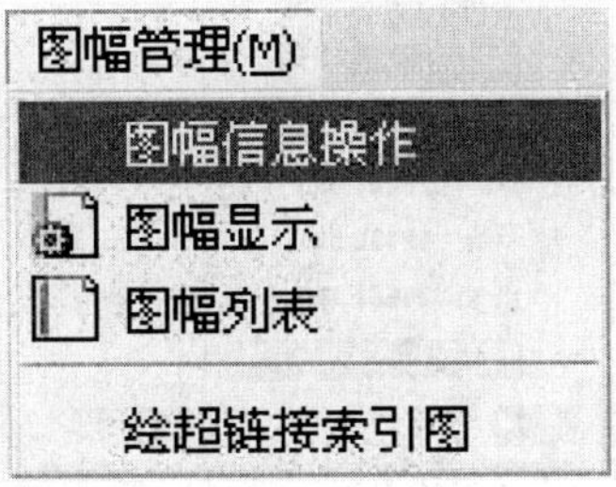

图5.1 图纸管理菜单

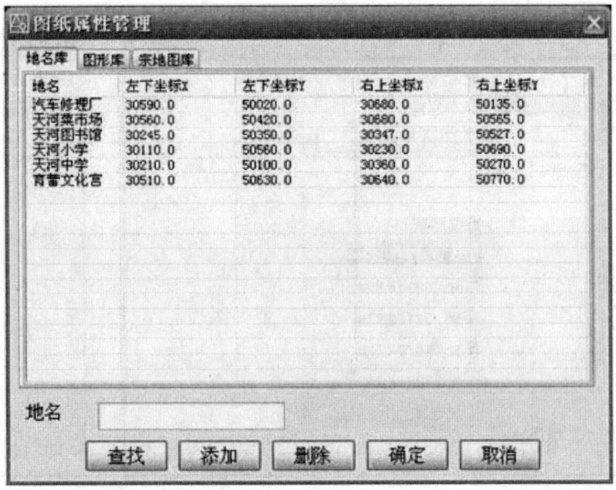

地名	左下坐标X	左下坐标Y	右上坐标X	右上坐标Y
汽车修理厂	30590.0	50020.0	30680.0	50135.0
天河菜市场	30560.0	50420.0	30680.0	50565.0
天河图书馆	30245.0	50350.0	30347.0	50527.0
天河小学	30110.0	50560.0	30230.0	50690.0
天河中学	30210.0	50100.0	30380.0	50270.0
育蕾文化宫	30510.0	50630.0	30640.0	50770.0

图5.2 地名库管理

5.1.1 图幅信息操作

图幅信息操作是建立地名库、图形库的过程，对地名、图幅的相关信息进行操作。

鼠标点取本菜单，在对话框中进行操作，如图5.2所示。

5.1.1.1　地名库管理

按提示可以“添加”“删除”“查找”等功能。

5.1.1.2　图形库管理

鼠标点取图形库标签，在对话框中进行操作。如图 5.3 所示，可以完成“添加”“删除”“查找”等功能。

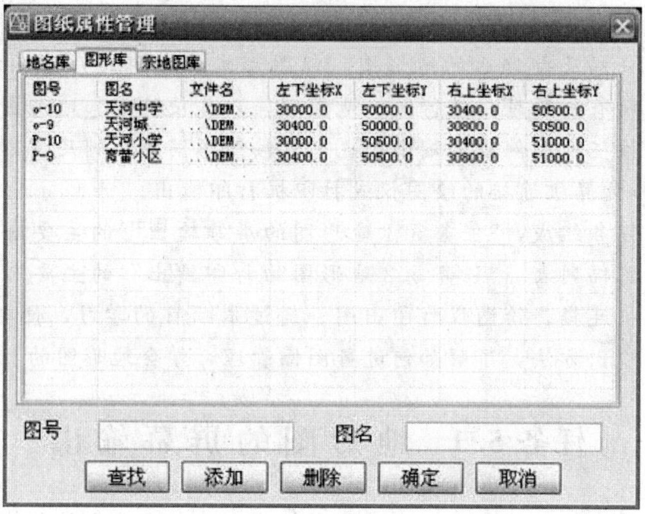

图 5.3　图形库管理

5.1.2　图幅显示

从图形库中选择一幅或几幅图同时在屏幕上显示，如图 5.4 所示。

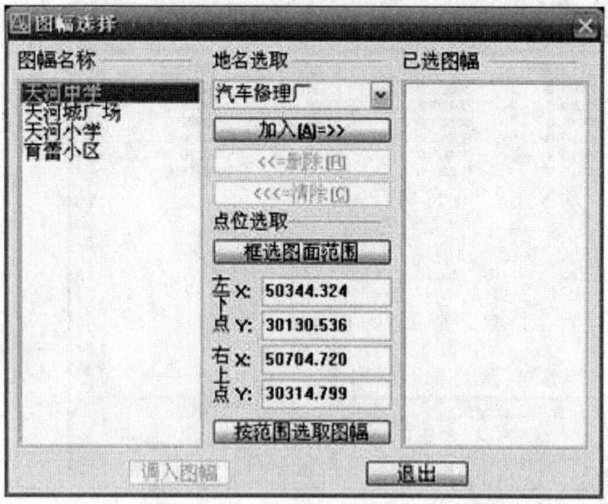

图 5.4　图幅选择

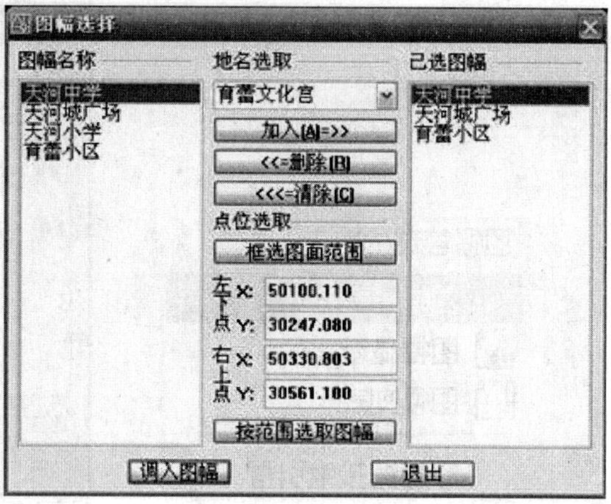

图 5.5　按地名选取

5.1.2.1　按地名选择图幅

在地名选取下拉框中选择你要调出的地名，则在已选图幅中就会显示调出的图幅和地名，单击调入图幅就可以将图在 CASS 中打开，如图 5.5 所示。

5.1.2.2　按点位选取图幅

在点位选取的文本框中输入用户需求范围的左下点及右下点 X、Y 坐标值，也可以单击框选图面范围按钮在图上直接点取，然后单击按范围选取图幅按钮，在已选图幅框中显示需要的图幅，单击调入图幅按钮系统打开该图。如图 5.6 所示。

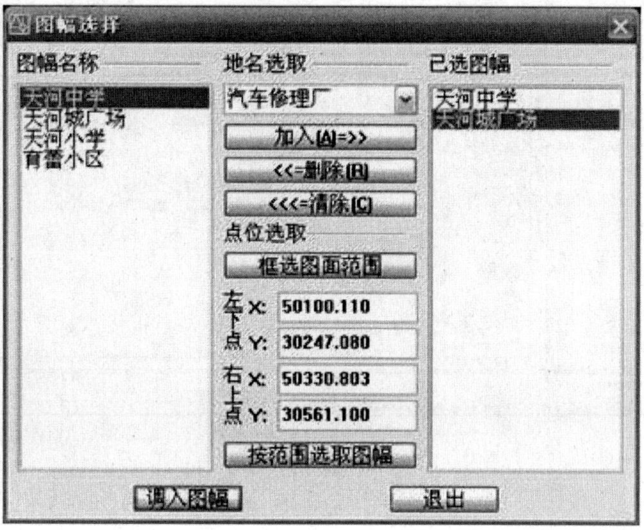

图 5.6　图幅显示对话框

5.1.3　图幅列表

单击“图幅管理＼图幅列表”，则在屏幕左侧出现图名库列表，如图 5.7 所示。

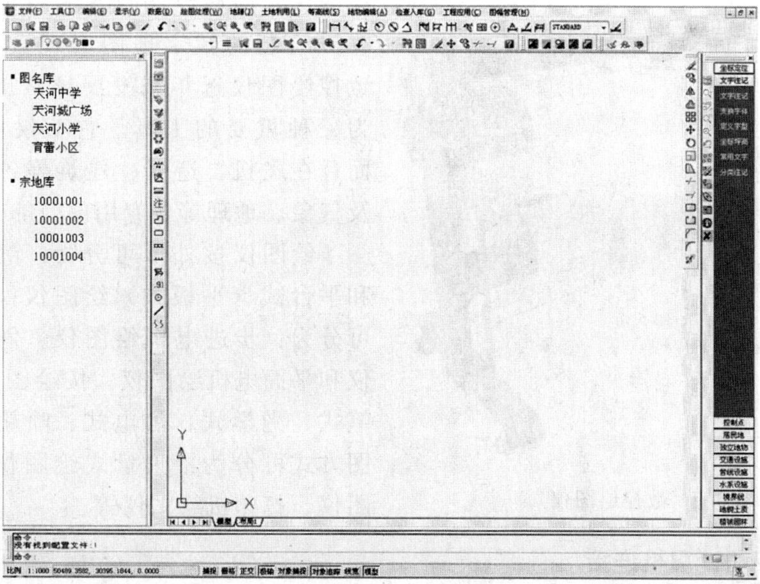

图 5.7　图幅列表

双击图名库中的地名，则右边屏幕马上打开相应的图形，如图 5.8 所示。

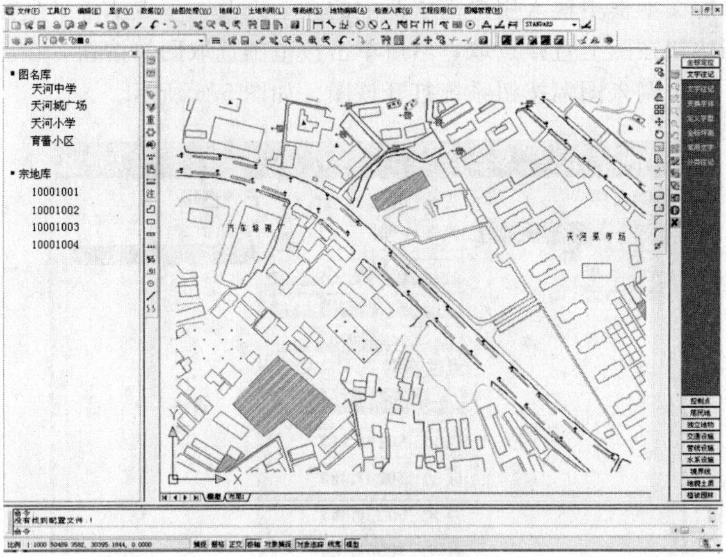

图 5.8 输出地形图

任务5.2 地形图的打印输出

5.2.1 绘图仪简介

数控绘图仪（图 5.9）是机助成图系统常用的图形输出设备。数控绘图仪（亦称自动绘图仪，简称绘图仪）的基本功能是将计算机绘制的数字地图实现数—图的转换。数控绘图仪近年来发展异常迅速，它已成为一种重要的工具。它不仅在测绘行业，而且在飞机、造船、建筑等各工业部门以及气象、地理等各专用部门都有广泛应用。

图 5.9 数控绘图仪

绘图仪按外形可分为：滚筒式绘图仪和平台式（平板式）绘图仪；按驱动方式可分为：步进电机绘图仪、伺服电机绘图仪和平面电机绘图仪；按绘图效果可分为：笔式、光学式、静电式、喷墨式等；按绘图方式可分为：矢量式绘图仪、栅格式绘图仪、打印机绘图仪等。

5.2.2 绘图仪和计算机连接

5.2.2.1 添加绘图仪

用鼠标点取“文件”菜单下的“AutoCAD 系统配置”子菜单，屏幕上弹出“选项”

界面。如图 5.10 所示。

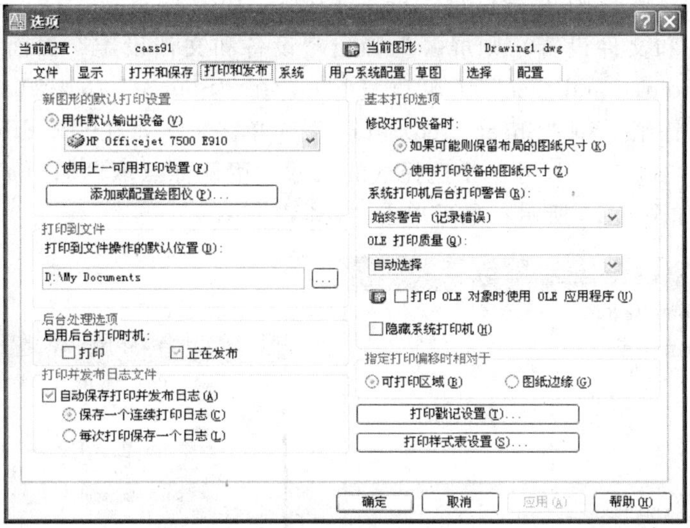

图 5.10 “选项”界面

用鼠标点取“打印”项目中的“添加或配置绘图仪”按钮，屏幕弹出“绘图仪”界面。用鼠标双击 Add - A - Plotter Wizard （添加绘图仪）项目，屏幕上弹出“添加绘图仪—简介”页，单击“下一步”。屏幕上弹出“添加绘图仪—开始”页，单击“我的电脑”配置连接到本地计算机上的打印机，然后单击“下一步”。屏幕上弹出“添加绘图仪—绘图仪型号”页，在“生产商”下选择绘图仪生产商，在“型号”下选择绘图仪型号，然后单击“下一步”。屏幕上弹出“添加绘图仪—输入 Pcp 或 Pc2”页，单击“下一步”。屏幕上弹出“添加绘图仪—端口”页，选择端口，一般情况下选择 LPT1。屏幕上弹出“添加打印机—绘图仪名称”页，指定打印机名称，单击“下一步”。屏幕上弹出“添加绘图仪—完成”页，单击“完成”则完成添加绘图仪的过程，如图 5.11 所示。

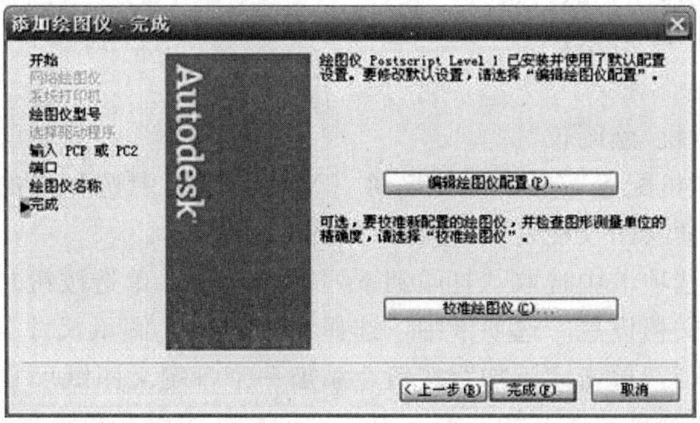

图 5.11 “添加绘图仪—完成”界面

5.2.2.2 配置绘图仪

在添加绘图仪完成之后，在打印机管理器文件夹中创建了一个新的绘图仪配置文件。双击要进行配置的绘图仪配置文件。屏幕上弹出“绘图仪配置编辑器”页，如图5.12所示。

单击“端口”，屏幕弹出端口栏，单击LPT1；用鼠标点取“Device and Document Settings”，(设备和文件设置）则屏幕上弹出“设备和文档设定”界面；双击“Media”(介质)，单击“Source and Size”（源和大小），在“Source”（来源）中选择“Roll-fed Source”（卷筒纸）和“Sheet-fed Source”（单张纸），在“Width”（宽度）中选择纸的宽度，在“Size”（尺寸）中选择纸的尺寸；用鼠标点取“MediaType”（介质类型）选择类型，如图5.13所示；最后单击“确定”。

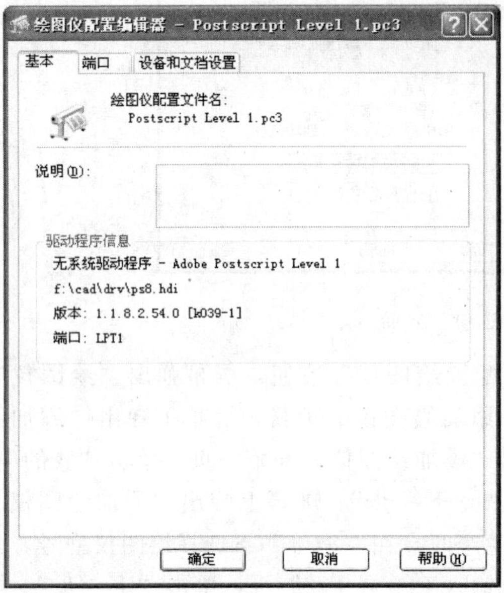

图5.12 “绘图仪配置编辑器”界面

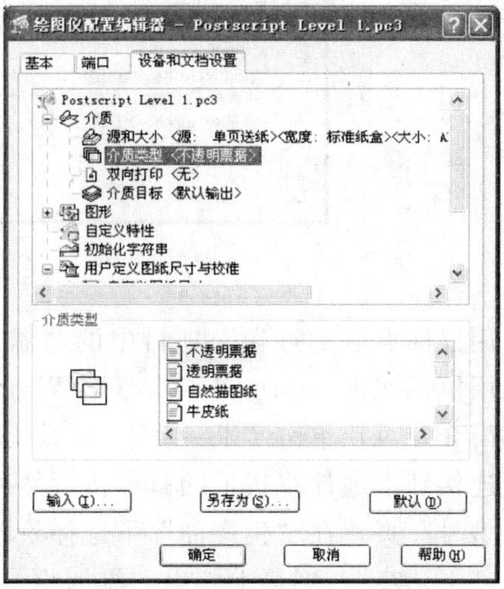

图5.13 “介质类型”界面

5.2.3 绘图仪打印出图

首先打开一幅地形图，然后选择“文件（F）”菜单下的“绘图输出”项，进入“打印”对话框，如图5.14所示。

5.2.3.1 普通选项

(1) 设置“打印机/绘图仪”。

首先，在“打印机配置”框中的“名称（M）:”一栏中选相应的打印机，然后单击“特性”按钮，进入“绘图仪配置编辑器”，如图5.15所示。

1) 在“端口”选项卡中选取“打印到下列端口（P)”单选按钮并选择相应的端口。

2) 在“设备和文档设置”选项卡中，选择“用户定义图纸尺寸与校准”分支选项下的“自定义图纸尺寸”，单击“添加”按钮，添加一个自定义图纸尺寸，如图5.16所示。

进入“自定义图纸尺寸—开始”窗，点选“创建新图纸”单选框，如图5.17所示。

单击“下一步”按钮。

进入“自定义图纸尺寸—介质边界”窗，设置单位和相应的图纸尺寸，单击“下一步”按钮。

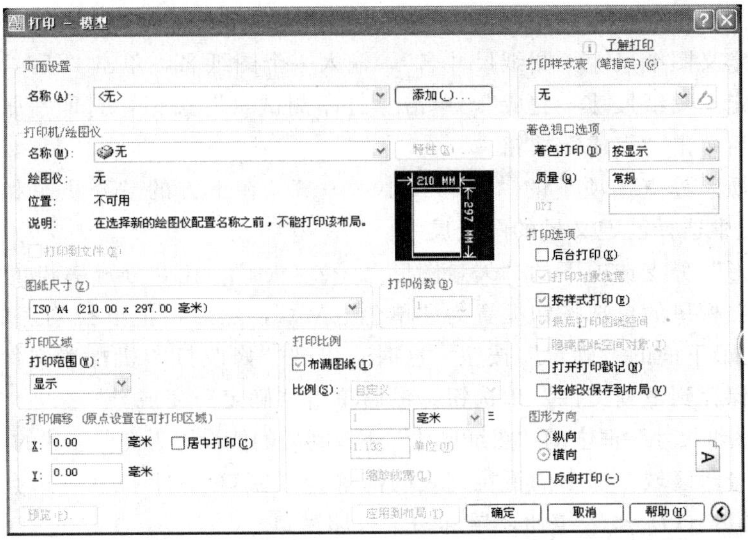

图 5.14 打印对话框

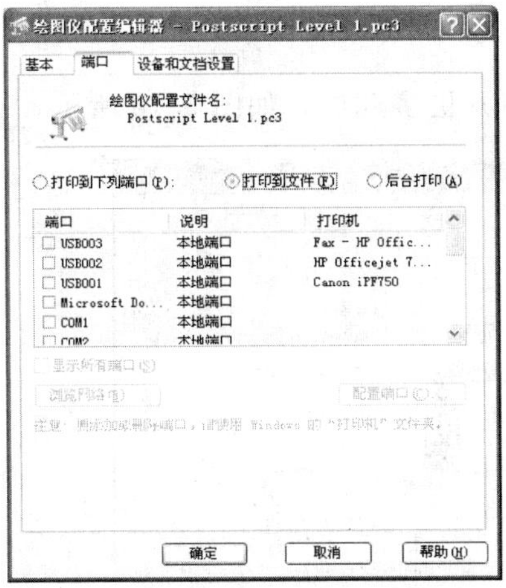

图 5.15 绘图仪配置编辑器端口设置

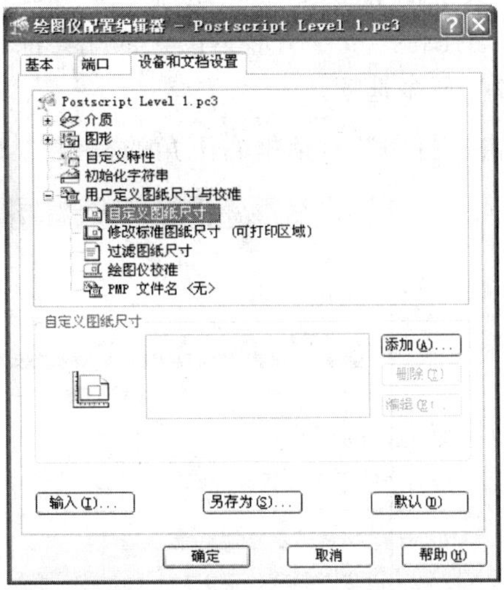

图 5.16 绘图仪配置自定义图纸尺寸

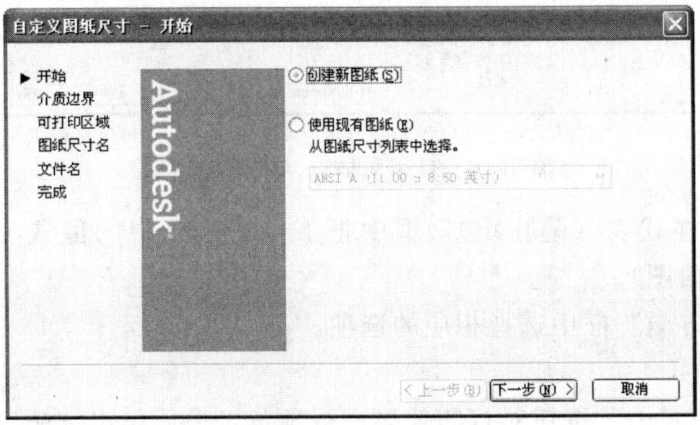

图 5.17 打印机配置自定义图纸尺寸—开始

进入“自定义图纸尺寸—可打印区域”窗，设置相应的图纸边距，单击“下一步”按钮。

进入“自定义图纸尺寸—图纸尺寸名”，输入一个图纸名，单击“下一步”按钮。

进入“自定义图纸尺寸—完成”，单击“打印测试页”按钮，打印一张测试页，检查是否合格，然后单击“完成”按钮。

选择“介质”分支选项下的“源和大小〈…〉”。在下方的“介质源和大小”框中的“大小（Z）”栏中选择已定义过的图纸尺寸。

选择“图形”分支选项下的“矢量图形〈…〉〈…〉”。在“分辨率和颜色深度”框中，把“颜色深度”框里的单选按钮框置为“单色（M）”，然后，把下拉列表的值设置为“2级灰度”，单击最下面的“确定”按钮。这时，出现“修改打印机配置文件”窗，在窗中选择“将修改保存到下列文件”单选钮。最后单击“确定”完成。

（2）把“图纸尺寸”框中的“图纸尺寸”下拉列表的值设置为先前创建的图纸尺寸设置。

（3）把“打印区域”框中的下拉列表的值置为“窗口”，下拉框旁边会出现按钮“窗口”，单击“窗口（O）<”按钮，鼠标指定打印窗口。

（4）把“打印比例”框中的“比例（S）：”下拉列表选项设置为“自定义”，在“自定义：”文本框中输入“1”毫米＝“0.5”图形单位（1∶500的图为“0.5”图形单位；1∶1000的图为“1”图形单位，依此类推。）。

5.2.3.2　更多选项

单击“打印”对话框右下角的按钮“⊙”，展开更多选项，如图5.18所示。

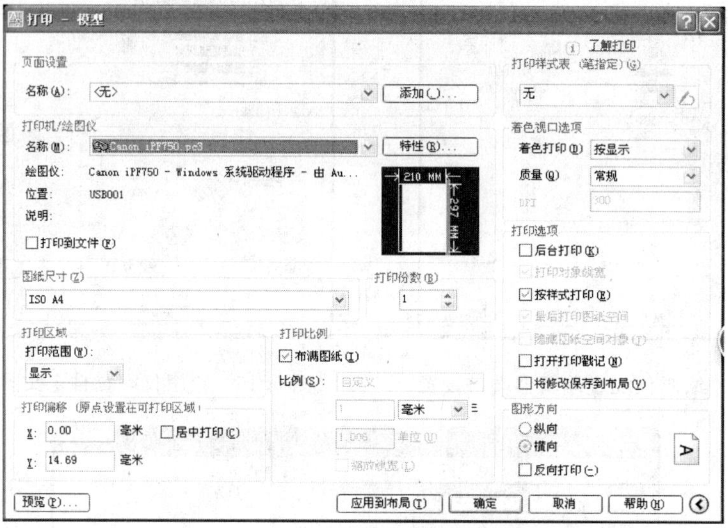

图5.18　打印对话框（含更多选项）

（1）在“打印样式表（笔指定）”框中把下拉列表框中的值置为“monochrom.cth”打印列表（打印黑白图）。

（2）在“图形方向”框中选择相应的选项。

5.2.3.3　打印出图

单击“预览（P）…”按钮对打印效果进行预览，最后单击“确定”按钮打印。

项 目 小 结

本项目介绍了：

（1）地形图的屏幕输出。

（2）地形图的打印输出。

地形图的绘制、编辑与管理，以及地形图的工程应用等内容，都是输出在计算机屏幕上完成，只有要求纸质地形图的时候才打印输出。打印输出时，由于普通打印机的尺寸有限，无法满足需要，所以地形图的打印输出多采用绘图仪完成。

知 识 检 验

1. 数字地形图的输出有哪两种不同的形式？
2. 利用绘图仪进行打印输出的主要操作步骤有哪些？

项目6 地形图数字化

项目描述

全野外数字化测图（地面数字测图）是获取数字地形图的主要方法之一，除此之外，也可以利用已有的纸质或聚酯薄膜地形图通过地形图数字化方法获得数字地形图。目前，国土、规划、勘察及建设等各部门还拥有大量的各种比例尺的纸质地形图，这些都是非常宝贵的基础地理信息资源。为了充分利用这些资源，在生产实际中需要把大量的纸质地形图通过数字化仪或扫描仪等设备输入到计算机，再用专用软件进行剪辑和处理，将其转换成计算机能存储和处理的数字地形图，这一过程称为地形图的数字化，也称原图数字化。

地形图数字化的实质就是将图形转化为数据，转化的精度取决于纸质地形图的固定误差、数字化过程中的误差、数字化的设备误差以及数字化软件等多个方面。因此，通过地形图数字化得到的数字地形图，其地形要素的位置精度不会高于原地形图的精度。地形图数字化方法主要有手扶跟踪数字化和扫描屏幕数字化。

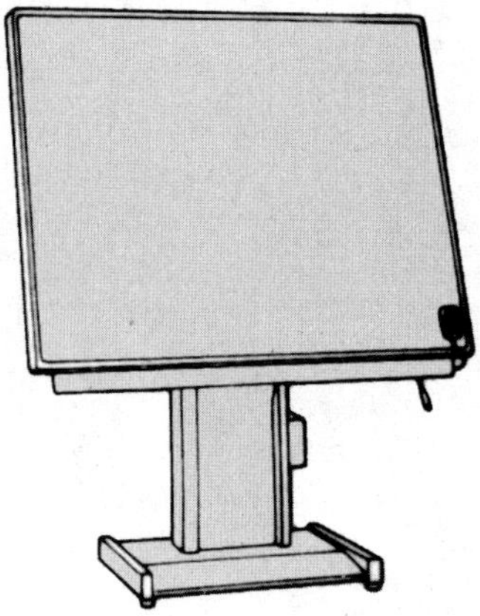

图 6.1　数字化仪

手扶跟踪数字化是利用数字化仪（图 6.1）和相应的图形处理软件进行的。

手扶跟踪数字化的主要作业步骤是：首先将数字化板与计算机正确连接，把工作地图（纸质地形图）放置于数字化板上并固定，用手持定标设备（鼠标）对地形图进行定向并确定图幅范围，然后跟踪图上的每一个地形点，用数字化仪和相应的数字化软件在图上进行数据采集，经软件编辑后获得最终的矢量化数据即数字化地形图。

手扶跟踪数字化方法对复杂地形图的处理能力较弱，对不规则的曲线如等高线只能采用取点模拟的方法，自动化程度不高，效率低；精度取决于工作底图上地形要素的宽度、复杂程度、数字化仪器的分辨率、作业人员的工作态度与熟练程度等诸多因素，手扶跟踪数字化方法的精度不高。因此，这种方法逐渐被自动化程度高、作业速度快、精度高的地形图扫描屏幕数字化方法所取代。

本项目主要介绍的就是地形图扫描屏幕数字化方法。本项目由 2 项任务组成，“任务 6.1 利用南方 CASS9.1 扫描矢量化”的主要内容包括：地形图扫描屏幕数字化概述，利用南方 CASS9.1 扫描矢量化主要步骤。“任务 6.2 利用南方 CASSCAN 扫描矢量化”的主要内容包括：设定比例尺，插入矢量图框，插入光栅图像，光栅图像纠正，对地物进行矢量化，保存工作成果。通过本项目的学习，使学生达到如下要求：掌握利用南方 CASS9.1 扫描矢量化以及利用南方 CASSCAN 扫描矢量化的具体操作。

任务 6.1 利用南方 CASS9.1 扫描矢量化

南方 CASS9.1 成图软件具有图像处理功能，利用 CASS9.1 的“光栅图像”命令，可以直接对光栅图像进行编辑和图形的纠正，再利用屏幕菜单进行图像的数字化。需要指出的是，南方 CASS9.1 成图软件并不是地形图屏幕扫描数字化的专用软件，没有自动跟踪矢量化功能，因此也不能对光栅图像的线划进行细化等处理。但与手扶跟踪数字化仪相比，其效率和精度要高得多，不失为一种方便快捷进行人机交互矢量化的软件。

6.1.1 地形图扫描屏幕数字化概述

6.1.1.1 地形图扫描屏幕数字化概念

地形图扫描屏幕数字化，是利用扫描仪将原地形图工作底图进行扫描后，生成按一定分辨率并按行和列规则划分的栅格数据，其文件格式为 PCX、GIF、TIF、BMP、TGA 等；应用扫描矢量化软件进行栅格数据矢量化后，采用人机交互与自动化跟踪相结合的方法来完成地形图矢量化。因其工作都是在屏幕上完成，故称为地形图扫描屏幕数字化。

6.1.1.2 扫描仪简介

扫描仪（图 6.2）是地形图扫描屏幕数字化的输入设备，主要用来获取栅格数据，即将各种图件转换成栅格数据结构的数字化图像数据，再输入给计算机。

扫描仪是机电一体化的产品，它的硬件主要有光学成像部分，机械传动部分和转换电路部分，其核心是完成光电转换的电耦合器件 CCD（Charge Coupled Device）。扫描仪将自身携带的光源照射到图件上，以反射光或透射光的形式，将光信号传给 CCD 器件，并将它转换成电信号，然后进行模/数（A/D）转换，把形成的数字图像信号传给计算机。从最原始的图片、照片、胶片到各类文稿资料都可用扫描仪输入到计算机中，进而实现对这些图像形式的信息的处理、管理、使用、存储、输出等。

图 6.2 扫描仪

扫描仪可分为两类：滚筒式扫描仪和平面扫描仪。扫描仪的扫描类型可以是线划图或彩色图，数据格式可以是 TIF、BMP、JPEG 等。一般扫描线划图要选用分辨率不小于 400dpi 的，扫描图像则选用分辨率不小于 300dpi 的扫描仪。

6.1.1.3 地形图扫描屏幕数字化的作业流程

地形图扫描屏幕数字化过程实质上是一个解译光栅图像并用矢量元素替代的过程。扫描屏幕数字化的作业流程如图 6.3 所示。

1. *原始光栅文件的预处理*

地形图扫描后，由于原图纸的各种误差和扫描本身的原因，扫描结果提供的是有误差甚至有错误的光栅结构。因此，扫描地形图工作底图得到的原始光栅文件进行多项处理后

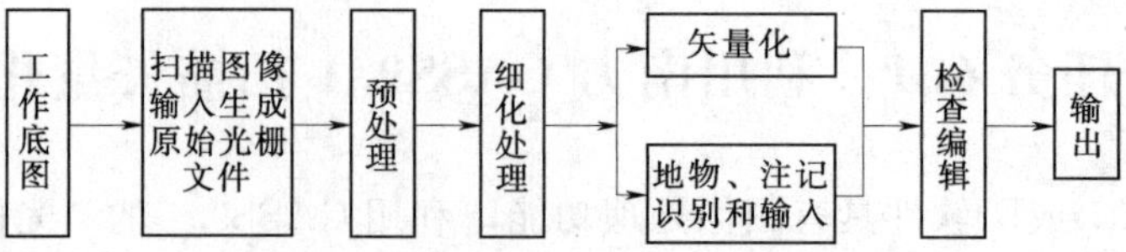

图 6.3　扫描屏幕数字化的作业流程

才能完成矢量化。对原始光栅文件的预处理实际上是对原始光栅文件进行修正，经修正后得到正式光栅文件，以格式 TIF、PCX、BMP 存储。预处理的内容包括：

(1) 采用消声和边缘平滑技术除去原始光栅文件中因工作底图图面不洁、线条不光滑及扫描系统分辨率等的影响带来的图像划线带有的黑斑、孔洞、毛刺、凹陷等噪声，减小这些因素对后续细化工作的影响和防止图像失真。

(2) 对原始光栅图像进行图幅定位坐标纠正，修正图纸坐标的误差；由于数字化图最终采用的坐标是原地形图工作底图采用的坐标系统，因此还要进行图幅定向，将扫描后形成的栅格图像坐标转换到原地形图坐标系中。

(3) 进行图层、图层颜色设置及地物编码处理，以方便矢量化地形图的后续应用。

2. 正式光栅文件的细化处理

细化处理过程是在正式光栅数据中，寻找扫描图像线条的中心线的过程，衡量细化质量的指标有：细化处理所需内存容量、处理精度、细化畸变、处理速度等；细化处理时要保证图像中的线条连贯性，但由于原图和扫描的因素，在图像上总会存在一些毛刺和断点，因此要进行必要的毛刺剔除和人工补断，细化的结果应为原线条的中心线。

3. 地形图矢量化

矢量化是在细化处理的基础上，将栅格图像转换为矢量图像。在栅格图像矢量化的过程中，大部分线段的矢量化过程可实现自动跟踪，而对一些如重叠、交叉、文字符号、注记等较复杂的线段，全自动跟踪矢量化较为困难，此时应采用人机交互与自动化跟踪相结合的方法进行矢量化。

(1) 线段自动跟踪矢量化。

1) 指定线段的起点，记录其坐标。

2) 以起点为中心，沿顺时针方向按上、右上、右、右下、下、左下、左、左上八个方向的像素，搜寻下一个未跟踪的点，搜寻到后即记录其坐标，若未搜寻到点则退出。

3) 以新找到的点作为新的判断中心，重复 2) 的操作；按此循环，追踪到线段的另一端点，此时线段上的所有点都被自动追踪出来，结束追踪。对于封闭曲线的追踪，方法与线段追踪相同，只是追踪的终点坐标就是起点坐标。

在线段追踪过程中，当遇到线段的断点或交叉点时，自动追踪停止；此时若要继续追踪，就必须采用人工干预与自动化相结合的方法，在人工干预跨过断点或指定追踪方向后继续完成后面的追踪。

(2) 人机交互方式矢量化。大比例尺地形图的地物、地貌要素符号以单一线条表示的较少，多数符号以各种线性或规则图像表示。在地形图数字化时，不仅要进行图形数字化，而且同时要赋予如地物属性和等高线的高程等内容。对于大比例尺地形图，由于其自身的特点及满足建立大比例尺地形图数据库的要求，大部分地形要素栅格数据的矢量化是采用人机交互方式矢量化来完成的。人机交互矢量化方法是在计算机屏幕上显示扫描图，将其适当放大后，根据所用软件的功能，用鼠标标志效仿地形图手扶跟踪数字化的方法进行数字化。对于独立地物数字化定位点，线状地物数字化定位线的特征点，面状地物数字化轮廓线的特征点，在数字化前或数字化输入地形要素代码，对于等高线还应输入高程。由程序将数字化的图像特征点的像元坐标转化成测量坐标，生成相应的矢量图形文件，并在计算机屏幕上显示矢量化的符号图形。

地形图图形矢量化结束后，要对照原图进行注记符号的输入及适当的检查与编辑工作，完成图形的数字化，输入或转入其它系统如 CAD、GIS 等应用。

6.1.2　利用南方 CASS9.1 扫描矢量化主要步骤

1. 插入矢量图框

用鼠标选取“绘图处理（W）/标准图幅（50cm×40cm）或（50cm×50cm）”菜单项，在命令行输入比例尺分母，回车，在弹出的“图幅整饰”对话框中输入相应的图框信息和图框左下角坐标，如图 6.4 所示；单击“确认”按钮，此时，在工作窗口中将会出现一个有完整信息的矢量图窗口，如图 6.5 所示。

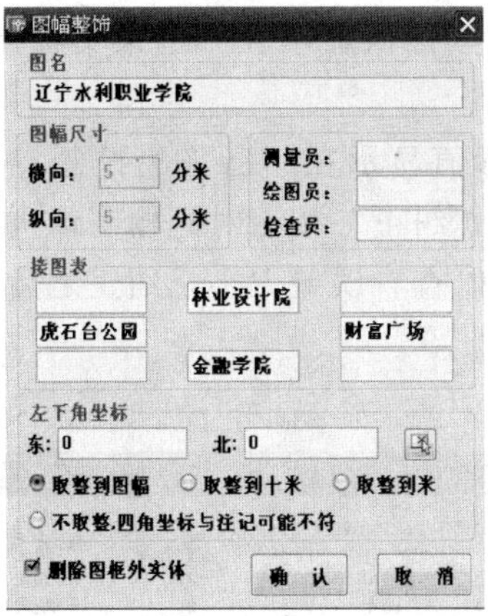

图 6.4　图幅整饰

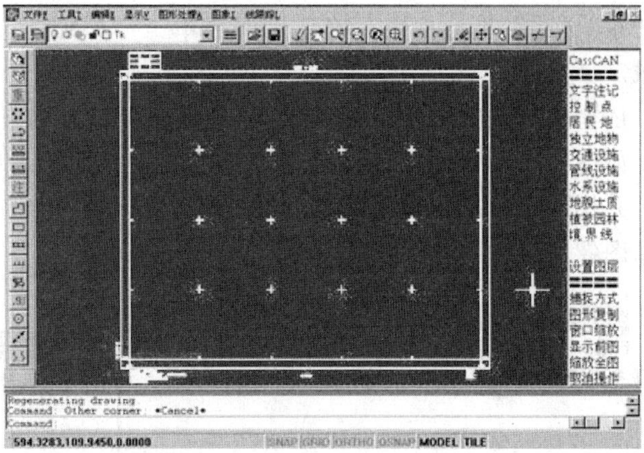

图 6.5　插入的矢量图框

2. 插入光栅图像

单击“工具”菜单下的“光栅图像→插入图像”，这时会弹出图像管理对话框，单击“附着（A）…”按钮，弹出选择图像文件对话框，选择要矢量化的光栅图，单击“打开（O）”按钮，进入图形管理对话框，选择好图形后，单击“确定”即可。命令行将提示：

指定插入点〈0，0〉：输入图像的插入点坐标或直接在屏幕上点取，回车。系统默认为（0，0）。

指定缩放比例因子〈1〉：输入图形缩放比例，回车。系统默认为 1。

屏幕显示插入后的光栅图像。

3. 编辑光栅图像

在“工具→光栅图像”中，可以对图像进行图像赋予、图形剪切、图像调整、图像质量、图像透明度、图像框架的操作。用户可以根据具体要求，对图像进行编辑、调整。

4．光栅图像纠正

光栅图像纠正的目的是使图像上的控制点位置与理论位置一致，一般选用内图廓点或已知点作为控制点。

插入图形之后，用“工具”下拉菜单的“光栅图像→图形纠正”对图像进行纠正，命令区提示“选择要纠正的图像”时，选择扫描图像的最外框，这时会弹出图形纠正对话框，如图6.6所示。在对话框的“纠正方法”列表中有“赫尔默特”（至少选择两个控制点）、“仿射变换”（至少选择三个控制点）、“线性变换”（至少选择四个控制点）、二次变换（至少选择六个控制点）、三次变换（至少选择十个控制点）。可以根据图纸变形的情况选择一种适当的纠正方法。也可以用两种纠正方法纠正。对于聚酯薄膜底图扫描图，通常选择线性变换。

控制点采集方法：单击“图面：”一栏中“拾取”按钮，命令区提示“选取控制点”，通过平移、缩放等命令局部放大光栅图，用捕捉端点命令单击光栅图控制点，此时自动返回图像纠正对话框，坐标值显示在“图面：”右边的“东”“北”坐标框内；在“实际：”一栏中单击“拾取”，命令区提示“指定纠正后实际位置”，用捕捉交点命令单击与光栅图控制点相对应的控制点图上实际位置，返回图像纠正对话框后，坐标值显示在“实际：”右边的“东”“北”坐标框内；确定无误后单击“添加”，该组坐标值显示在“已采集控制点”区域。

依上述方法“拾取”所有控制点后，所有控制点坐标值显示在“已采集控制点”区域，如图6.7所示为“线性变换”图像纠正对话框。单击“纠正”按钮对光栅图像进行纠正，并用纠正后的光栅图像覆盖原光栅图像。纠正之前可以查看误差大小，纠正之后保存光栅图像文件。

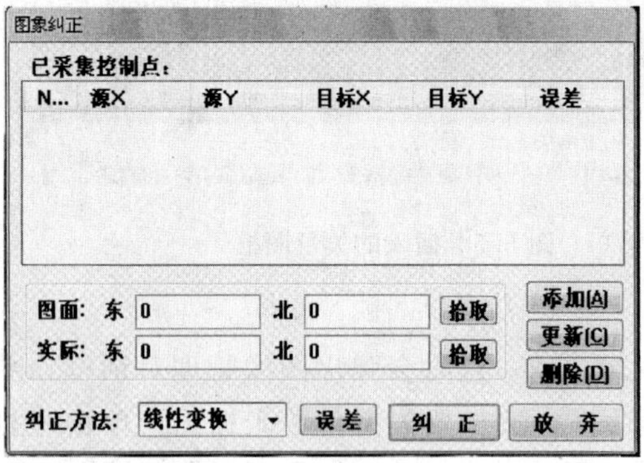

图6.6 图像纠正对话框

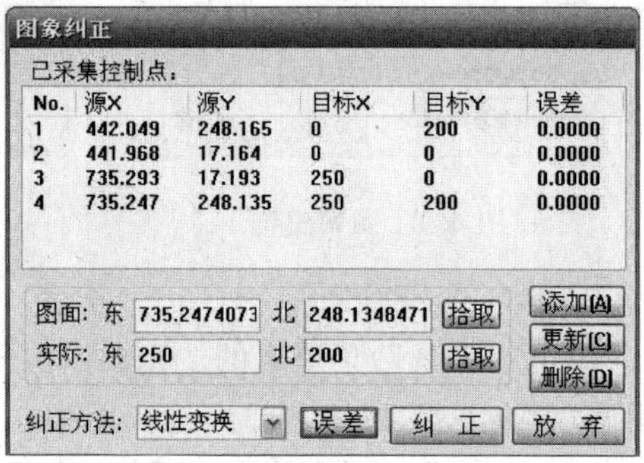

图6.7 “线性变换”图像纠正对话框

5．交互矢量化

图像纠正完毕后，利用右侧的屏幕菜单，可以进行图像的矢量化工作。右侧的屏幕菜单是测绘专用交互绘图菜单，一般选择“坐标定位”屏幕菜单进行矢量化。

对图形进行的矢量化工作，其实就是进行“描图”，在绘制图形的同时，也完成了CASS属性代码的录入，也就是在矢量化的同时完成了数据的采集，所生成的图形就是 AutoCAD 的 DWG 格式。点状地物、线状地物以及面状地物的绘制方法与项目 3 数据处理（大比例尺数字地形图绘制）成图方法基本相同，等高线的矢量化方法不同。

等高线的矢量化方法：从“地质土貌”选择相应种类的等高线，在命令行输入等高线高程，回车；在等高线上点取变化点，命令行提示“曲线 Q/边长交会 B/跟踪 T/区间跟踪 N/垂直距离 Z/平行线 X/两边距离 L/闭合 C/隔一闭合 G/隔一点 J/微导线 A/延伸 E/插点 I/回退 U/换向 H〈指定点〉”，选择相应的命令，回车；命令行提示“请选择拟合方式：（1）无（2）曲线（3）样条”，选择一种方式拟合，回车，生成相应高程的等高线，如图 6.8 所示。

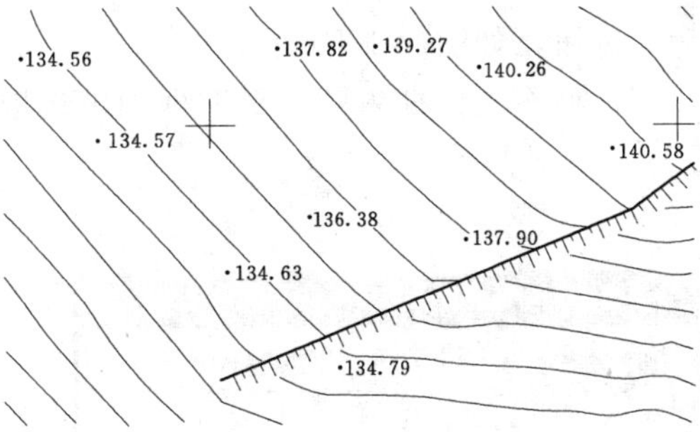

图 6.8　矢量化等高线

当矢量化工作完成后，通过检查没有遗漏和错误，即可选中光栅图像的边缘，用“Delete”命令删除光栅图像，保存矢量化地形图。

任务 6.2　利用南方 CASSCAN 扫描矢量化

CASSCAN 是南方测绘仪器公司在 AutoCAD 上开发的扫描矢量化专用软件。其主要特点是直接在 AutoCAD 平台上运行，结合了 CASS 成图软件方便灵活对地形地物处理的特点，生成的图形为标准的 *.dwg 矢量图，同时提供了与各种 GIS 数据库进行数据交换的接口。能利用软件的自动识别功能和自动跟踪功能，方便快速地进行地形图矢量化。利用南方 CASSCAN 扫描矢量化的操作步骤如下。

6.2.1　设定比例尺

双击 CASSCAN5.0 图标，进入 CASSCAN5.0，用鼠标点选“地物绘制(R)/设置图形比例尺”菜单项，在命令行上输入比例尺分母并回车。

6.2.2　插入矢量图框

用鼠标选取“地物绘制（R）/标准图幅（50cm×40cm）或（50cm×50cm）”菜单项，在弹出的“图幅整饰”对话框中输入相应的图框信息和图框左下角坐标（同于南方 CASS9.1 扫描矢量化），单击“确认”按钮，此时，在工作窗口中将会出现一个有完整信息的矢量图窗口，如图 6.9 所示。

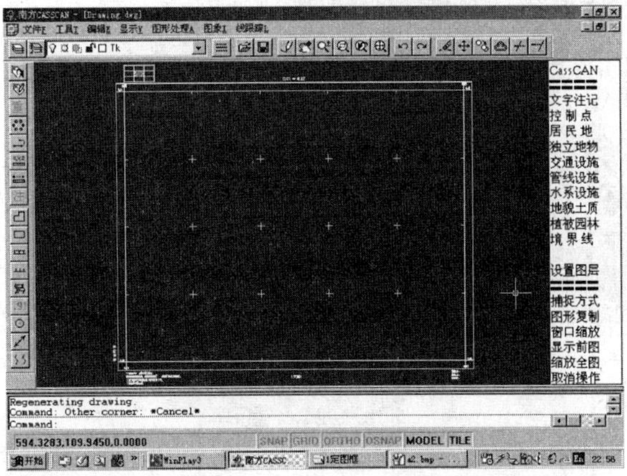

图 6.9　插入的矢量图框

6.2.3　插入光栅图像

用鼠标点选“图像处理（I）/插入（I）…”菜单项，在弹出的“插入图像”对话框中选择要插入的光栅图文件。点击“插入”按钮后弹出“图像插入参数设置”对话框，点取“[按钮图标]”按钮，如图 6.10 所示。

用鼠标在先前插入的矢量图框周围选取插入点，如图 6.11 所示。

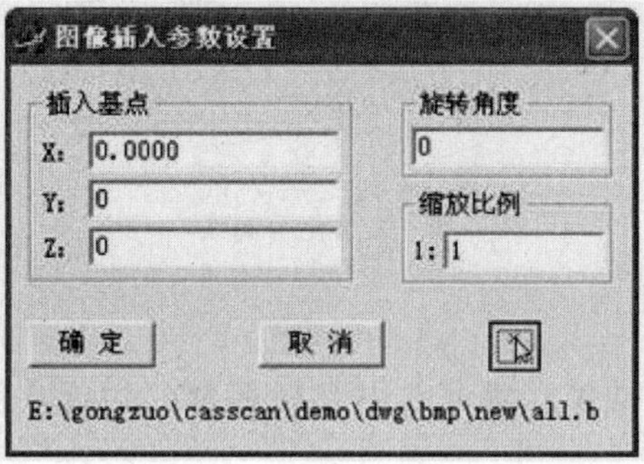

图 6.10　图像插入参数设置

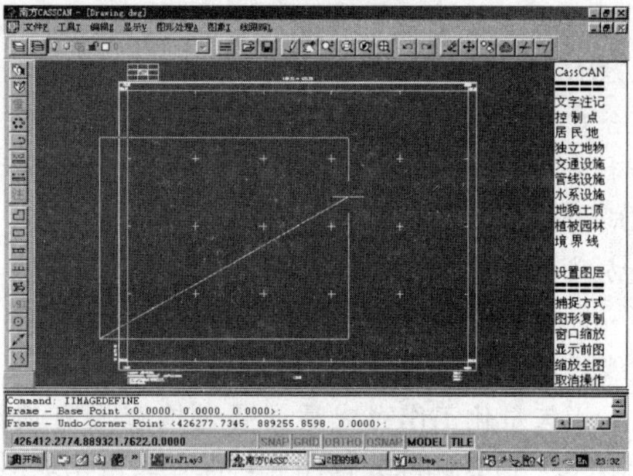

图 6.11　插入点选择

此时右击跳过插入图旋转角的设定，拖动鼠标将插入的光栅图调整到与矢量图框基本相同的大小，单击回到“图像插入参数设置”对话框，单击“确定”按钮，此时光栅图就插入到工作区中了，如图 6.12 所示。

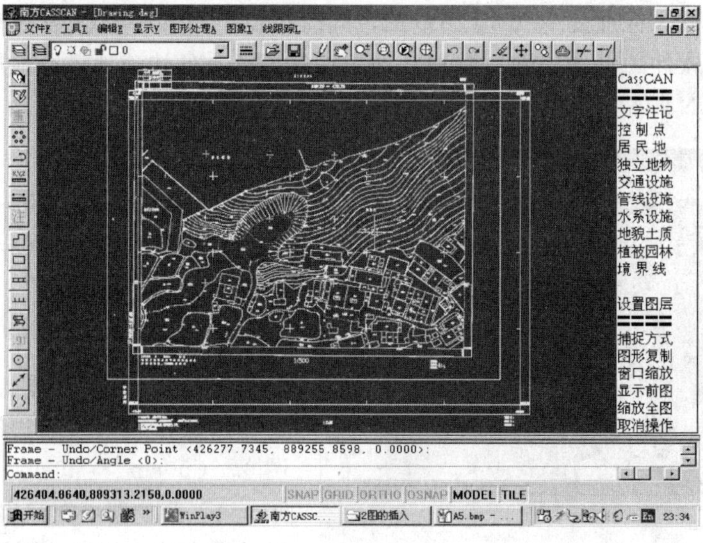

图 6.12　插入的光栅图像

6.2.4　光栅图像纠正

使用两点匹配或多点纠正都可以对光栅图像进行纠正，使用“几何纠正”下的“移动”“缩放”“镜像”也可对栅格图像进行变换。

使用两点匹配的操作方法如下：

鼠标点选“图像处理（I）/几何纠正（R）/两点匹配（H）”菜单项，在命令行的提示“请指定源点 ＃1:”下用鼠标定位第一点的匹配源点（光栅图上的内图框左下角点），如图 6.13 所示；此时命令行提示变为“请指定目标点 ＃1:”，用鼠标指定第一点的匹配目标点（矢量图框上的内图框左下角点），如图 6.14 所示。

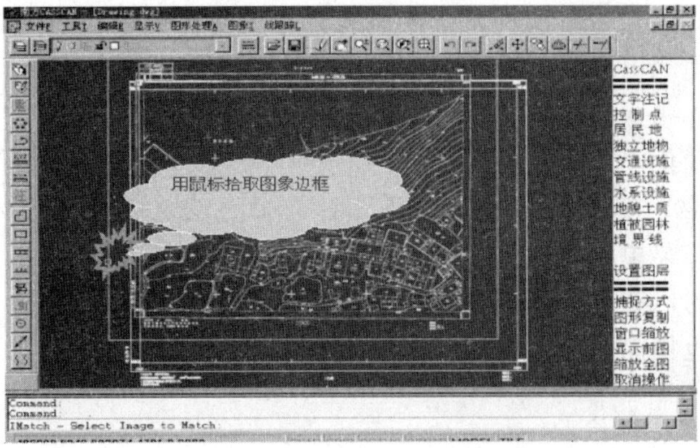

图 6.13　指定源点

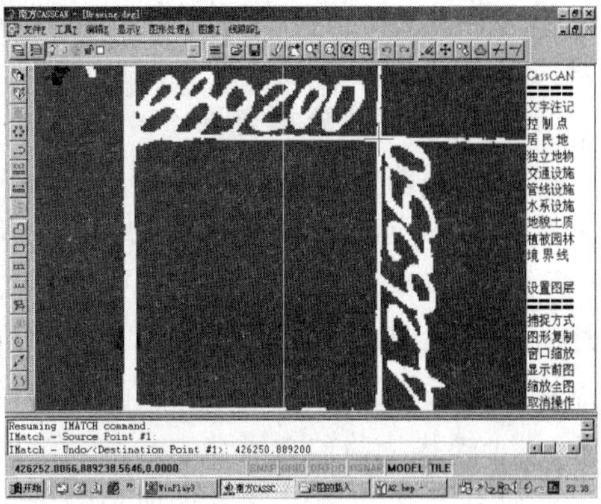

图 6.14　指定目标点

接着按照第一点的做法定位第二点的匹配的源点（光栅图图框上的内图框右上角点）和目标点（矢量图框上的内图框右上角点），此时，光栅图将会自动匹配到指定的位置上。如图 6.15 所示为两点匹配后的光栅图。

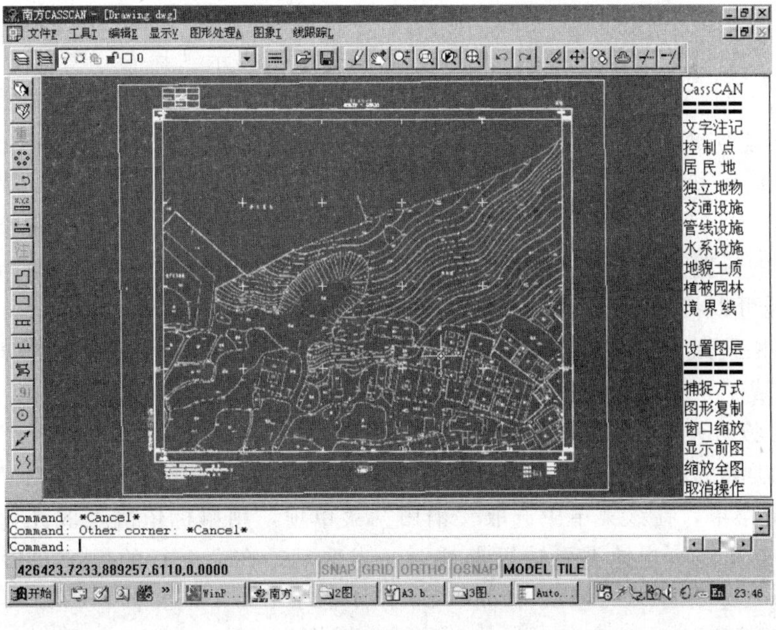

图 6.15　两点匹配后的光栅图

对光栅图像进行纠正后，用鼠标点选“图像处理（I）/保存（S）”菜单项，保存光栅图；当光栅图像没有明确的存储路径时，弹出“图像保存对话框”，选择好光栅图的存放路径，单击“保存”按钮保存文件。

6.2.5 对地物进行矢量化

CASSCAN屏幕菜单对不同地物进行了分类归层，和CASS软件的分类方法相同，根据软件的功能，在界面提示下，可以直接选用进行“描图”，可以很方便地进行人机交互矢量化作业。在录入图形的同时，也完成了CASS属性代码的录入，也就是在矢量化的同时完成了数据的采集，所生成的图形就是AutoCAD的.dwg格式。

1. 点状地物的矢量化

以一盏路灯为例进行独立地物的矢量化。

用鼠标点选屏幕菜单中的“独立地物”菜单项，弹出“军事、工矿、公共、宗教设施”图像菜单，在该菜单中选择“路灯”菜单项，在光栅图中拾取独立地物的插入点（注意：不同地物的插入点的位置是不相同的，有的插入点在独立地物的几何中心，有的插入点在底部，插入点的选择可根据具体的地物而定），这样一个路灯的符号就被矢量化了。

2. 线状地物的矢量化

以等高线为例进行线状地物的矢量化。

用鼠标单击屏幕菜单中的“地貌土质”菜单项，弹出“地貌和土质”图像菜单，在该菜单中选取“等高线首曲线”菜单项；在命令行的提示下输入欲矢量化的等高线高程值，用鼠标点取光栅图上等高线的中心，移动鼠标并对准光栅线上的下一点，此时屏幕上出现欲跟踪的导段，在欲跟踪导段出现时单击鼠标左键，此时在栅格线上生成矢量线。由于自动跟踪是根据光栅图上像素的连接关系来完成的，所以，在工作时由于栅格的连接关系不理想使得跟踪工作要由人工来干预和控制。

当跟踪生成的矢量线有误或停止时，可以用命令行提示“描点（P）\反向（R）\闭合（Q）\手工（M）\撤销（U）\回退到（G）\设置（T）\结束（X）：〈P〉”中的“回退到（G）”功能实现任意位置的回退。操作方法是：在命令行提示“描点（P）\反向（R）\闭合（Q）\手工（M）\撤销（U）\回退到（G）\设置（T）\结束（X）：〈P〉”下输入“G”并回车，用鼠标在当前矢量线上点取希望回退到的位置，此时跟踪的矢量线就会回退到指定的位置。“反向（R）”功能可以将跟踪的方向切换为跟踪线的另一端，“手工（M）”功能可以将跟踪过程由自动状态切换为手动状态。

当一条栅格线跟踪完成时，在命令行上输入“X”并回车结束。一条“等高线首曲线”就跟踪完成了，跟踪的过程与加属性的过程在一个操作中完成。

3. 面状地物的矢量化

（1）有地类界的稻田的矢量化。用鼠标点选屏幕菜单中的“植被园林”菜单项，弹出“植被类”图像菜单，在该菜单中选取“稻田”菜单项，用鼠标依次点取光栅图上一块稻田的地类界的转折点，当地类界转折点被一一点取后，在命令行的提示“锚点（P）|反向（R）|闭合（Q）|手工（M）|撤销（U）|回退到（G）|设置（T）|结束（X）：〈P〉”输入“Q”并回车闭合该地类界，此时，在光栅图的地类界上生成了矢量线，并在命令行有如下提示“请选择：（1）保留边界（2）不保留边界〈1〉”此时回车默认“〈1〉保留边

界”，稻田的地类界及稻田的填充符号就自动生成了。

（2）房屋的矢量化。用鼠标点选“绘图处理（I）/直角纠正设置（A）”菜单项，弹出“房屋提取参数设置”对话框，在“直角纠正”单选框中选择“不进行直角纠正”单击“确定”按钮回到工作窗口，此时进行房屋提取就不用进行直角纠正的设置。用鼠标选取“绘图处理（I）/房屋提取（H）”菜单项，此时命令行提示“请输入房内一点：”，用鼠标在光栅图中点取房屋内部空白的地方，此时，在房屋的边缘出现矢量线，如图 6.16 所示。

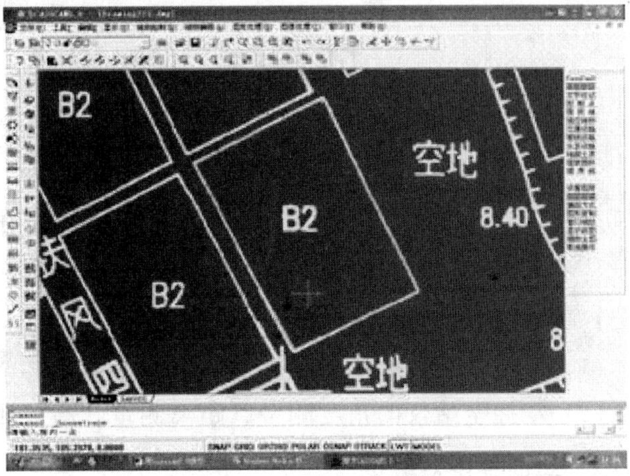

图 6.16　房屋提取示意图

6.2.6　保存工作成果

当一个工程开始后，我们应该将工程中生成的数据成果及时的保存起来。成果的保存分为两个部分：

（1）用鼠标点取“图像处理（I）/图像文件（F）/保存（S）”菜单，保存光栅图。

（2）按 CAD 的保存操作保存矢量图。

项 目 小 结

本项目主要介绍了：

（1）地形图扫描屏幕数字化的概念。

（2）利用南方 CASS9.1 扫描矢量化。

（3）利用南方 CASSCAN 扫描矢量化。

手扶跟踪数字化方法已经很少采用，对这种方法有简单认识即可；地形图扫描屏幕数字化的软件很多，南方测绘仪器公司的 CASS9.1 和 CASSCAN 皆具有此功能，而 CASSCAN 作为扫描矢量化专用软件，使用起来则更加方便快捷。

知 识 检 验

1. 地形图数字化有哪两种方法？
2. 简述地形图扫描屏幕数字化的作业流程。
3. 简述利用南方 CASS9.1 扫描矢量化的工作步骤。
4. 简述利用南方 CASSCAN 扫描矢量化的工作步骤。

项目7　单　项　实　训

实训任务 7.1　全站仪的认识和使用

7.1.1　实训目的及意义

（1）了解全站仪的构造和性能，熟悉全站仪各个部件的作用。

（2）掌握全站仪的角度测量、距离测量、高差测量等使用方法。

7.1.2　实训安排及要求

（1）实训时数 2 学时。每实训小组由 4～5 人组成，每个人轮流进行操作。

（2）每实训小组完成 1 个水平角、2 个边长、2 个高差、2 点坐标的观测。

7.1.3　实训仪器及工具

每小组的实训仪器和工具有：全站仪 1 台，反光棱镜 1 组，小卷尺 1 个以及记录计算用具等。

7.1.4　实训方法及步骤

7.1.4.1　全站仪的认识

全站仪由电子测角系统、电子测距系统、数据存储系统、数据处理系统等部分组成。它可直接测量出仪器至瞄准目标之间的距离和角度，并利用数据存储系统进行了数据的存储、管理和计算，并将结果显示在显示屏上。

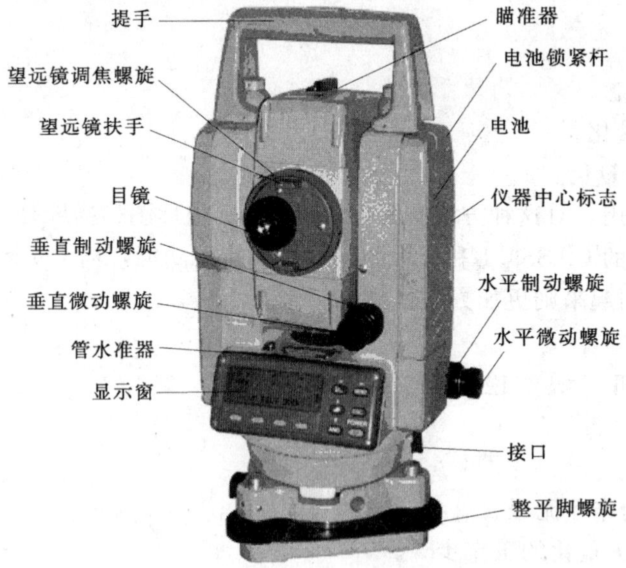

图 7.1　拓普康 GPT—2000 型全站仪外形及部件名称

全站仪型号多种多样，其外形、体积、重量、性能有较大差异，但它们都是由电源、望远镜、基座、度盘、键盘、水准器、显示屏等部件所组成。如图 7.1 所示为拓普康 GPT—2000 型全站仪，各部件名称如图所示。

全站仪的基本测量功能主要有三种模式：角度测量模式、距离测量模式、坐标测量模式。另外有些全站仪还有一些特殊的测量功能，能进行各种专业测量工作，测量的过程主要通过操作键盘完成。

与全站仪配套使用的是棱镜，通常有单棱镜、三棱镜。目前大部分的全站仪都具有免棱镜功能，同时部分仪器具有激光对中和激光指向功能。

7.1.4.2　全站仪的使用

在实训场地上选择 3 点，1 点作为测站，安置仪器；另 2 个点作为置镜点，安置反光棱镜。

(1) 安置仪器：

1) 在测站点安置全站仪，对中整平。量取仪器高，精确至毫米。

2) 在目标点安置棱镜，对中整平，使棱镜对准测站方向。量取棱镜高，精确至毫米。

(2) 开机检测：打开电源，检测电源电压，看是否满足测距要求。同时检查仪器其它部件。

(3) 仪器设置：首先对全站仪进行设置，包括以下几方面：

1) 设定距离单位为 m。

2) 设定角度单位为六十进制度，设定角度最小显示值为 1s。

3) 设定气温单位为℃，设定气压单位与所用气压计的单位一致。

4) 输入全站仪的棱镜加常数（棱镜常数由仪器检定而得到）。

其次对显示格式进行设置，包括以下几方面：

1) 设定显示格式一的内容为：HR、V、◿、⊿。

2) 设定显示格式二的内容为：⊿|、E、N、H。

(4) 参数设置：输入温度、气压、棱镜常数等。

(5) 角度测量：瞄准左目标，在角度测量模式下，按置零键，使水平角显示为零，同时读取左目标竖盘读数；瞄准右目标，读取水平角及竖直角显示读数。

(6) 距离测量：在距离测量模式下，照准目标后，按相应测距键，即可显示斜距、平距。

(7) 高差测量：高差测量是在测距的同时，由斜距、平距、高差交替显示的。

(8) 使用全站仪进行如下操作，并将结果填入表 7.1 中。

表 7.1　　全站仪三要素测量记录手簿

日期：__________　小组：__________　仪器号：__________

测站	测点	盘位	度盘读数	半测回角	一测回角	仪器高 棱镜高	水平距离	平均距离	高差	地面高差	平均高差
		左									
		右									
		左									
		右									
		左									
		右									

续表

测站	测点	盘位	度盘读数	半测回角	一测回角	仪器高 棱镜高	水平距离	平均距离	高差	地面高差	平均高差
		左									
		右									
		左									
		右									
		左									
		右									
		左									
		右									

1）全站仪盘左照准左侧棱镜中心，在角度测量模式下置零，进入距离测量模式测距，记录水平距离和高差，回到测角模式。

2）全站仪盘左照准右侧棱镜中心，记录水平度盘读数；进入距离测量模式测距，记录水平距离和高差，回到测角模式。

3）全站仪盘右照准右侧棱镜中心，记录水平度盘读数；进入距离测量模式测距，记录水平距离和高差，回到测角模式。

4）全站仪盘右照准左侧棱镜中心，记录水平度盘读数；进入距离测量模式测距，记录水平距离和高差，回到测角模式。

7.1.5 实训注意事项

（1）在指导教师演示后进行操作，严禁将照准镜头对向太阳或其它强光。

（2）拆装电源时，必须关闭电源开关，测量工作完成后应注意关机。

（3）有些全站仪开机后要求望远镜绕横轴转动几圈，才可进入开机界面。

（4）全站仪开机界面通常都设置为测角界面，测距结束后应及时切回测角界面。

7.1.6 知识检验

（1）说明图 7.2 中全站仪上 1～14 所示部件名称。

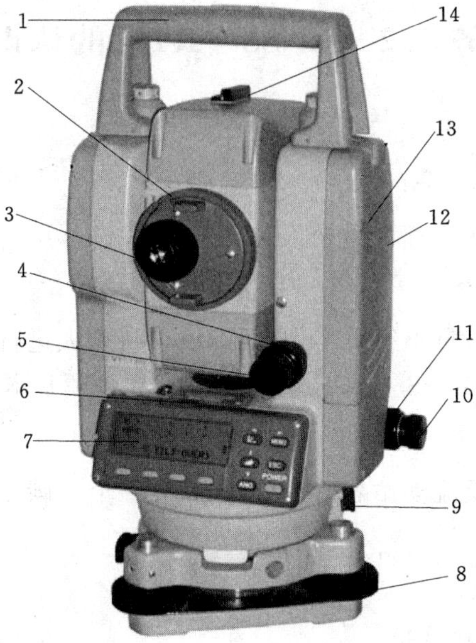

图 7.2　全站仪构造部件

(2) 图 7.3 所示为 GPT—2000 系列全站仪屏幕及键盘，说明 1～7 各键的名称及作用。

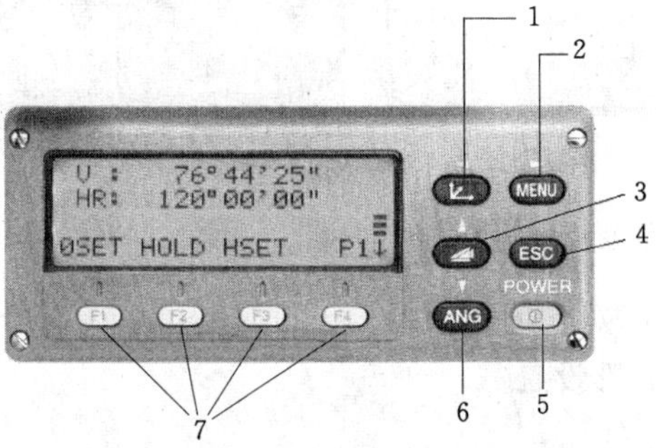

图 7.3　GPT—2000 全站仪屏幕及键盘

(3) 显示屏幕上通常出现一些符号，说明以下符号在显示屏上表示的含义：
V、HR、SD、HD、VD、0SET、HOLD、R/L、P1。

实训任务 7.2 GNSS - RTK 的认识和使用

7.2.1 实训目的及意义

（1）熟悉 GNSS - RTK 的基本构造及主要功能。

（2）掌握 GNSS - RTK 各部件名称及使用方法。

7.2.2 实训安排及要求

（1）实训时数 2 学时，每小组由 4～5 人组成，每个人进行轮流操作。

（2）每实训小组完成 GNSS - RTK 的初步认识和各项基本设置工作。

7.2.3 实训仪器及工具

GNSS - RTK 基准站及流动站各 1 台，三脚架 1 个，碳素跟踪杆 1 根，流动站手簿 1 个。

7.2.4 实训方法及步骤

7.2.4.1 南方灵锐 S86 主机认识

（1）S86 主机正面板，如图 7.4 所示。

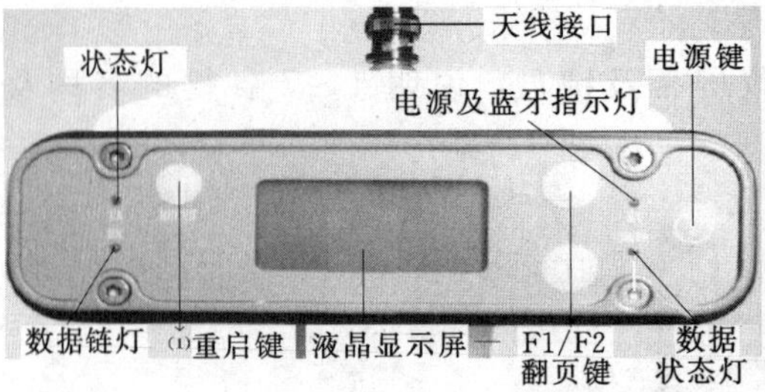

图 7.4 S86 主机正面板

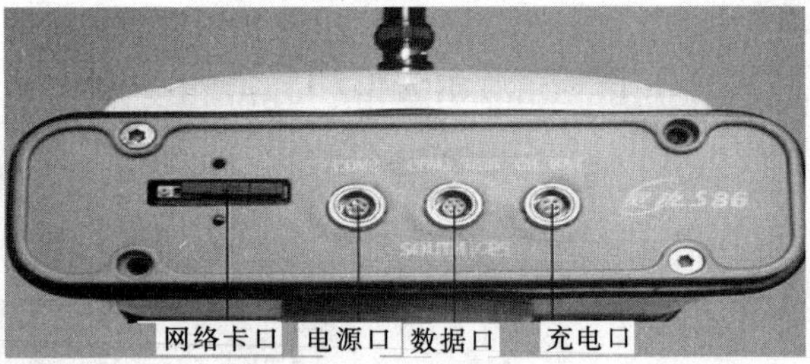

图 7.5 S86 主机背面板

（2）S86 主机背面板，如图 7.5 所示。

7.2.4.2 南方灵锐 S86 主机设置

1. S86 设置界面

按⏻开机进入图 7.6 所示界面，再按 F2 键进入图 7.7 所示的设置工作模式界面，再按⏻进入图 7.8 所示的模式选择界面。在图 7.8 中的四个图标意义分别为：静态模式、基准站模式、移动站模式、返回。

图 7.6 开机进入界面

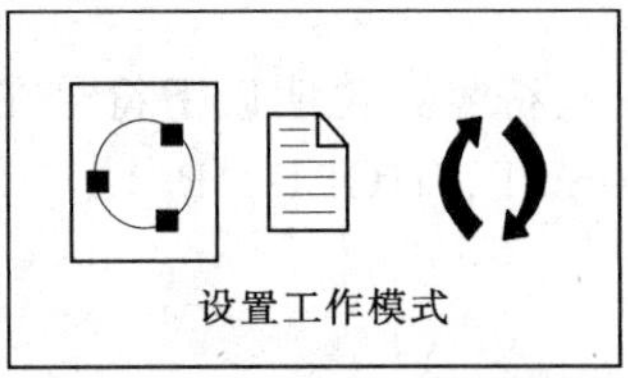

图 7.7 设置工作模式界面

图 7.8 模式选择界面

2. S86 基准站设置

在图 7.6 所示界面中按 F2 选中基准站设置后再按⏻进入图 7.9 所示界面，按 F2 选中修改，再按⏻可修改各项设置，如图 7.10 所示，修改后按⏻确定。

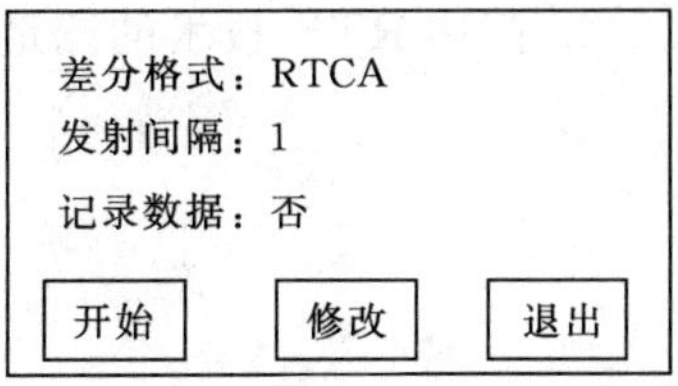

图 7.9　基准站设置界面

在图 7.9 所示界面中按⏻进入数据链修改模式，分别设置电台通道或 GPRS 网络，如图 7.11 所示。

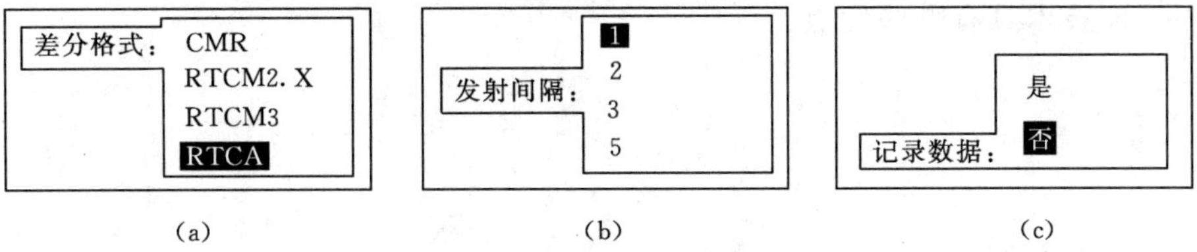

图 7.10　基准站各项设置界面

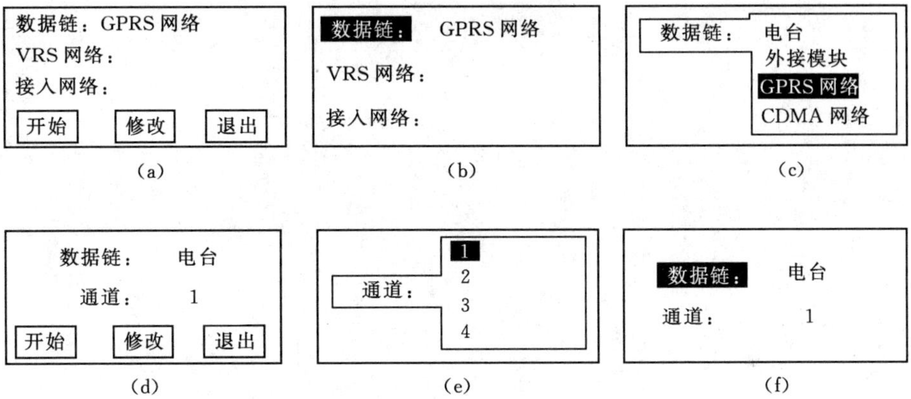

图 7.11　电台通道或 GPRS 网络设置界面

3. S86 移动站设置

将移动站主机按图 7.8 所示界面选第三项后进入设置界面，可以设置移动站电台、网络及通道，使其和基准站设置一致，操作界面如图 7.11 所示。

7.2.5　实训注意事项

（1）在指导教师演示后进行操作。

（2）测量工作完成后应注意关机。

7.2.6　知识检验

1. 简述 GNSS-RTK 的基本组成。

2. 简述 RTK 技术的测量原理。

3. RTK 技术具有哪些优点？

实训任务 7.3　全站仪图根控制测量

7.3.1　实训目的及意义

（1）掌握全站仪导线的外业选点、布网及观测方法。

（2）掌握全站仪导线的内业数据平差计算方法。

7.3.2　实训安排及要求

（1）实训时数 2 学时，每小组由 4～5 人组成，每个人进行轮流操作。

（2）全站仪导线的外业选点、布网、观测、内业数据平差计算。

7.3.3　实训仪器及工具

全站仪、三脚架、棱镜组、记录本、平差软件。

7.3.4　实训方法及步骤

7.3.4.1　导线外业选点布网方法

导线外业可根据需要布设成如下形式：如图 7.12（a）所示为附合导线，图 7.12（b）所示为闭合导线，图 7.12（c）所示为支导线，图 7.12（d）所示为导线网。导线点数目 4～6 个。

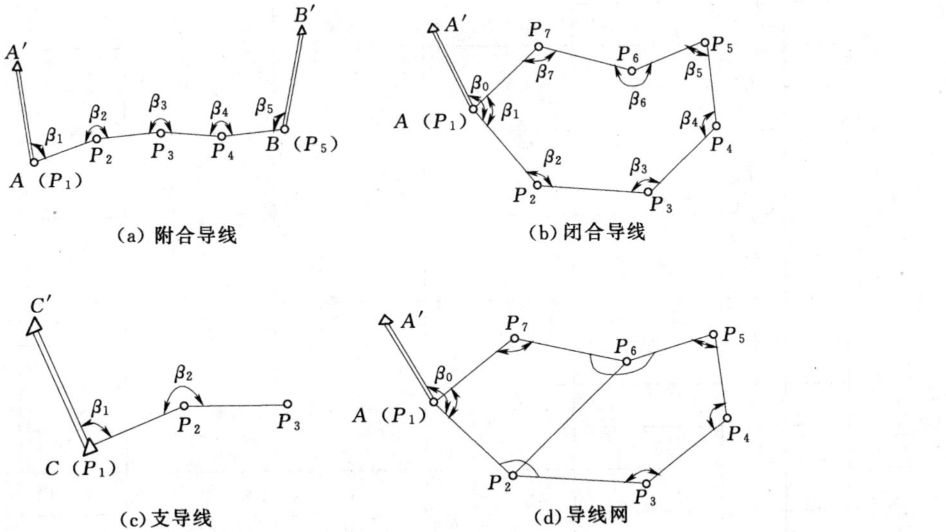

(a) 附合导线　(b) 闭合导线　(c) 支导线　(d) 导线网

图 7.12　导线布设示意图

7.3.4.2　导线测量

1. 测边

导线的边长采用全站仪双向施测，每个单向施测一测回，即盘左盘右分别进行观测，读数较差和往返测较差均不宜超过 20mm。测边应进行气象改正。

2. 测角

水平角施测一测回，测角中误差不宜超过 20″。

3. 高程测量

每边的高差采用全站仪往返观测，每个单向施测一测回，即盘左盘右分别进行观测，盘左盘右和往返测高差较差均不宜超过 0.02Dm。D 为边长，单位 km，300m 以内按 300m 计算。

4. 精度要求

全站仪导线测量角度闭合差不大于$\pm 60''\sqrt{n}$（n 为测站数），导线相对闭合差不大于 1/2500，高差闭合差不大于$\pm 40\sqrt{D}$mm（D 为边长，单位 km）。

使用全站仪按照测回法或方向观测法测量导线的转折角和导线边长，若采用两测回观测，通常左角和右角各测一个测回。将数据填入表 7.2 中。

表 7.2　　导线外业观测记录手簿

测站	目标	盘位	水平盘读数 /(° ′ ″)	半测回角值 /(° ′ ″)	一测回角值 /(° ′ ″)	测回平均值 /(° ′ ″)	平距 /m	备　注
		左						测站仪器高 i= 后视棱镜高 v= 前视棱镜高 V= 至后视点平距= 至前视点平距=
		右						
		左						
		右						
		左						测站仪器高 i= 后视棱镜高 v= 前视棱镜高 V= 至后视点平距= 至前视点平距=
		右						
		左						
		右						
		左						测站仪器高 i= 后视棱镜高 v= 前视棱镜高 V= 至后视点平距= 至前视点平距=
		右						
		左						
		右						

续表

测站	目标	盘位	水平盘读数 /(° ′ ″)	半测回角值 /(° ′ ″)	一测回角值 /(° ′ ″)	测回平均值 /(° ′ ″)	平距 /m	备　注
		左						测站仪器高 i= 后视棱镜高 v= 前视棱镜高 V= 至后视点平距= 至前视点平距=
		右						
		左						
		右						

7.3.4.3　控制网平差数据处理

使用平差软件进行控制网数据处理，如使用南方测绘平差易软件（PA 系列）进行平差，如图 7.13 所示。属性为 10 点是已知点，属性为 00 的点是待定点。

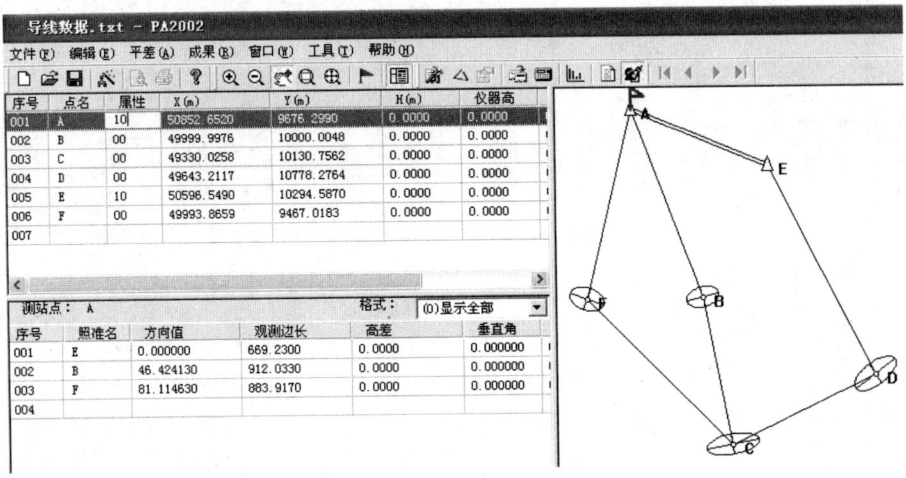

图 7.13　导线网平差实例

7.3.5　实训注意事项

（1）导线起算数据由指导老师给定。

（2）用平差易软件进行导线网平差时应注意方向值的输入顺序。

7.3.6　知识检验

1. 导线有哪几种布设形式？

2. 导线外业观测项目有哪些？

3. 导线测量有哪些精度要求？

实训任务 7.4　全站仪碎部点数据采集

7.4.1　实训目的及意义

（1）掌握利用全站仪进行碎部点数据采集的测站设置、后视定向和定向检查。

（2）掌握利用全站仪进行碎部点数据采集的碎部测量、数据存储和数据传输。

7.4.2　实训安排及要求

（1）实训时数 2 学时，每小组由 4～5 人组成，轮流操作。

（2）每实训小组完成一定范围内的地形图数据采集工作。

7.4.3　实训仪器及工具

每实训小组的实训仪器和工具有：全站仪 1 台，反光棱镜 1 组，钢钎 1 个以及草图记录纸和铅笔等。

7.4.4　实训方法及步骤

7.4.4.1　全站仪碎部点数据采集操作流程

（1）安置仪器：在测站点上安置仪器，包括对中和整平。对中误差控制在 3mm 之内。

（2）建立或选择工作文件：工作文件是存储当前测量数据的文件，文件名要简洁、易懂、便于区分不同时间或地点的数据，一般可用测量时的日期作为工作文件的文件名。

（3）测站设置：如果仪器中有测站点坐标，可从文件中选择测站点点号来设置测站。如果仪器中没有测站点则需手工输入测站点坐标来设置测站。

（4）后视定向：从仪器中调入或手工输入后视点坐标，也可直接输入后视方位角，然后照准后视点，按确认键进行定向。

（5）定向检查：定向检查是碎部点采集之前重要的工作，特别是对于初学者。在定向工作完成之后，再找一个控制点上立棱镜，将测出来的坐标和已知坐标比较，通常 X、Y 坐标差都应该在 1cm 之内。通常要求每一测站开始观测和结束观测时都应做定向检查，确保数据无误。

（6）碎部测量：定向检查结束之后，就可进行碎部测量。采集碎部点前先输入点号，碎部测量可用草图法和编码法两种，草图法需要外业绘制草图（图 7.14），内业按照草图成图。编码法需要对各个碎部点输入编码，内业通过简码识别自动成图。

7.4.4.2　拓普康 GTS2000 系列全站仪碎部点数据采集的操作步骤

（1）按 MENU 键进入程序界面。

（2）按 F1 键进入数据采集程序。

（3）新建文件或选择一个已有文件。

（4）进入数据采集 1/2 界面，进行数据采集设置。

1）按 F1（测站点输入）键进入测站点设置界面，输入测站点点号、坐标及仪器高。

项目名称： 项目地点： 使用仪器：

观 测 者： 绘 图 者： 测图日期：

草 图
北

图 7.14 野外观测草图

2）按[F2]（后视）键进入后视方向设定界面，通过输入后视点的点号及坐标进入后视定向，之后瞄准目标，通过测量后视点坐标来检查后视点并完成后视定向，返回数据采集界面。

3）按[F3]（侧视/前视）键进入碎部测量界面。

（5）采集数据：碎部测量界面，输入测点点号、镜高，瞄准目标，按[F3]（测量）键观测，等待屏幕上显示观测结果，结果正确，按[F3]（是）键，保存观测数据（测点 X，Y，Z），并返回碎部测量界面。重复本过程，完成本测站上其它碎部点的观测、记录。

（6）在各个细部点上立棱镜，完成数据采集工作，返回初始界面并关机。

7.4.4.3　科力达 KTS—452L 全站仪碎部点数据采集的操作步骤

（1）按[内存]键，新建文件或选择一个已有文件。

（2）按[MENU]（菜单）键进入“菜单 1/2”界面。

（3）选取“1. 坐标测量”，进入“坐标测量”界面。

（4）选取“2. 设置测站”，按[OK]（或直接按数字键 2），输入测站数据，包括：$N0$，$E0$，$Z0$（测站点坐标）、仪器高、目标高。每输入一数据项后按[OK]，若按[记录]，则记录测站数据，再按[OK]将测站数据存入工作文件。按[OK]结束测站数据输入操作，显示返回坐标测量菜单屏幕。

（5）选取“3. 设置后视”，进入“记录后视”界面，选取“2. 坐标定后视”，输入后视点坐标，按[OK]屏幕显示后视方位角，照准后视点，按[是]，结束方位角设置返回坐标测量菜单屏幕。

（6）精确照准目标棱镜中心后，在坐标测量菜单屏幕下选择“1. 坐标测量”后按[观测]开始测量，测量完毕屏幕显示目标点的坐标值以及到目标点的距离、垂直角和水平角，按[记录]，输入下目标点点号、编码、天线高等信息。

（7）在各个细部点上立棱镜，重复以上操作，完成本测站数据采集工作，返回初始界面并关机。

7.4.4.4　全站仪数据传输

1. 全站仪操作（GTS2000 系列仪器）

（1）连接数据线。

（2）全站仪开机。

（3）按[MENU]进入程序菜单。

（4）按[F3]进入存储管理界面。

（5）按[F4]两次进入存储管理 3/3 界面。

（6）按[F1]（数据通讯）进入数据传输界面。

(7) 按F3进行通讯参数设置。

(8) 按F1发送数据。

(9) F1～F3选择发送数据类型。

(10) 选择发送文件。

2. 计算机上操作

(1) 计算机开机，进入CASS绘图界面。

(2) 选择“数据”下拉菜单中“读取全站仪数据”菜单项。

(3) 计算机中通讯参数设定。

(4) 输入传输数据文件名。

(5) 单击转换。

(6) 在计算机上回车。

(7) 全站仪上回车，开始传输数据。

7.4.5 实训注意事项

(1) 在指导教师演示后进行操作。

(2) 测量工作完成后应注意关机。

7.4.6 知识检验

1. 简述使用拓普康GTS2000系列全站仪进行碎部点数据采集的操作步骤。

2. 简述使用科力达KTS—452L全站仪进行碎部点数据采集的操作步骤。

3. 简述全站仪数据传输的基本过程。

实训任务 7.5　GNSS-RTK 碎部点数据采集

7.5.1　实训目的及意义

（1）熟悉 GNSS-RTK 的构造、功能及使用方法。

（2）掌握 GNSS-RTK 参数解算、点校正、碎部点数据采集等方法。

7.5.2　实训安排及要求

（1）实训时数 2 学时，每小组由 4～5 人组成，每个人进行轮流操作。

（2）每实训小组完成仪器安置、点校正，采集若干个点并绘制草图。

7.5.3　实训仪器及工具

每小组的实训仪器和工具有：GNSS-RTK 基准站和流动站各 1 台，三脚架 1 个，碳素跟踪杆 1 根，草图纸若干。

7.5.4　实训方法及步骤

7.5.4.1　基准站设置

1. 基准站安置

（1）在基准站架设点上安置脚架，安装上基座，再将基准站主机用连接器安置于基座之上，对中整平（如架在未知点上，则整平即可）。基准站架设点可以架在已知点或未知点上，这两种架法都可以使用，但在校正参数时操作步骤有所差异。

（2）安置发射天线和电台，将发射天线用连接器安置在另一脚架上，将电台挂在脚架的一侧，用发射天线电缆接在电台上，再用电源电缆将主机、电台和蓄电池接好，注意电源的正负极正确（红正黑负）。（如用内置电台则无须此步操作。）

2. 主机操作

（1）打开主机。按电源键打开主机，主机开始自动初始化和搜索卫星，当卫星数大于 5 颗，PDOP 值小于 3 时，按启动键启动基准站。如用内置电台则主机上的 TX 灯开始每秒钟闪 1 次，表明基准站开始正常工作。如用外挂大电台，则电台上的 TX 灯开始每秒钟闪 1 次，表明基准站开始正常工作。

（2）打开电台（如用内置电台则无须此步）。在打开主机后，就可以打开电台。轻按电台上的 ON/OFF 按钮打开电台。

7.5.4.2　移动站设置

1. 移动站安置

将移动站主机接在碳纤对中杆上，并将接收天线接在主机顶部，同时将手簿使用托架夹在对中杆的适合位置。

2. 主机与手簿操作

（1）打开主机。轻按电源键打开主机，主机开始自动初始化和搜索卫星，当达到一定的条件后，主机上的 RX 指示灯开始 1s 内闪 1 次（必须在基准站正常发射差分信号的前提下），表明已经收到基准站差分信号。

（2）打开手簿。按住 ENTER/ON 至少 1s，即可打开。

7.5.4.3 工程之星软件操作

（1）启动工程之星软件。用光笔双击手簿桌面上“工程之星”，即可启动。工程之星快捷方式一般在手簿的桌面上，如手簿冷启动后则桌面上的快捷方式消失，这时必须在 Flashdisk 中启动原文件（路径：我的设备→Flashdisk→SETUP→ERTKPro2.0.exe）。

（2）启动软件后，软件一般会自动通过蓝牙和主机连通。如果没连通则首先需要进行设置蓝牙（设置→连接仪器→选中“输入端口：0”→单击“连接”）。

（3）软件在和主机连通后，软件首先会让移动站主机自动去匹配基准站发射时使用的通道。如果自动搜频成功，则软件主界面左上角会有差分信号在闪动，并在左上角有个数字显示，要与电台上显示一致。如果自动搜频不成功，则需要进行电台设置（设置→电台设置→在“切换通道号”后选择与基准站电台相同的通道→单击“切换”）。

（4）在确保蓝牙连通和收到差分信号后，开始新建工程（工程→新建工程），选择向导，依次按要求填写或选取如下工程信息：工程名称、椭球系名称、投影参数设置、四参数设置（未启用可以不填写）、七参数设置（未启用可以不填写）和高程拟合参数设置（未启用可以不填写），最后确定，工程新建完毕。

（5）进行校正。校正有两种方法。

1）方法一：利用控制点坐标库求四参数（设置→控制点坐标库）。在校正之前，首先必须采集控制点坐标，一般大于 2 个以上控制点（采集数据的方法见后边叙述的数据采集部分），采集完成后在控制点坐标库界面中单击“增加”，根据提示依次增加控制点的已知坐标，然后单击“OK”，继续增加原始坐标，选择第一项“从坐标管理库选点”，然后点左下角的：“导入”，选择当前工程名下的 DATA 文件夹里的后缀为“.RTK”的文件，选择对应点，然后确定，OK。同样的方法增加其它控制点，当所有的控制点都输入以后察看确定无误后，单击“保存”，选择参数文件的保存路径并输入文件名，建议将参数文件保存在当前工程下文件名 result 文件夹里面，保存的文件名称以当天的日期命名。完成之后单击“确定”。然后单击“保存成功”小界面右上角的“OK”，四参数已经计算并保存完毕。

说明：在求完四参数后，一定要查看一下四参数中的比例因子 K，一般 K 的范围保证在 0.9999～1.0000。这样才能确保采集精度。查看四参数：设置→测量参数→四参数。

2）方法二：校正向导（工具→校正向导），这时又分为两种模式。

注意：此方法只能进行单点校正，一般是在有四参数或七参数的情况下才通过此方法进行校正。也就是说，在同一个测区，第一次测量时已经求出了四参数，下次继续在这个测区测量时，必须先输入第一次求出的四参数，再做一次单点校正。此方法还可适用于自定义坐标的情况下。

a. 基准站架在已知点上。选择“基准站架设在已知点”，单击“下一步”，输入基准站架设点的已知坐标及天线高，并且选择天线高形式，输入完后即可单击“校正”。系统会提示你是否校正，并且显示相关帮助信息，检查无误后“确定”校正完毕。

说明：此处天线高为基准站主机天线高，形式一般为斜高，只能通过卷尺来测量。

b. 基准站架在未知点上。选择“基准站架设在未知点”，再单击“下一步”。输入当前移动站的已知坐标、天线高及其量取方式，再将移动站对中立于已知点上后单击“校正”，系统会提示是否校正，“确定”即可。

说明：此处天线高为移动站主机天线高，形式一般为杆高，为一固定值 2。

注意：如果软件界面上的当前状态不是“固定解”时，会弹出提示，这时应该选择“否”来终止校正，等精度状态达到“固定解”时重复上面的过程重新进行校正。

7.5.4.4　数据采集

点校正完毕之后，就可以进行采集数据。将对中杆对立在需测的点上，当软件界面的状态达到“固定解”时，利用快捷键“A”开始保存数据。此时需要输入点名和天线高。按 B 键两次可查看本工程所采集的所有测量点坐标。

RTK 数据传输使用专门的传输软件，大部分 RTK 设备使用的是 Microsoft 公司的移动设备同步连接软件 ActiveSync，此软件可以在网上免费下载。下面以南方测绘灵锐 S82 仪器为例说明，具体操作步骤如下：

(1) 在 PC 机上正确安装本软件的压缩包。

(2) 用传输电缆线连接 RTK 手簿和计算机，打开如图 7.15 所示的传输软件。

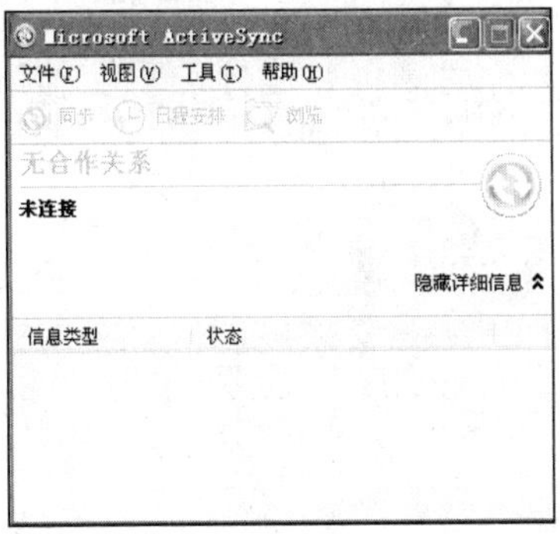

图 7.15　RTK 数据传输界面示意图

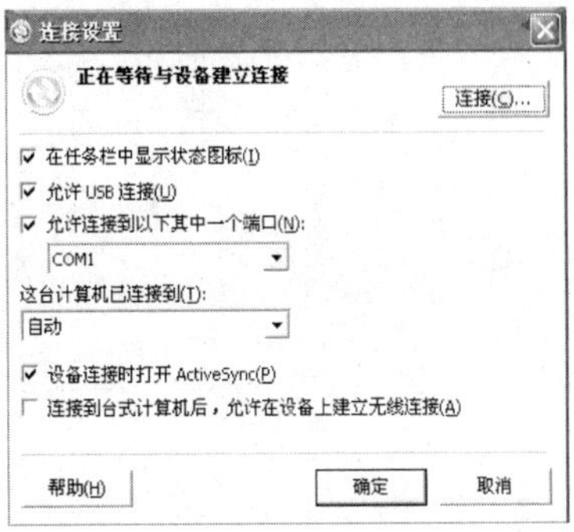

图 7.16　RTK 连接设置示意图

(3) 在 RTK 手簿里将外业观测的 RTK 文件转换为 CASS 软件适用的数据格式。

(4) 在连接设置里选择第三个复选框，通常选择连接到 COM1 口，如图 7.16 所示。

(5) 在 RTK 手簿桌面上选择连接 PC 机，软件就会打开 RTK 手簿的内存。

(6) 在 RTK 的内存中，选择数据文件存储路径，将已转换完的文件拷贝到指定位置保存。

7.5.5　实训注意事项

(1) 使用外接电瓶的仪器应注意电池的正负极正确连接。在雷雨季节使用 RTK 时应注意防雷防电。RTK 的主机和手簿的电池都应使用专用充电器充电。

(2) 主机和电台上的接口都是唯一的，在接线时必须红点对红点，拔出连线接头时一定要捏紧线头部位，不可直接握住连线强行拨出，以免损坏连线。

(3) 为了让主机能搜索到多数量和高质量卫星，同时使差分信号传的更远，基准站一般应选在视野开阔、地势较高的位置，避免截止高度角 15°以上有大型建筑物。

(4) 基准站附近应避免有各种干扰源，如高压线、变压器和发射塔等；也不要有大面积水域及大面积的玻璃幕墙等，以减小各种误差影响。

7.5.6 知识检验

1. 简述如何使用GNSS-RTK进行点校正工作。

2. 简述如何使用工程之星软件解算四参数。

实训任务 7.6　点号定位及坐标定位成图法绘制平面图

7.6.1　实训目的及意义

（1）掌握野外数据采集过程中草图的绘制要求、方法及技巧。

（2）掌握如何使用“点号定位法”和“坐标定位法”绘制平面图。

7.6.2　实训安排及要求

（1）实训时数 2 学时。

（2）依据外业测得的坐标数据文件和外业绘制的草图绘制地形图。

（3）分别练习使用“点号定位法”和“坐标定位法”绘制地形图。

7.6.3　实训仪器及工具

每人 1 台计算机，计算机上安装有 CAD 和 CASS 软件。

7.6.4　实训方法及步骤

7.6.4.1　草图的绘制方法及要求

草图是野外数字测图的第一手资料，务必认真绘制并妥善保存，供内业绘图和日后图形数据维护使用，要求草图绘制必须格式统一、整齐美观、布局合理，所以有如下常见要求：

（1）纸张大小：A7 或 B5 白纸，同等大小硬质本夹或垫板，便于携带和绘图。

（2）画图用笔：黑色水性笔或签字笔，0.3～0.5mm，圆珠笔易褪色，最好不用。

（3）准备工作：写清测图项目名称、测图地点、测图日期、绘图者、指北号。

（4）图面布局：不宜过疏或过密，以能看清楚并方便内业绘图为宜。草图员应先站在测区的制高点上，观察测区主要地物地貌，以便合理安排草图绘制范围和大小，使图形清晰美观，比例协调。

7.6.4.2　用“点号定位法”绘制平面图

内业成图之前，保证各组的外业观测数据文件已经被完整地传输到计算机中，有关数据传输的方法见实训任务 7.4。

1. 定显示区

定显示区的作用是系统根据输入坐标数据文件，自动选取其中 X、Y 坐标的最小点和最大点，即测区的西南角和东北角坐标，定义屏幕显示区域的大小，以保证所有点可见。

2. 展野外测点点号

将外业实训课上各组测量并传输到计算机上的坐标数据文件展绘到 CASS 屏幕界面上。

3. 选择“点号定位法”

移动鼠标至屏幕右侧菜单区之“坐标定位/点号定位”项，点取“点号定位”项。

4. 绘平面图

根据野外作业时绘制的草图，移动鼠标至屏幕右侧菜单区选择相应的地形图图式符号，然后在屏幕中将所有的地物绘制出来。系统中所有地形图图式符号都是按照图层来划分的。

7.6.4.3 用“坐标定位法”绘制平面图

1. 定显示区

在展点之前进行定显示区的操作。

2. 展野外测点点号

将坐标数据文件展绘到屏幕界面上。

3. 选择“点号定位法”

移动鼠标至屏幕右侧菜单区之“坐标定位/点号定位”项，点取“坐标定位”项。

4. 绘平面图

与“点号定位”法成图流程类似，根据外业草图，选择相应的地图图式符号在屏幕上将平面图绘出来，区别在于不能通过测点点号来进行定位了。

7.6.4.4 根据屏幕右侧菜单和地形图图式，练习各种符号的绘制方法

(1) 熟悉CASS软件中的屏幕右侧菜单内容。

(2) 点状地物的绘制方法。

(3) 线状地物的绘制方法。

(4) 面状地物的绘制方法。

7.6.4.5 地形图绘制过程中的一些常用技巧和方法

1. 如何从屏幕上密集的点中快速找到某个点

输入FIND命令，在弹出的对话框中“查找字符串”文本框中输入要查找的点号，单击“查找”，再单击“缩放为”，则该点号就会出现在屏幕的中间位置。

2. 如何在CASS软件中批量地选取目标

(1) 用鼠标框选。左键框选结果为所有被选择框完全选中的目标，右键框选结果为所有被鼠标选中包括部分选中的目标。缺点为屏幕上符号很多且种类不一致时，难以选取某一类或其中的一部分地物。常用在需要选择屏幕上所有的目标的情况下。

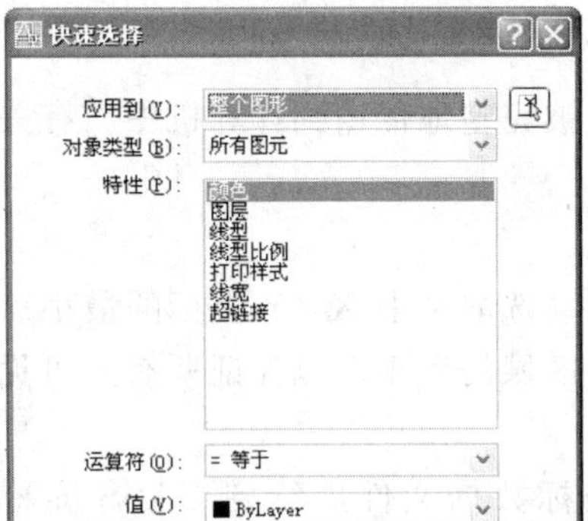

图7.17 快速选择对话框

(2) 用分层选取。CASS软件将各类符号划分在不同的层上，要选择一个或几个图层上的内容，可以将其它层全部关闭或锁定。优点是可以快速地按图层选择需要的目标。

(3) 使用CASS软件中的“编辑”菜单下的“批量选目标”子菜单，系统会提供“块名/颜色/实体/图层/线形/选取”等多种选择方式，可以根据要选择实体的特征，批量选择某一种类的所有目标。优点是可以在复杂图层中选择一类具有某一特征的目标物，而不需要关闭图层。

(4) 使用QSELECT命令，如图7.17所示，依据系统提供的选择条件构造选择集，可以进行各种特定要求的目标选择。

3. 如何根据屏幕上点的密集程度调节展点号的字号

当屏幕上点的密度非常大，则点号过大就会看不清楚，反之点位密度较小时，可使点号大一些。展点号层最后要关闭或删除，所以可以根据自己的需要调节点号大小。可用如下方法：

（1）展点之前，选择“文件”菜单下的“CASS 参数设置”子菜单，再设置展点号字高。

（2）若点已经展完，但还没有绘制其它图形，则可以用鼠标直接选中所有点号，再选择“对象特性”命令按钮，在弹出的属性对话框中，选择“文字”，再改变“字高”对应的数值。

（3）若点已经展完，并且图面上已经绘制了很多其它的图形，则可以使用“编辑”菜单下的“批量选目标”子菜单，再选择“选取”，用鼠标单击任一个展完的点号，则可选中所有展点号，再改变字高。

（4）若点已经展完，并且图面上已经绘制了很多其它的图形，可在“图层特性管理器”对话框中，关闭其它所有图层，仅打开 ZDH 图层，然后用鼠标左键将所有点号选中，再改变字高。

7.6.5　实训注意事项

（1）当房子是不规则的图形时，可用“实线多点房屋”或“虚线多点房屋”来绘。

（2）绘房子时，输入的点号必须按顺时针或逆时针的顺序输入，否则绘出来房子就不对。

（3）在点号定位的过程中可以按“P”键切换到坐标定位，再次按“P”键即可切换回来。

（4）线状地物绘制过程中有时系统会提示是否拟合，拟合的作用是对复合线进行圆滑。

（5）斜坡、陡坎等地貌符号是由实际测点连线和坎毛组成，坎毛生成在绘图方向的左侧。

7.6.6　知识检验

1. 围墙绘制过程中生成的具有宽度的围墙线位于骨架线的左侧还是右侧？

2. CASS 绘图过程中，使用鼠标左键和右键框选选取目标时的区别是什么？

实训任务7.7　引导文件成图法绘制平面图

7.7.1　实训目的及意义

（1）掌握CASS软件中编码引导文件的编写方法。

（2）掌握如何使用编码引导文件法绘制平面图。

7.7.2　实训安排及要求

（1）实训时数2学时。

（2）针对一个外业观测的数据文件，对照草图完成编码引导文件编写。

（3）依据“编码引导文件”和外业观测的“坐标数据文件”绘制成图。

7.7.3　实训仪器及工具

每人1台计算机，计算机上安装有CAD和CASS软件。

7.7.4　实训方法及步骤

7.7.4.1　编码引导文件的基本格式

编码引导文件成图法也称为“编码引导文件＋无码坐标数据文件自动绘图方式”。编码引导文件是用户根据“草图”编辑生成的，文件的每一行描绘一个地物，数据格式为：

Code，N1，N2，……，Nn，E

其中：Code为该地物的地物代码；Nn为构成该地物的第n点的点号。值得注意的是：N1、N2、……、Nn的排列顺序应与实际顺序一致，每行描述一地物，行尾的字母E为地物结束标志，最后一行只有一个字母E，为文件结束标志。可以看出引导文件是对无码坐标数据文件的补充，二者结合即可完备地描述地图上的各个地物。

7.7.4.2　用TXT记事本编辑引导文件

绘图屏幕的顶部菜单，选择“编辑”的“编辑文本文件”项，屏幕命令区出现如图7.18所示的对话框。

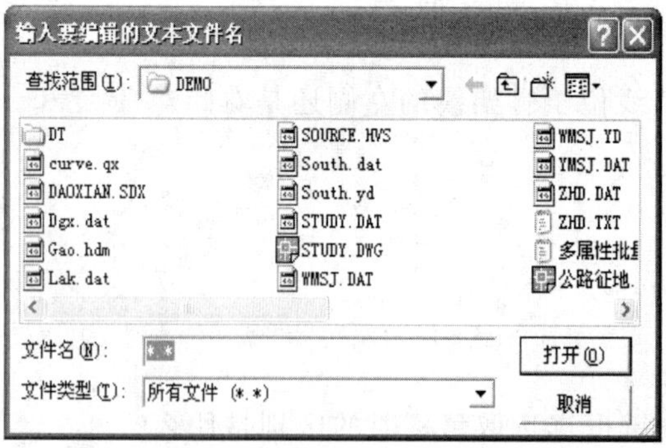

图7.18　编辑文本对话框

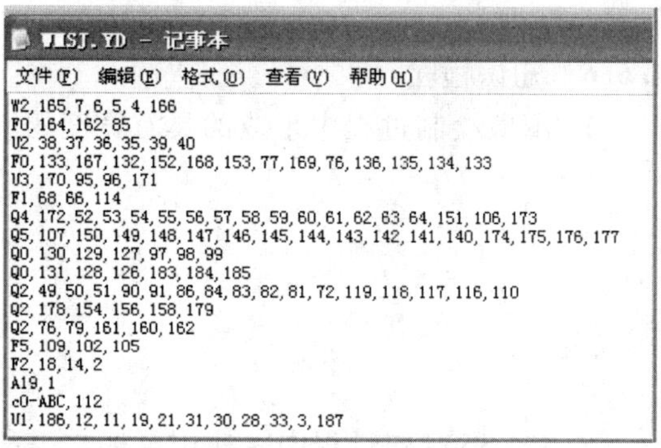

图7.19　编码引导文件内容

以C：\CASS9.1\DEMO\WMSJ.YD为例；屏幕上将弹出记事本，这时根据野外作业草图，参考CASS9.1软件中说明书附录A的地物代码以及文件格式，编辑好此文件，如图7.19所示。

7.7.4.3　使用编码引导文件自动成图

1. 定显示区并展绘外业测点点号

将外业测得的 WMSJ. DAT 展绘到 CASS 屏幕上。

2. 使用"编码引导"功能绘制地形图

编码引导的作用是将"引导文件"与"无码的坐标数据文件"合并生成一个新的带简编码格式的坐标数据文件。这个新的带简编码格式的坐标数据文件在"简码识别"操作时将要用到。

选择"绘图处理"菜单，再选择"编码引导"子菜单项，出现图 7.20 所示对话框，选择编码引导文件名"C:\ CASS9.1 \ DEMO \ WMSJ. YD"，打开该文件。则屏幕出现图 7.21 所示对话窗。要求输入坐标数据文件名，此时选择"C:\ CASS9.1 \ DEMO \ WMSJ. DAT"，打开该文件。

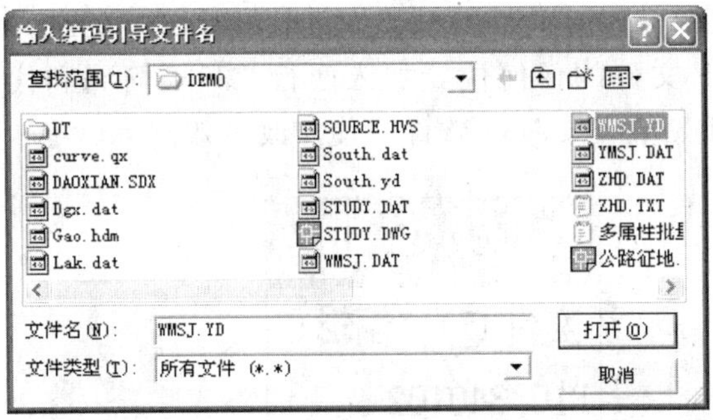

图 7.20　选择编码引导文件

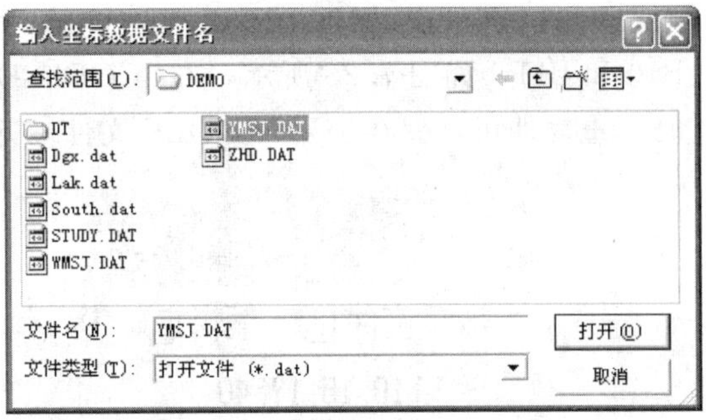

图 7.21　选择坐标数据文件

屏幕便按照这两个文件自动生成图形如图 7.22 所示的地形图。

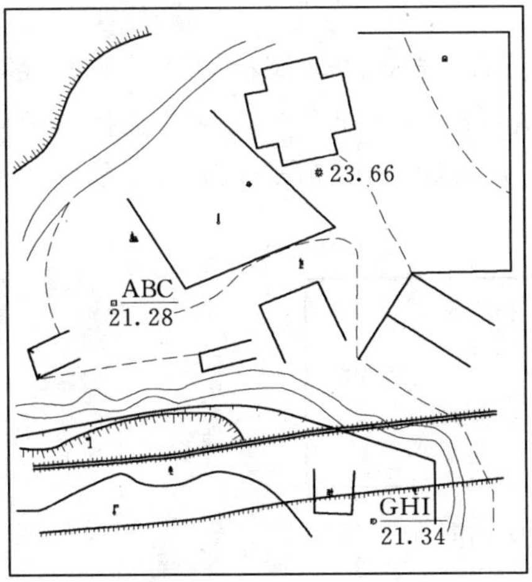

图 7.22　系统自动绘出图形

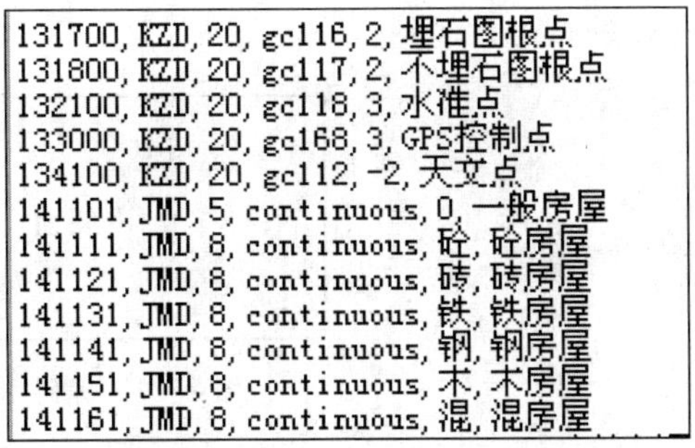
131700, KZD, 20, gc116, 2, 埋石图根点
131800, KZD, 20, gc117, 2, 不埋石图根点
132100, KZD, 20, gc118, 3, 水准点
133000, KZD, 20, gc168, 3, GPS控制点
134100, KZD, 20, gc112, -2, 天文点
141101, JMD, 5, continuous, 0, 一般房屋
141111, JMD, 8, continuous, 砼, 砼房屋
141121, JMD, 8, continuous, 砖, 砖房屋
141131, JMD, 8, continuous, 铁, 铁房屋
141141, JMD, 8, continuous, 钢, 钢房屋
141151, JMD, 8, continuous, 木, 木房屋
141161, JMD, 8, continuous, 混, 混房屋

图 7.23　WORK. DEF 文件

7.7.4.4　编码引导文件相关知识

1. WORK. DEF 和 JCODE. DEF 文件简介

CASS 软件的安装目录（C:\ PROGRAMS FILES \ CASS70 \ SYSTEM \ ）下包含

```
A00,154400
A01,167800
A02,168101
A03,168102
A04,168103
A05,168201
A06,168202
A07,168400
A08,169003
A09,168500
A10,168600
A11,169001
A12,169002
```

图 7.24
JCODE. DEF
文件（1）

WORK. DEF 和 JCODE. DEF 两个文件，编码引导文件主要通过这两个相互关联的文件而起作用。两者的文件格式分别如图 7.23 和图 7.24 所示。

2. 编码引导文件使用中遇到的问题

WORK. DEF 和 JCODE. DEF 文件通过六位数分类代码相互关联，但两者并没有完全对应起来，如在 WORK. DER 文件中 340102 和 340103 两个代码分别对应污水井盖和雨水井盖，但 JCODE. DEF 文件中并没有 340102 和 340103 两个代码，所以当我们使用编码引导文件成图法绘图时，需要在 JCODE. DEF 文件中自定义这两个代码对应的三位数简码。

3. 根据需要自定义三位数简码

如图 7.24 所示，JCODE. DEF 文件中每行里前三位是简码，逗号后面是对应的六位数分类编码，从 A00～A99 已经全部定义完毕，而不能定义 A100 或 A101 这样的四位数，B1～B9 也已定义完毕，所以可以定义 B10 和 B11，如图 7.25 所示，在 JCODE. DEF 文件的任何位置加入两行，只要简码和代码不重复即可，保存 JCODE. DEF 文件，并重新启动 CASS 软件，使修改生效。

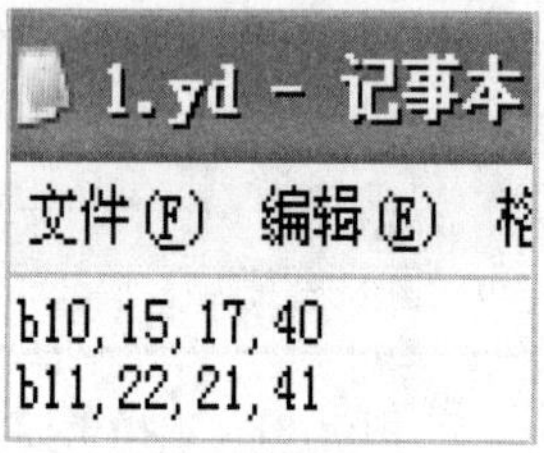

图 7.25　JCODE. DEF 文件（2）

图 7.26　编码引导文件

4. 编辑引导文件并绘制地形图

打开 TXT 记事本，编辑如图 7.26 所示的编码引导文件，保存为“1. YD”的文件，在 CASS 软件中先展入 STUDY. DAT 数据，在执行编码引导命令，分别选择“编码引导文件 1. YD”和“坐标数据文件 STUDY. DAT”，则可绘制出如图 7.27 所示的污水井盖和雨水井盖的符号。

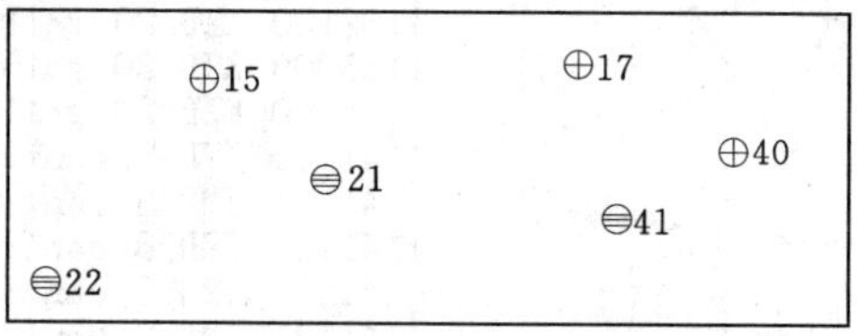

图 7.27　编码引导法绘制的符号

7.7.5　实训注意事项

（1）保存编码引导文件“*. YD”时应该在两侧加上引号，否则会自动加入 TXT 扩展名。

（2）编码引导文件编辑完毕之后，最后一行写完后，应回车加入一个回车符。

7.7.6　知识检验

1. 简述编码引导文件的格式要求及编写方法。

2. 简述如何使用引导文件自动成图法绘制地形图。

实训任务7.8 简编码自动成图法绘制地形图

7.8.1 实训目的及意义

(1) 了解数字化测图中简编码的基本原理。

(2) 掌握野外测量过程中输入简编码的方法。

(3) 掌握如何使用简编码自动成图法绘制地形图。

7.8.2 实训安排及要求

(1) 实训时数2学时。

(2) 将外业测量过程中得到的带简编码的数据文件绘制成图。

(3) 理解好点、线、面状地物简编码法成图的特点及主要方法。

7.8.3 实训仪器及工具

每人1台计算机，计算机上安装有CAD和CASS软件。

7.8.4 实训方法及步骤

7.8.4.1 用简编码自动成图法绘制各种控制点

(1) WORK.DEF和JCODE.DEF文件中对应的控制点代码和简码如图7.28和图7.29所示。

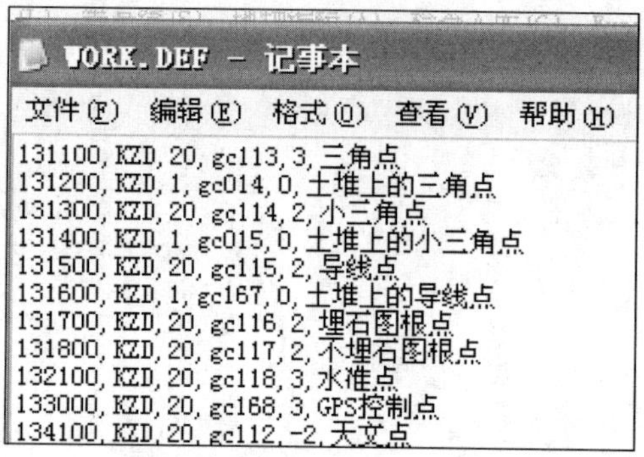
WORK.DEF - 记事本
文件(F) 编辑(E) 格式(O) 查看(V) 帮助(H)
131100,KZD,20,gc113,3,三角点
131200,KZD,1,gc014,0,土堆上的三角点
131300,KZD,20,gc114,2,小三角点
131400,KZD,1,gc015,0,土堆上的小三角点
131500,KZD,20,gc115,2,导线点
131600,KZD,1,gc167,0,土堆上的导线点
131700,KZD,20,gc116,2,埋石图根点
131800,KZD,20,gc117,2,不埋石图根点
132100,KZD,20,gc118,3,水准点
133000,KZD,20,gc168,3,GPS控制点
134100,KZD,20,gc112,-2,天文点

图7.28 WORK.DEF文件中的控制点代码

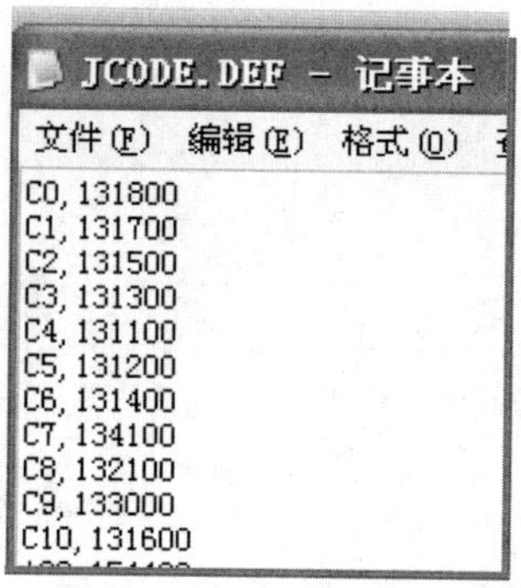
JCODE.DEF - 记事本
文件(F) 编辑(E) 格式(O)
C0,131800
C1,131700
C2,131500
C3,131300
C4,131100
C5,131200
C6,131400
C7,134100
C8,132100
C9,133000
C10,131600

图7.29 JCODE.DEF文件中的控制点简码

(2) 带简码的数据文件。如图7.30所示，在测图过程中，将各个控制点的代码直接

2.dat - 记事本
文件(F) 编辑(E) 格式(O) 查看(V) 帮助(H)
1,C4-岭南,53214.233,31210.570,85.429
2,C2-沈清22,53241.009,31210.570,74.329
3,C1-GOUBEI,53267.602,31210.570,78.651
4,C0-HOUTONG,53214.609,31192.920,80.754
5,C8-铁新Ⅱ35,53242.341,31193.678,76.232
6,C9-黄家IV8,53269.311,31194.819,68.479

图7.30 带简码的数据文件(控制点)

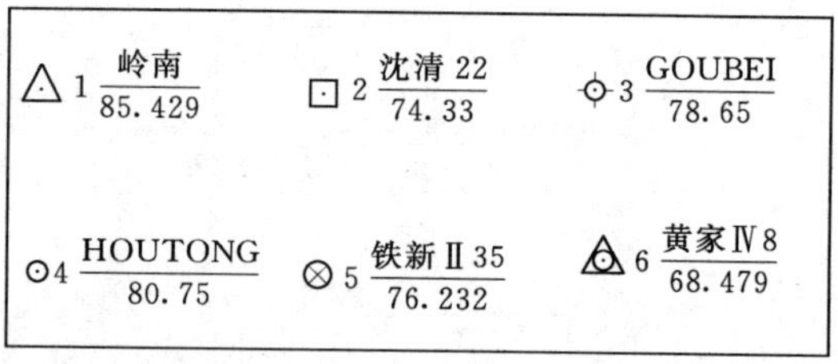

图7.31 使用简码自动成图法绘制的控制点符号

输入仪器中，传输完的数据就包含了简码，部分简码外业不易输入，则可在传完数据后在室内编辑。

(3) 先展绘坐标数据文件，然后在执行绘图处理菜单下面的“编码引导”子菜单，即可绘出图形，如图 7.31 所示，1、2、3、4、5、6 分别表示三角点、导线点、埋石图根点、不埋石图根点、水准点、GNSS 点。

7.8.4.2 连续观测某类地物时的编码方法

当连续观测某一地物时，简码为“＋”或“－”。其中“＋”号表示连线依测点顺序进行；“－”号表示连线依测点顺序相反的方向进行，如图 7.32 所示。在 CASS 中，连线顺序将决定类似于坎类的齿牙线的画向，齿牙线及其它类似标记总是画向连线方向的左边，因而改变连线方向就可改变其画向。

如图 7.32 所示，从 50 到 57 为连续观测的一座多边形房子的房角，则第一点的代码使用“多点混凝土房屋”对应的代码 F2，其它个点的代码均为“＋”即可，绘制的图形如图 7.33 所示。

```
50，F2，54134.99，31214.03，0.00
51，＋，54141.82，31214.03，0.00
52，＋，54141.93，31211.63，0.00
53，＋，54146.15，31211.53，0.00
54，＋，54146.23，31208.40，0.00
55，＋，54132.46，31208.43，0.00
56，＋，54132.40，31211.61，0.00
57，＋，54135.01，31211.48，0.00
```

图 7.32 带简码的数据文件（房屋）

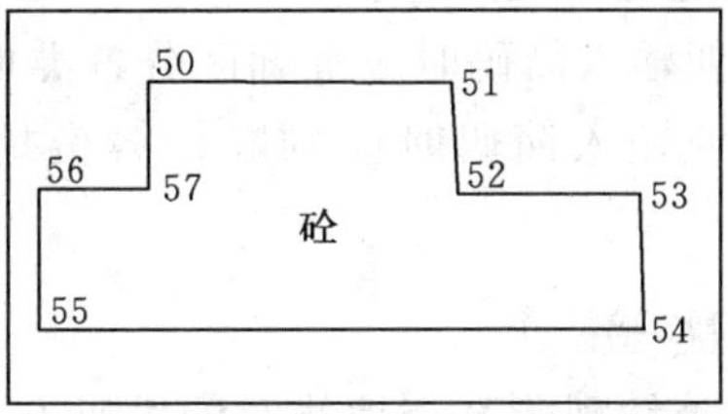

图 7.33 连续观测某类地物时的编码方法

7.8.4.3 交叉观测不同的地物时的编码方法

当交叉观测不同地物时，简码为“n＋”或“n－”。其中“＋”“－”号的意义同上，n 表示该点应与以上 n 个点前面的点相连（n＝当前点号－连接点号－1，即跳点数），还可用“＋A＄”或“－A＄”标识断点，A＄是任意助记字符，当一对 A＄断点出现后，可重复使用 A＄字符。如图 7.34 所示。

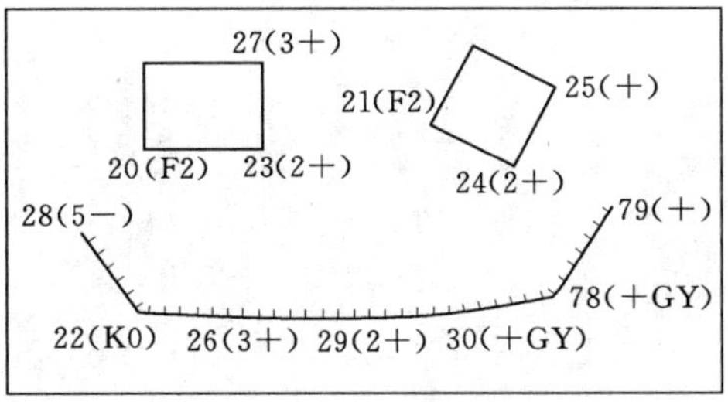

图 7.34 交叉观测不同地物时的编码方法

7.8.4.4 观测具有平行边地物时的编码方法

道路等地物两边线通常都平行，观测具有平行边地物时，简码为“p”或“np”。其中，“p”的含义为通过该点所画的符号应与上点所在地物的符号平行且同类，“np”的含义为通过该点所画的符号应与以上跳过 n 个点后的点所在的符号画平行体，对于带齿牙线的坎类符号，将会自动识别是堤还是沟。若上点或跳过 n 个点后的点所在的符号不为坎类或线类，系统将会自动搜索已测过的坎类或线类符号的点。因而，用于绘平行体的点，可在平行体的一“边”未测完时测对面点，亦可在测完后接着测对面的点，还可在加测其它地物点之后测平行体的对面点。如图 7.35 所示。

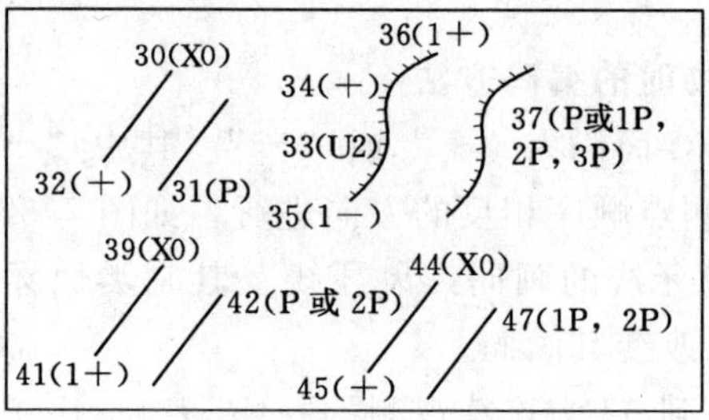

图 7.35 具有平行边的地物的编码方法

7.8.5 实训注意事项

(1) 外业输入简码时应准确区分各类地物地貌，对各类地物的编码应分类准确记忆。

(2) 外业输入简码时应判断好各类地物的连接关系，特别是连续测设不同类地物点时。

7.8.6 知识检验

1. 简述连续观测某类地物时的编码方法。

2. 简述连续交叉观测不同的地物时的编码方法。

实训任务 7.9　地形图的注记与编辑

7.9.1　实训目的及意义

（1）进一步熟悉地形图绘制的方法。

（2）掌握地形图注记与编辑的方法。

7.9.2　实训安排及要求

（1）实训时间为 2 学时。

（2）将前面实训中绘制的地形图进行注记和编辑。

7.9.3　实训仪器及工具

每人 1 台计算机，计算机上安装有 CAD 和 CASS 软件。

7.9.4　实训方法及步骤

7.9.4.1　地形图的注记

一幅完整的地形图需要借助注记文字表达很多信息，地形图注记主要有以下几个方面。

1. 文字注记

如图 7.36 所示，可根据各种不同的排列方式进行文字注记，并将其放在各自相应的图层中。

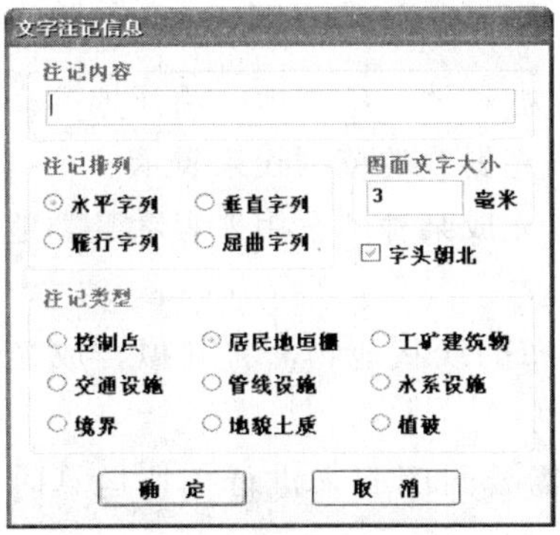

图 7.36　文字注记选择

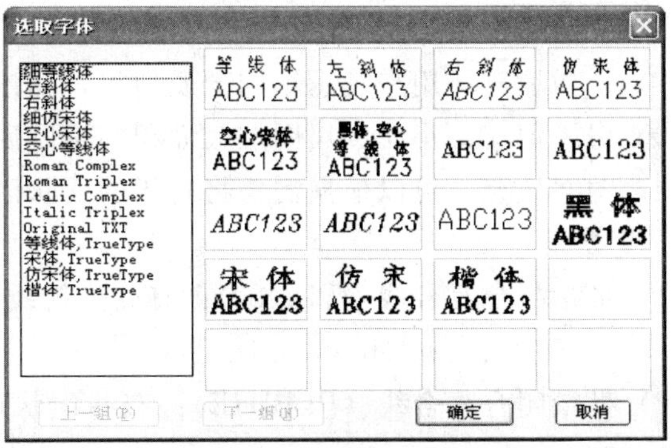

图 7.37　变换字体选择

2. 变换字体

如图 7.37 所示，可以根据所描述的地物的特点不同而选择不同字体，如河流常用斜体字。

3. 文字样式

如图 7.38 所示，可以对注记文字进行从样式、高度、效果、宽度比例、倾斜角度等编辑。

4. 常用注记

如图 7.39 所示，可以选择常见的各种注记文字，如建筑物材质、作物种类、管线名称等。

图 7.38 文字样式选择

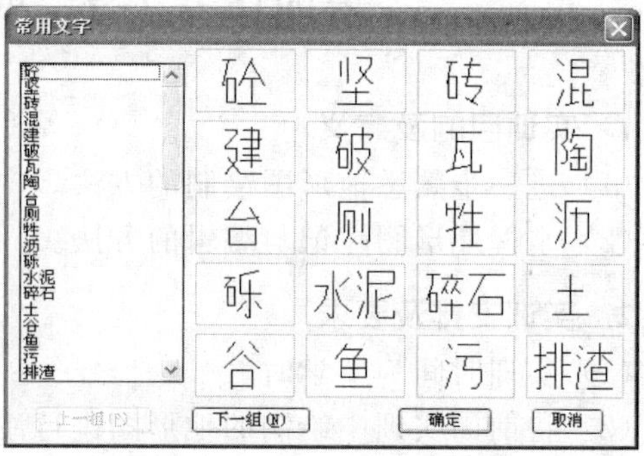

图 7.39 常用注记文字选择

7.9.4.2 地形图的编辑

1. 线性地物的编辑

(1) 重新生成：绘图过程中重新生成未能显示完整的符号，如坡坎的坎毛等。

(2) 线型换向：用来将一些带方向的现状地物换向，如围墙、栅栏、陡坎等。

(3) 修改墙宽：用来修改依比例围墙的宽度。

(4) 修改坎高：用来修改陡坎的坎高值。

2. 面状地物的填充

(1) 植被填充：用来表示不同植被分布，如旱地、水田、菜地、林地、果园、草地等。

(2) 土质填充：用来表示不同土质地貌，如沙地、盐碱地、龟裂地、沼泽地等。

(3) 房屋填充：小比例尺图上大面积的房屋区用填充斜线的范围线来表示。

(4) 图案填充：可以根据需要将封闭的面状区域填充成某种图案用来表示某类地物。

3. 复合线处理

(1) 批量拟合复合线（PLIND）：有些呈折线状分布的线状地物需将其拟合成光滑的曲线。

(2) 批量闭合复合线（PLBIHE）：有些面状地物需要封闭起来进行拓扑运算时应将其闭合。

(3) 批量改变复合线宽（LINEWIDTH）：如将图上某个高程的等高线批量加宽。

(4) 复合线上加点（POLYINS）：复合线上缺少顶点时可用此命令加点。

(5) 复合线上删点（ERASEVERTEX）：复合线上有冗余点时可用该命令删点。

(6) 移动复合线顶点（MOVEVERTEX）：如房角和围墙挨着，可围墙复合线顶点移动到墙角处。

(7) 相邻的复合线连接（POLYJOIN）：如一条较长道路是分段绘制的，应该将其连成整体。

(8) 分离的复合线连接（SEPAPOLYJOIN）：将一些没连起来的复合线连成整体。

(9) 直线转换成复合线（LINETOPOLINE）：如本应绘成 PLINE 的线绘成 LINE

了，可转成多义线。

4. 其它编辑方法

(1) 批量删减（PLSJ）：包括窗口删减（CKSJ）和依据指定多边形删减（PLSJ）。

(2) 批量剪切（PL JQ）：包括窗口剪切（CKJQ）和依据指定多边形剪切（PL JQ）。

(3) 局部存盘（SAVET）：将整幅图中的一部分保存为一幅新图。

(4) 特性匹配（MATCHPROP）：即格式刷，包括单个刷（SINGLEBRUSH）和批量刷（BATCHBRUSH）。

(5) 地物打散：包括打散独立的图块（EXPLODEBLOCK）或者打散复杂的线型（EXPLODELINE）。

7.9.5　实训注意事项

编辑地形图时应注意及时保存和重复备份。

7.9.6　知识检验

1. 通过上机实训说明"批量删减"和"批量剪切"的不同之处。

2. 简述复合线上加点应如何操作。

实训任务7.10　等 高 线 的 绘 制

7.10.1　实训目的及意义

（1）了解等高线绘制的基本原理。

（2）掌握等高线绘制的基本方法。

7.10.2　实训安排及要求

（1）实训时数2学时。

（2）将外业测量过程中得到的数据文件生成等高线。

（3）对生成的等高线进行必要的修饰、编辑和处理。

7.10.3　实训仪器及工具

每人1台计算机，计算机上安装有CAD和CASS软件。

7.10.4　实训方法及步骤

7.10.4.1　展点号及高程

在绘制三角网和等高线之前确保展点号和高程点已经正确展入。

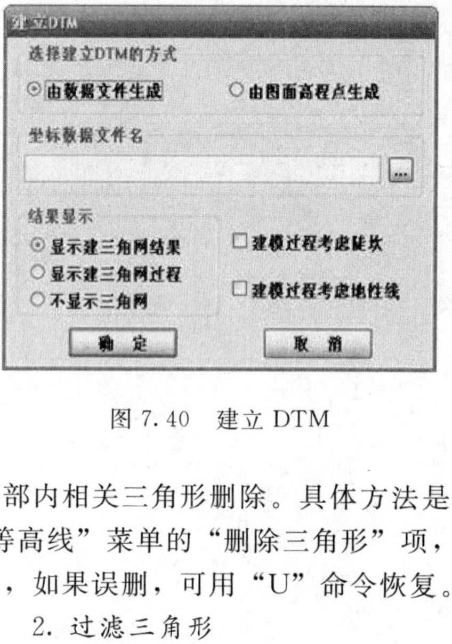

图7.40　建立DTM

7.10.4.2　构建三角网

选择“等高线”菜单下的“建立DTM”子菜单，系统弹出如图7.40所示的对话框，可以选择“由坐标数据文件生成”或“由图面高程点生成”，选择坐标数据文件或直接在图面上框选高程点，在构建三角网的过程中，系统可以提供三种建网结果：显示建三角网结果，显示建三角网过程或者不显示三角网。

7.10.4.3　修改三角网

1. 删除三角形

如果在某局部范围内无等高线通过，则可将其局部内相关三角形删除。具体方法是：先将要删除三角形的地方局部放大显示，再选择“等高线”菜单的“删除三角形”项，命令区提示选择对象，这时便可选择要删除的三角形，如果误删，可用“U”命令恢复。

2. 过滤三角形

可根据用户需要输入符合三角形中最小角的度数或三角形中最大边长最多大于最小边长的倍数等条件的三角形。如果出现在建立三角网后点无法绘制等高线，可过滤掉部分形状特殊的三角形，即有特大角和特小角的三角形。另外，如果生成的等高线不光滑，也可以用此功能将不符合要求的三角形过滤掉再生成等高线。

3. 增加三角形

如果要增加三角形时，可选择“等高线”菜单中的“增加三角形”项，依照屏幕的提示在要增加三角形的地方用鼠标点取，如果点取的地方没有高程点，系统会提示输入高程。

4. 三角形内插点

选择此命令后，可根据提示输入要插入的点：在三角形中指定点（可输入坐标或用鼠标直接点取），提示“高程（米）=?”时，输入此点高程。通过此功能可将此点与相邻的三角形顶点相连构成三角形，同时原三角形会自动被删除。

5. 删三角形顶点

用此功能可将所有由该点生成的三角形删除。因为一个点会与周围很多点构成三角形，如果手工删除三角形，不仅工作量较大而且容易出错。这个功能常用在发现某一点坐标错误时，要将它从三角网中剔除的情况下。

6. 重组三角形

指定两相邻三角形的公共边，系统自动将两三角形删除，并将两三角形的另两点连接起来构成两个新的三角形，这样做可以改变不合理的三角形连接。如果因两三角形的形状特殊无法重组，会有出错提示。

7. 删三角网

生成等高线后就不再需要三角网了，这时如果要对等高线进行处理，三角网比较碍事，可以用此功能将整个三角网全部删除。

8. 修改结果存盘

通过以上命令修改了三角网后，选择“等高线”菜单中的“修改结果存盘”项，把修改后的数字地面模型存盘。这样，绘制的等高线不会内插到修改前的三角形内。

7.10.4.4　绘制等高线

选择“等高线”菜单的“绘制等高线”项，显示图 7.41 所示对话框。对话框中会显示参加生成 DTM 的高程点的最小高程和最大高程。如果只生成单条等高线，那么就在单条等高线高程中输入此条等高线的高程；如果生成多条等高线，则在等高距框中输入相邻两条等高线之间的等高距。最后选择等高线的拟合方式。总共有四种拟合方式：不拟合（折线）、张力样条拟合、三次 B 样条拟合和 SPLINE 拟合。观察等高线效果时，可输入较大等高距并选择不光滑，以加快速度。如选拟合方法 2，则拟合步距以 2m 为宜，但这时生成的等高线数据量比较大，速度会稍慢。测点较密或等高线较密时，最好选择光滑方法 3，也可选择不光滑，过后再用“批量拟合”功能对等高线进行拟合。选择 4 则用标准 SPLINE 样条曲线来绘制等高线，提示“请输入样条曲线容差”，容差是曲线偏离理论点的允许差值，可直接回车。SPLINE 线的优点在于即使其被断开后仍然是样条曲线，可以进行后续编辑修改，缺点是较选项 3 容易发生线条交叉现象。

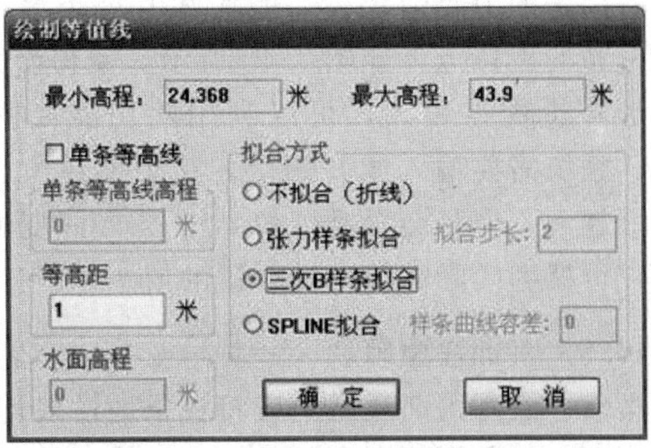

图 7.41　绘制等高线

7.10.4.5 修饰等高线

1. 注记等高线

等高线上需要注记高程，可以选择“单个高程注记”或“沿直线高程注记”，通常情况下在大范围内通常都使用“沿直线高程注记”，在局部地方使用“单个高程注记”。等高线的高程注记通常要求字头朝向高处。

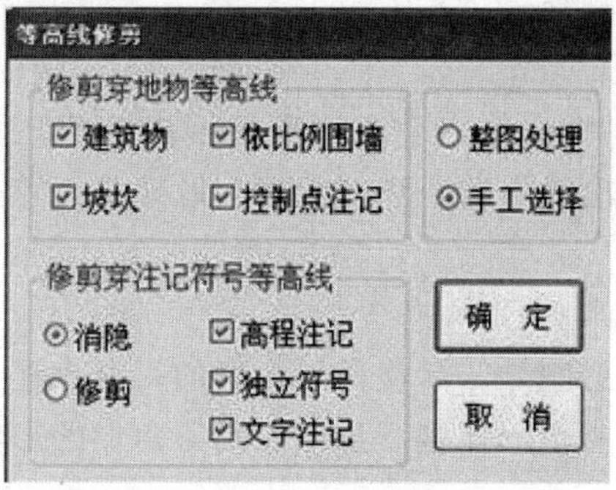

图 7.42 等高线修剪对话框

2. 等高线修剪

如图 7.42 所示，首先选择是消隐还是修剪等高线，然后选择是整图处理还是手工选择需要修剪的等高线，最后选择地物和注记符号，单击确定后会根据输入的条件修剪等高线。

3. 切除指定二线间等高线

如果想切除某两条线之间的等高线，如一条公路通过山坡，则公路两侧的等高线应与公路边断开，此时可使用此命令。

4. 切除指定区域内等高线

如果有一个面状地物位于大片等高线中间，如山上有个院落，则院墙线以内的等高线应切除。选择一封闭复合线，系统将该复合线内所有等高线切除。注意封闭区域的边界一定要是复合线，如果不是，系统将无法处理。

5. 等值线滤波

一般的等高线都是用样条拟合的，这时虽然从图上看出来的节点数很少，但实际上每条等高线上有很多密布的夹持点，如图 7.43 所示，使得绘完等高线后图形容量变得很大，可以利用此功能使图形容量变小。系统需要输入滤波阀值，这个值越大，精简的程度就越大，但是会导致等高线失真（即变形），因此，用户可根据实际需要选择合适的值。

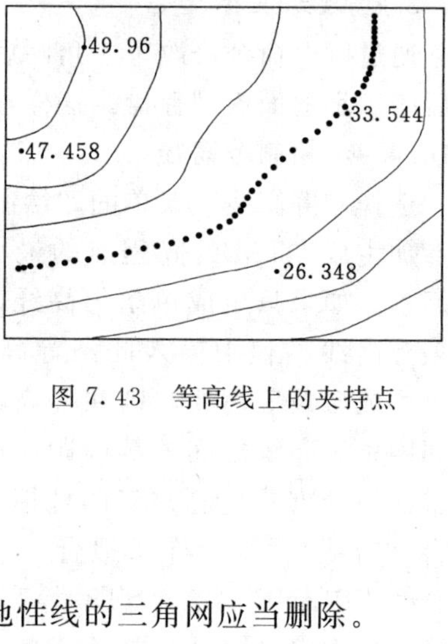

图 7.43 等高线上的夹持点

7.10.5 实训注意事项

（1）绘制等高线之前应将各条地性线连接好，横跨地性线的三角网应当删除。

（2）三角网建完之后，应根据草图情况和现场实际地形删除无用的三角形。

7.10.6 知识检验

1. 简述三角网修改的主要内容。

2. 简述等高线修饰的主要内容。

实训任务 7.11　地形图的分幅与整饰

7.11.1　实训目的及意义

（1）进一步熟悉地形图编辑的方法。

（2）掌握地形图分幅与整饰的方法。

7.11.2　实训安排及要求

（1）实训时数 2 学时。

（2）将前面实训中绘制的地形图进行分幅和整饰。

7.11.3　实训仪器及工具

每人 1 台计算机，计算机上安装有 CAD 和 CASS 软件。

7.11.4　实训方法及步骤

7.11.4.1　给地形图加上标准图幅图框

（1）选择绘图处理菜单下的标准图幅子菜单，可选择 50cm×50cm 或 50cm×40cm 两种图幅。

（2）在图 7.44 所示的标准图幅对话框中输入图名，再输入测量员、绘图员、检查员。

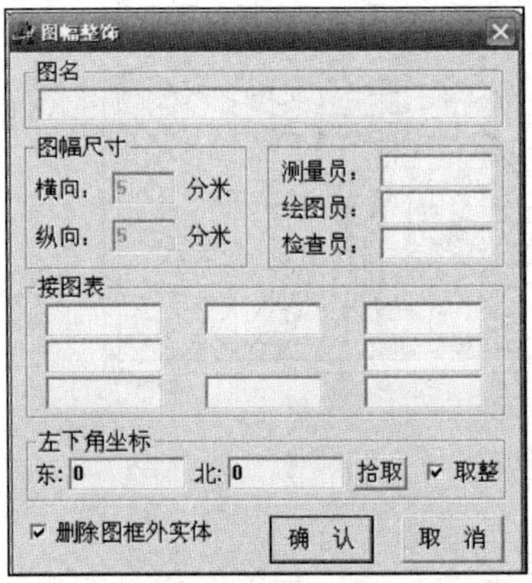

图 7.44　标准图幅图幅整饰对话框

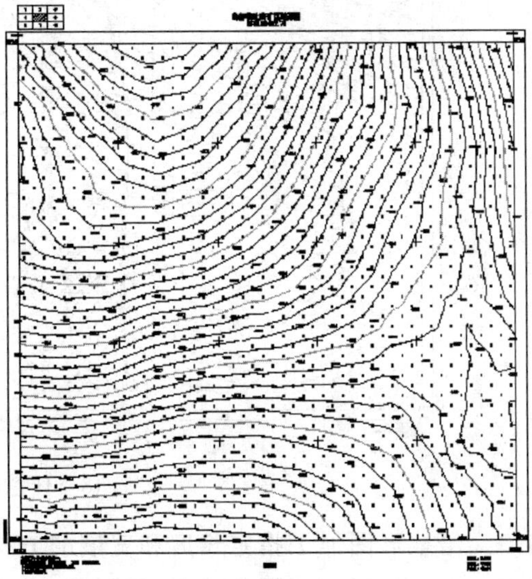

图 7.45　50cm×50cm 标准图幅

（3）在接图表中输入与该幅图相邻的八幅图的图名（图号）。

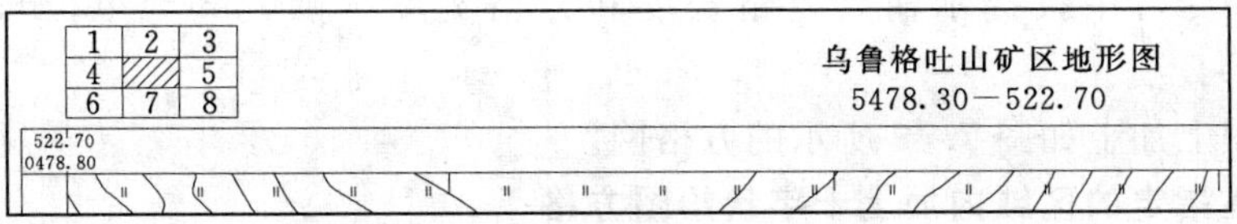

图 7.46　标准图幅图名及接图表示意图

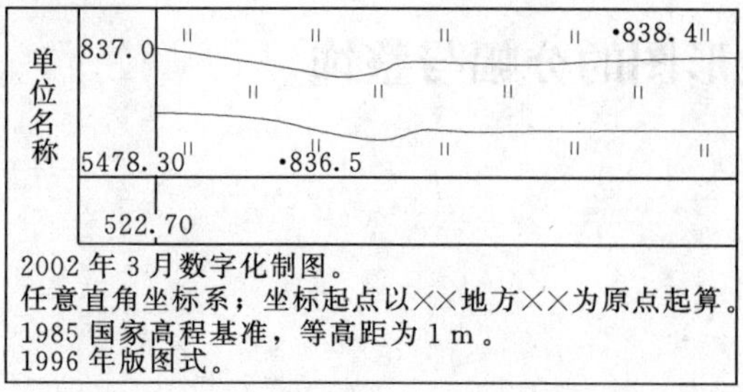

图 7.47 准图幅测图单位、日期示意图

(4) 输入需要加图框的地图的西南角的 x（北）、y（东）坐标，或者用鼠标直接点取。生成如图 7.45 所示的 50cm×50cm 标准图幅。图名及接图表如图 7.46 所示。

(5) 对图 7.47 所示的测图单位、测图日期、坐标系、高程系等进行修改。

7.11.4.2 给地形图加上任意图幅图框

作用：根据地形图的时间范围，加入多个格数的图框，而不是标准图幅（50cm×50cm）那样固定为 25 个格。

(1) 选择 CASS 软件主菜单“绘图处理”下的“任意图幅”子菜单。

(2) 在图 7.44 所示的标准图幅对话框中填入各项内容。不同的是，任意图幅可以控制方格的长度和宽度，可以不是固定的 5dm×5dm；如图 7.48 所示为任意图幅图框。

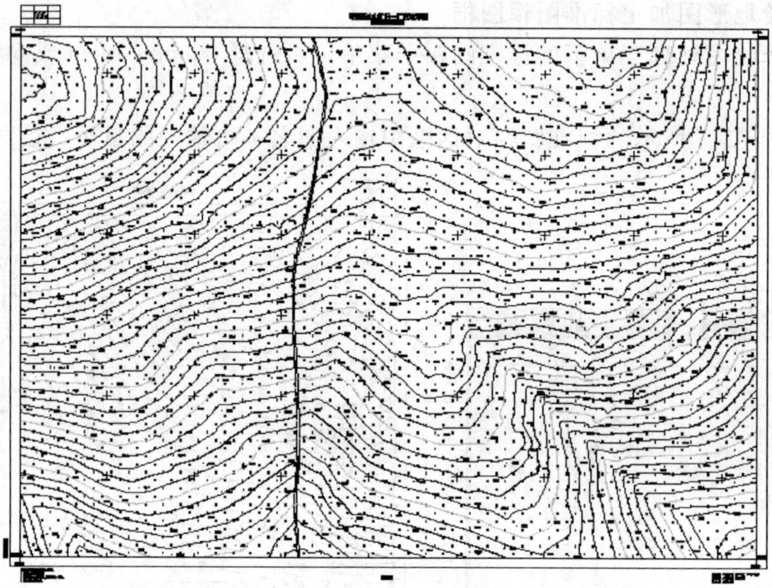

图 7.48 任意图幅图框

7.11.4.3 给地形图加上指定长度和宽度的方格

作用：可以给指定地图的某个区域加上方格网，覆盖位置、覆盖范围、方格长宽可以人为控制，可以用在地形图上局部设计及计算等。

(1) 选择 CASS 软件主菜单“绘图处理”下的“图幅网格（指定长度）”子菜单。

(2) 在命令行中按提示输入方格长度和方格宽度（以 mm 为单位）；如长宽均输入 100mm。

(3) 在图上加上如图 7.49 所示的方格网。

7.11.4.4 在指定的区域内加上十字状绘图方格

作用：可以给指定地图的某个区域加上十字状方格网，覆盖位置、覆盖范围可以人为控制、方格长宽可以人为控制，可以用在地形图上局部设计及计算等。

(1) 选择 CASS 软件主菜单“绘图处理”下的“加方格网”子菜单。

(2) 在命令行中按提示用鼠标分别点取需要加方格网区域的左下角点和右上角点。

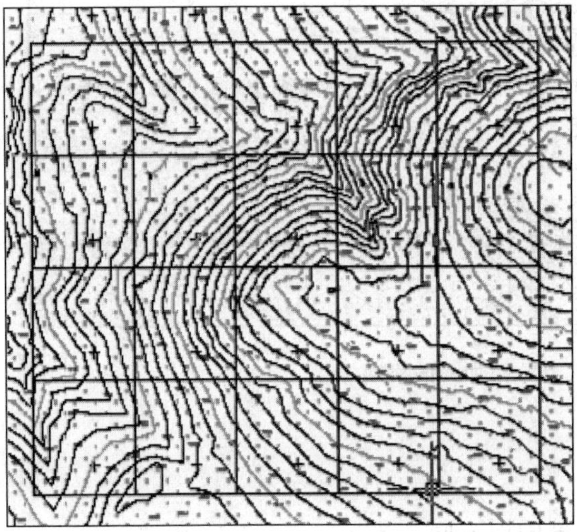

图 7.49　方格网示意图

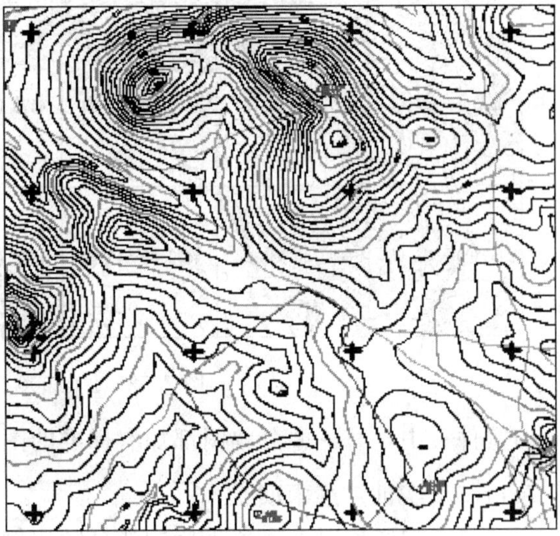

图 7.50　十字方格示意图

(3) 在图上加如图 7.50 所示的十字方格（为了显示清楚，十字格网的线宽设置的较宽）。

7.11.4.5　给十字方格处加上纵横坐标

作用：给加入十字方格的位置加上坐标，可以显示当前位置的坐标，方便用图者快速了解当前位置的坐标数据。如该图中十字方格间距为 10cm，而显示坐标差为 100m，比例尺为 1∶1000。

(1) 选择 CASS 软件主菜单“绘图处理”下的“方格注记”子菜单。

(2) 在命令行中按提示用鼠标分别点取需要加方格注记的十字方格的位置。

(3) 重复第 (2) 步，将所需要加入坐标的位置全部添加坐标注记。如图 7.51 所示。

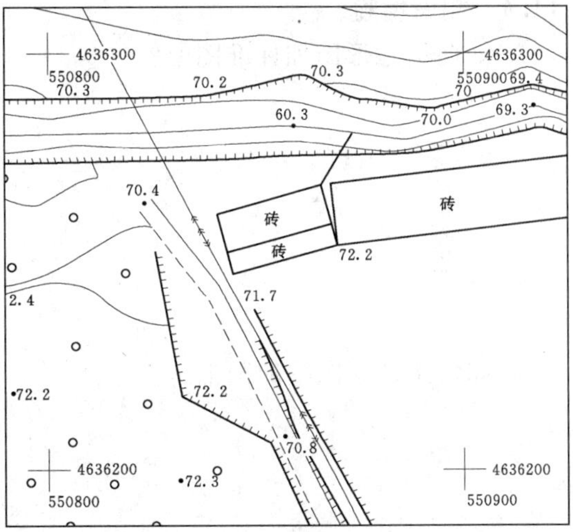

图 7.51　给十字方格加上坐标

7.11.4.6　批量分幅

依次选择“绘图处理”“批量分幅”“建立格网”，如图 7.52 所示，可将一幅图分成标注的多个图幅，并加上网格线，在每一幅分幅图上标有图号。分幅过程中需要按照比例尺的要求及实际测区范围来确定测区西南角和东北角点的坐标。

再依次选择“绘图处理”“批量分幅”“批量输出”，则可将每一幅分幅图输出到指定

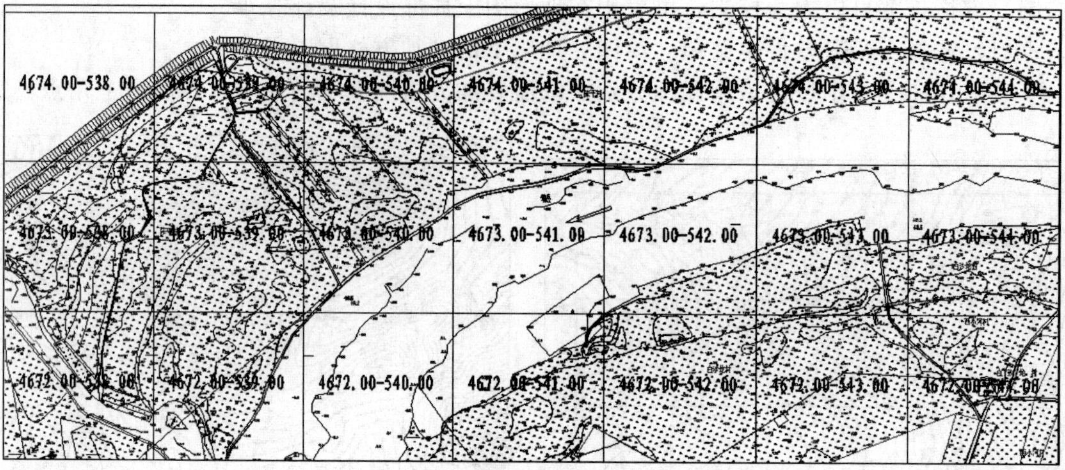

图 7.52　1：2000 图批量分幅加入的格网

的文件夹中，每一幅分幅图都加有标准的图框。

7.11.5　实训注意事项

（1）加图框时西南角坐标的选择随比例尺不同而不同。

（2）批量分幅时应该事先计算好测区西南角和东北角坐标。

7.11.6　知识检验

1. 如何给地形图加标准图幅？

2. 如何给任意图幅加图框？

3. 如何进行批量分幅？

实训任务 7.12 断 面 图 的 绘 制

7.12.1 实训目的及意义

（1）了解断面图绘制的基本原理和方法。

（2）掌握用 CASS 软件绘制断面图的方法。

7.12.2 实训安排及要求

（1）实训时数 2 学时。

（2）完成一定数量的断面图的绘制工作。

7.12.3 实训仪器及工具

每人 1 台计算机，计算机上安装有 CAD 和 CASS 软件。

7.12.4 实训方法及步骤

使用 CASS 软件绘制断面图的方法有四种：由坐标数据文件生成、由断面里程文件生成、由等高线生成、由三角网生成。

7.12.4.1 用坐标数据文件（*.dat）绘制断面图

1. CASS 数据文件格式

坐标数据文件是 CASS 最基础的数据文件，扩展名是“dat”，无论是从电子手簿传输到计算机还是用电子平板在野外直接记录数据，都生成一个坐标数据文件，其格式为：

1 点点名，1 点编码，1 点 y（东）坐标，1 点 x（北）坐标，1 点高程

……

N 点点名，N 点编码，N 点 y（东）坐标，N 点 x（北）坐标，N 点高程

说明：

（1）文件内每一行代表一个点。

（2）每个点 y（东）坐标、x（北）坐标、高程的单位均是“米”。

（3）编码内不能含有逗号，即使编码为空，其后的逗号也不能省略。

（4）所有的逗号不能在全角方式下输入。

2. CASS 数据文件绘制断面图过程

（1）使用复合线将断面点连成断面线，注意连接顺序决定断面方向。

（2）用复合线生成断面线，点取“工程应用\绘断面图\根据已知坐标”功能，依据提示“选择断面线”屏幕上弹出“断面线上取值”的对话框如图 7.53 所示，在“坐标获取方式”栏中选择“由数据文件生成”，在“坐标数据文件名”栏中选择坐标数据文件。

说明：如果选“由图面高程点生成”，为在图上选取高程点，前提是图面存在高程点，否则此方法无法生成断面图。

（3）输入采样点间距，系统的默认值为 20 米。采样点的间距的含义是复合线上两顶点之间若大于此间距，则每隔此间距内插一个点。

（4）输入起始里程，系统默认起始里程为 0。

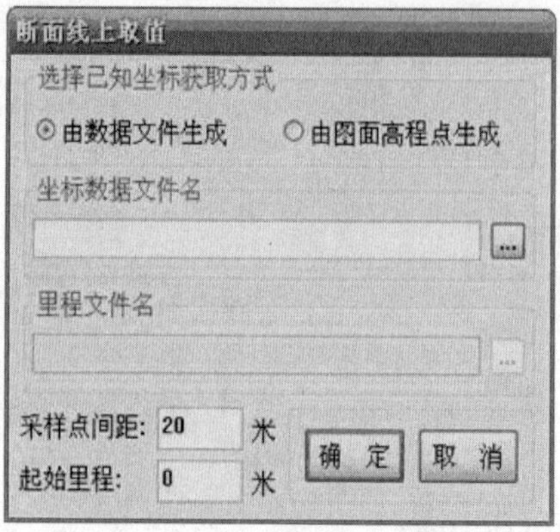

图 7.53 根据已知坐标绘断面图

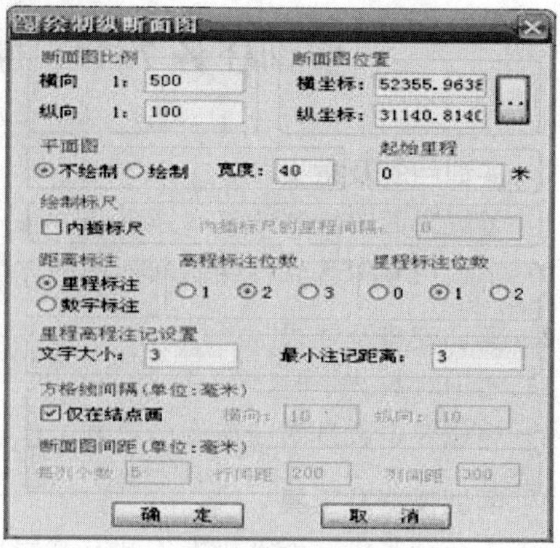

图 7.54 绘制纵断面图对话框

(5) 单击“确定”之后，屏幕弹出绘制纵断面图对话框如图 7.54 所示，输入相关参数。

(6) 横向比例和纵向比例，系统默认的横向比例和纵向比例分别为 1∶500 和1∶100；断面图位置可以手工输入，也可在图面上拾取；可以选择是否绘制平面图、标尺、标注；还有一些关于注记的设置。

(7) 单击“确定”之后，在屏幕上出现所选断面线的断面图，如图 7.55 所示。

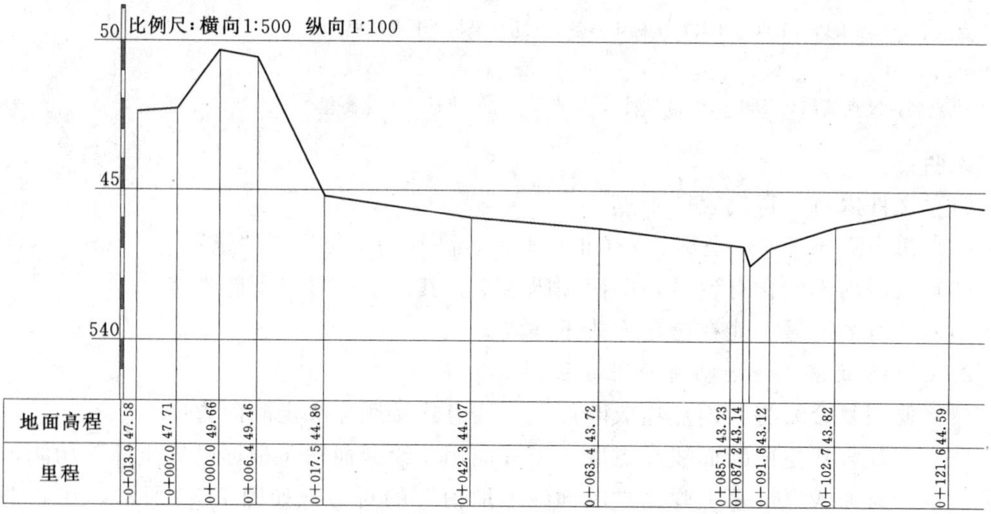

图 7.55 横断面图（部分）

7.12.4.2 用断面里程文件（∗.HDM）绘制断面图

一个里程文件可包含多个断面的信息，此时绘断面图就可一次绘出多个断面。里程文件的一个断面信息内允许有该断面不同时期的断面数据，这样绘制这个断面时就可以同时绘出实际断面线和设计断面线。

1. 断面里程文件的编写方法

CASS的断面里程文件扩展名是“*.HDM”，总体格式如下：

```
BEGIN，断面里程：断面序号
第一点里程，第一点高程
第二点里程，第二点高程
    ……
NEXT
另一期第一点里程，第一点高程
另一期第二点里程，第二点高程
    ……
下一个断面
    ……
```

2. 断面里程文件的要求

(1) 每个断面第一行以“BEGIN”开始；“断面里程”参数多用在道路土方计算方面，表示当前横断面中桩在整条道路上的里程，如果里程文件只用来画断面图，可以不要这个参数；“断面序号”参数和下面要讲的道路设计参数文件的“断面序号”参数相对应，以确定当前断面的设计参数，同样在只画断面图时可省略。

(2) 各点应按断面上的顺序表示，里程依次从小到大。

(3) 每个断面从“NEXT”往下的部分可以省略，这部分表示同一断面另一个时期的断面数据，例如设计断面数据，绘断面图时可将两期断面线同时画出来，如同时画出实际线和设计线。

3. 使用断面里程文件生成断面图

某断面数据文件如下（注意逗号需要英文逗号），断面图如图7.56所示，细折线为实际断面线，加粗线为设计断面线。

```
BEGIN，K0+000：1
0，95
5，96
7，95.5
12，96.2
15，95.8
18，96.7
22，95.2
26，94.6
30，93.2
NEXT
0，93
5，95
15，95.2
25，95
```

30，93
BEGIN，K0+100：2
0，94.5
4，95
8，94.7
11，96.5
15，96.8
19，95.7
23，93.4
26，94.8
30，93.8
NEXT
0，93
5，95
15，95.2
25，95
30，93

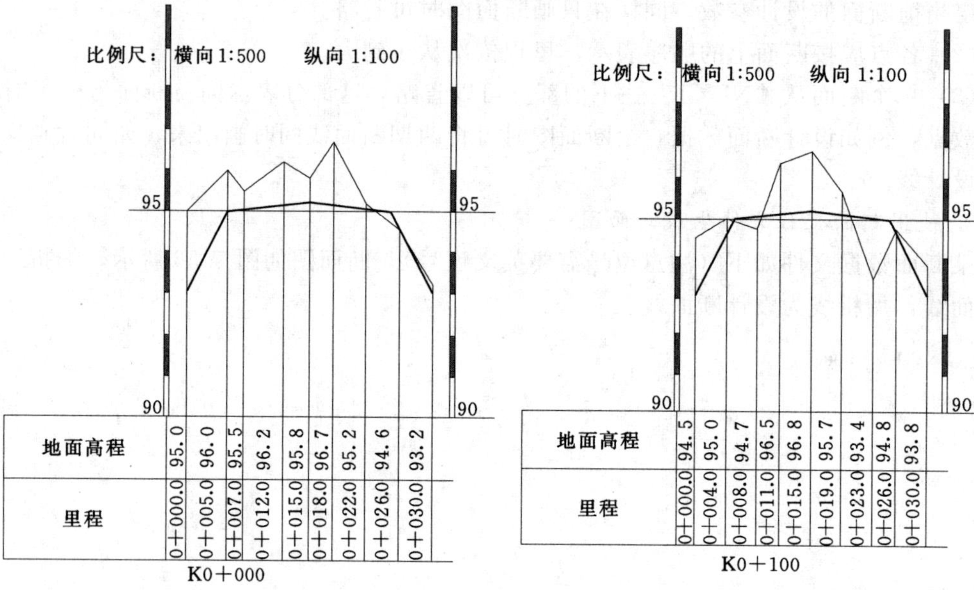

图 7.56　横断面图

4. 依据里程文件绘制断面图的方法

（1）“工程应用”→“绘断面图”→“根据里程文件”。

（2）选择预先编制好的断面里程文件 *.hdm。

（3）选择并填写断面图的横向和纵向比例尺。

（4）填写或鼠标指定绘制断面图的位置。

（5）选择距离标注方式为“里程标注”或“数字标注”。

（6）选择高程标注和里程标注的数据取位数。

（7）选择里程和高程注记的文字大小和最小注记距离。

（8）选择方格线“仅在结点画”或“横向、纵向指定距离（默认 10mm）”。

（9）一次绘制多个断面图时，规定每列个数。

（10）多图间距指定，即行间距和列间距的指定。

（11）以上参数设置完毕之后，单击确定，即可绘出图形。

7.12.5　实训注意事项

（1）坐标数据文件法绘制断面图时，PLINE 线的连线方向决定生成的断面图的方向。

（2）断面里程文件法绘制断面图时，可批量绘制多个断面图，行列数及间距可以控制。

7.12.6　知识检验

1. 简述坐标数据文件法绘制断面图的基本过程。

2. 简述断面里程文件法绘制断面图的基本过程。

实训任务 7.13 利用南方 CASS 扫描矢量化

7.13.1 实训目的及意义

（1）进一步加深对地形图数字化相关概念的理解。

（2）掌握 CASS 软件进行地形原图数字化的方法。

7.13.2 实训安排及要求

（1）实训时间为 2 学时。

（2）完成一幅地形图原图数字化工作。

7.13.3 实训仪器及工具

每人 1 台计算机，计算机上安装有 CAD 和 CASS 软件，扫描图件 1 幅。

7.13.4 实训方法及步骤

利用 CASS 的“光栅图像”处理工具可以直接对扫描的栅格图像进行图形的纠正，并利用屏幕菜单进行图像矢量化。其主要操作步骤如下。

1. 插入光栅图像

选择“工具”菜单下的“光栅图像→插入图像”项，在弹出图像管理对话框中，选择“附着（A）…”按钮，选择要矢量化的光栅图，单击“打开（O)”按钮，进入图形管理器对话框，如图 7.57 所示，选择一幅图像并确定。依据命令行插入一幅扫描好的栅格图。

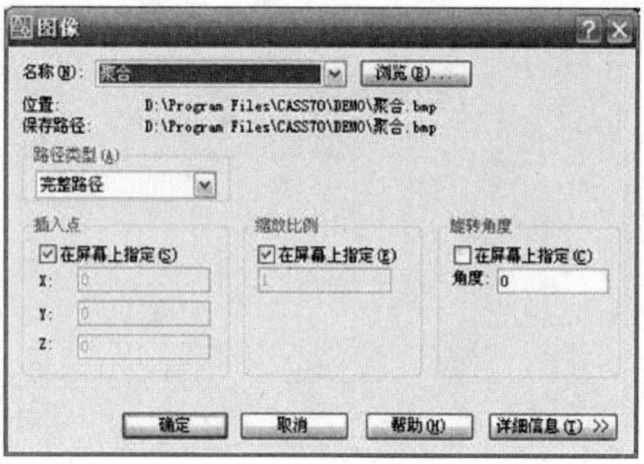

图 7.57 图像管理器

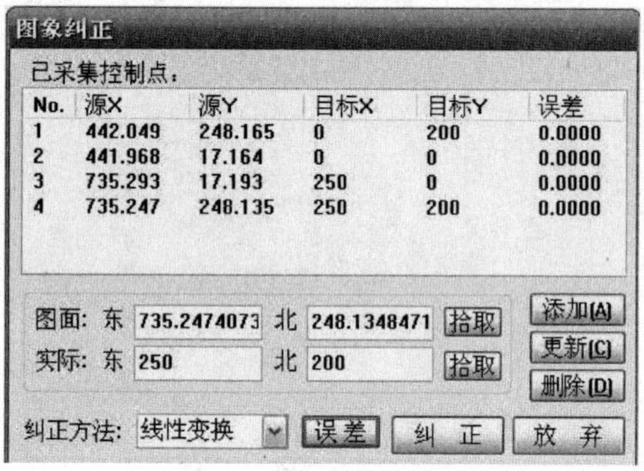

图 7.58 五点纠正

2. 图像纠正

插入图形之后，用“工具”下拉菜单的“光栅图像→图形纠正”对图像进行纠正，这时会弹出图形纠正对话框。选择“线性变换”纠正方法，单击“图面：”一栏中“拾取”按钮，回到光栅图，局部放大后选择角点或已知点，此时自动返回纠正对话框，在“实际：”栏中单击“拾取”，再次返回光栅图，选取控制点图上实际位置，返回图像纠正对话框后，单击“添加”，添加此坐标。完成一个控制点的输入后，依次拾取输入各点，最后单击纠正按钮，实现图形纠正。此方法最少输入五个控制点，如图 7.58 所示。

五点纠正完毕后，进行四点纠正“affine”，同样依此局部放大后选择各角点或已知点，添加各点实际坐标值，最后进行纠正。此方法最少四个控制点。

经过两次纠正后，栅格图像应该能达到数字化所需的精度。值得注意的是，纠正过程中将会对栅格图像进行重写，覆盖原图，自动保存为纠正后的图形，所以在纠正之前需备份原图。

在“工具→光栅图像”中，还可以对图像进行图像赋予、图形剪切、图像调整、图像质量、图像透明度、图像框架的操作。用户可以根据具体要求，对图像进行调整。

3. 交互矢量化

图像纠正完毕后，利用右侧的屏幕菜单，可以进行图像的矢量化工作。一般选择“坐标定位”屏幕菜单进行绘图，其操作方法是操作鼠标在屏幕显示的光栅图像上采集点。作业时，将图像放大到合适位置，对于点状符号，要找到点状符号图像的中心位置；对于线形符号，要沿着图像线条灰度最大的地方进行矢量化；对于需要填充的区域，调用符号进行填充。

当矢量化工作完成后，通过检查没有遗漏，即可选中图像的边缘，用“Delete”命令，将光栅图像删除，并将生成的矢量化数据成果及时保存。

7.13.5　实训注意事项

（1）在矢量化之前将原光栅图进行备份，方便以后使用。

（2）矢量化过程中随时保存成果。

7.13.6　知识检验

简述用南方 CASS 软件进行扫描矢量化的过程。

项目8 综 合 实 训

项目8.1 全野外数字化测图实训任务书

8.1.1 课程性质

（1）教学对象：工程测量技术及其相关专业。

（2）建议实训时间：三周。

8.1.2 课程实训目的与要求

8.1.2.1 实训目的

“数字化测图”是工程测量及其相关专业的主要专业技术课程之一，是一门实践性、操作性、综合性很强的课程，通过数字化课程实训，进一步巩固和深化课堂所学内容，验证课堂所学基础理论和基本方法、基本技能，将所学知识变成技巧、变成能力。通过实训，还可以加强学生的仪器操作技能，提高学生的动手能力，培养学生运用所学基本理论和基本技能发现问题、分析问题、解决问题的能力。实训过程中，注重学生基本功的训练，培养测量工程师的基本素质；培养学生具有热爱专业、关心集体、爱护仪器工具、认真执行测量规范的良好职业道德；吃苦耐劳、团结协作的团队精神；认真负责、一丝不苟的工作态度；精益求精的工作作风；遵守纪律、保护群众利益的社会公德。

8.1.2.2 实训要求

（1）熟练掌握全野外数字化测图常用的测量仪器（全站仪、GNSS－RTK）的使用方法。

（2）掌握全站仪图根导线测量、GNSS－RTK图根控制测量观测方法和计算方法。

（3）掌握全站仪加密测站点的方法。

（4）掌握全野外数字测图的基本方法和测图过程，掌握数字地形图的检查方法。

（5）掌握全野外数字测图的基本要求和成图过程，掌握大比例尺数字测图方法和数字成图软件的使用。

8.1.3 实训组织方式

实训期间的组织工作应由辅导教师负责，每班应配备两名辅导教师。实训按小组进行，每组5～6人，选组长1人，负责组内实训分工和仪器管理。组员在组长的统一安排下，分工协作，搞好实训。分配任务时，应使每项工作都由组员轮流担任，不要单纯追求进度。

8.1.4 实训主要内容

（1）踏勘选点，技术设计。

（2）数据采集（图根控制测量、碎部点数据采集）。

（3）数据处理（数据传输、地形图绘制）。

（4）地形图的检查与验收。

（5）实训报告（技术总结）。

（6）图形输出。

8.1.5　实训时间安排

参考时间分配表见表 8.1。

表 8.1　参考时间分配表

项目名称	时间/d	备注
准备工作、踏勘选点、技术设计	1	包括实训动员，主要内容讲解
图根控制测量	4	全站仪导线测量及内业计算
碎部点数据采集、数据传输	6	每天采集的数据及时传入计算机
数据处理（地形图绘制）	5	每天利用一定的时间绘图
地形图的检查与验收	2	包括内业检查与外业检查
实训报告（技术总结）、图形输出	2	
成绩考核	1	操作考试和理论考试相结合
合计	21	

8.1.6　实训注意事项

（1）实训中，确保实训设备的安全，在老师的指导下按照仪器操作规范正确使用。各组要指定专人妥善保管仪器、工具。每天出工和收工，都要按仪器清单清点仪器和工具数量，检查仪器和工具是否完好无损。发现问题要及时向指导教师报告。

（2）实训期间，小组长要认真负责，合理安排小组工作，应使每一项工作都由小组成员轮流完成，使每人都有操作的机会，不可单独追求实训进度。

（3）实训中，应加强团结。小组内、各组之间、各班之间都应团结协作，以保证实训任务的顺利完成。

（4）观测员将仪器安置在脚架上时，一定要拧紧连接螺旋和脚架制紧螺旋，并由记录员复查。在安置仪器时，特别是在对中、整平后以及迁站前，一定要检查仪器与脚架的中心螺旋是否拧紧。观测员必须始终守护在仪器旁，注意过往行人、车辆，防止仪器翻倒。若发生仪器事故，要及时向指导教师报告，严禁私自拆卸仪器。

（5）观测数据必须直接记录在规定的手簿中，不得用其它纸张记录再行转抄。严禁擦拭、涂改数据，严禁伪造成果。在完成一项测量工作后，要及时计算、整理有关资料并妥善保管好记录手簿和计算成果。

（6）严格遵守实训纪律。在测站上不得嬉戏打闹，工作中不看与实训无关的书籍和报纸。未经实训队允许，不得缺勤。

（7）按照指导教师要求，遵照指导书要求，同时严格遵守测量规范，按规范要求完成所有实训环节，保证实训质量和进度，按要求完成各项实训项目。

8.1.7 成绩评定

实训成绩根据小组成绩和个人成绩综合评定。按优、良、中、及格、不及格五级评定成绩。

8.1.7.1 小组成绩的评定标准

（1）观测、记录、计算准确，数据图形管理规范，按时完成任务等。

（2）遵守纪律，爱护仪器，组内人员具有团队精神，组内外团结协作。

（3）组内能展开讨论，及时发现问题解决问题，并总结经验教训。

8.1.7.2 个人成绩的评定

（1）实训期间的表现，主要包括：出勤情况、实训表现、遵守纪律情况、爱护仪器工具情况。

（2）操作技能，主要包括：使用仪器的熟练程度、作业程序和外业观测是否符合规范要求等。

（3）手簿、计算成果和成图质量，主要包括：手簿和各种计算表格是否完好无损，书写是否工整清晰，手簿有无擦拭、涂改，数据计算是否正确，各项限差、较差、闭合差是否在规定范围内。地形图上各类地物、地形要素的精度及表示是否符合要求，文字说明注记是否规范等。

（4）个人实训考试成绩（包括实际操作考试、理论计算考试）。

（5）实训报告，主要包括：实训报告的编写格式和内容是否符合要求，实训报告是否整洁清晰、项目齐全、成果正确，编写水平，分析问题、解决问题的能力及有无独特见解等。

（6）实训中发生吵架事件、损坏仪器、工具及其它公物、未交实训报告、伪造数据、丢失成果资料等，均作不及格处理。

8.1.8 技术要求

技术要求按《城市测量规范》（CJJ/T 8—2011）、《国家基本比例尺地形图第一部分：1：500 1：1000 1：2000 地形图图式》（GB/T 20257.1—2007）、《1：500 1：1000 1：2000 外业数字测图技术规程》（GB/T 14912—2005）、《测绘技术总结编写规定》（CH/T 1001—2005）、《测绘技术设计规定》（CH/T 1004—2005）等规定执行。一般规定如下：

（1）数字化测图实训采用数字测记模式的草图法，利用全站仪或 RTK 进行外业数据采集。

（2）实训指导教师统一选定坐标系统和高程系统。坐标系统和高程系统尽量采用国家坐标系统和国家高程系统，也可以采用假定坐标系统和假定高程系统。

（3）地形图图幅应按正方形分幅，规格为 50cm×50cm；图号编号按图廓西南角坐标千米数编号，X 坐标在前，Y 坐标在后，中间用短线连接。

（4）地形类别按以下情况划分：

平地：绝大部分地面坡度在 2°以下。

丘陵地：绝大部分地面坡度在 2°～6°（不含 6°）。

山地：绝大部分地面坡度在 6°～25°。

高山地：绝大部分地面坡度在25°以上。

(5) 实训指导教师根据任务和地形情况统一确定测图比例尺和地形图基本等高距，比例尺可选为1：500或1：1000，基本等高距根据地形类别和用途的需要，按表8.2规定确定。

(6) 高程注记点的密度为100cm² 内5～20个，一般选择明显地物点或地形特征点。

表 8.2 **基本等高距** 单位：m

基本等高距	平地	丘陵	山地	高山地
1：500	0.5	1.0 (0.5)	1.0	1.0
1：1000	0.5 (1.0)	1.0	1.0	2.0

注 括号内的等高距依用图需要选用。

(7) 地形图图上地物点相对于邻近图根点的位置中误差以及邻近地物点间的距离中误差不大于表8.3的规定。高程注记点相对于邻近图根点的高程中误差不应大于相应比例尺地形图基本等高距的1/3，困难地区放宽到0.5。等高线插求点相对于邻近图根点的高程中误差，平地不应大于基本等高距的1/3，丘陵地不应大于基本等高距的1/2，山地不应大于基本等高距的2/3，高山地不应大于基本等高距。

表 8.3 **地物点平面位置精度**

地区分类	比例尺	点位中误差	邻近地物点间距中误差
城镇、工业建筑区、平地、丘陵地	1：500	±0.15	±0.12
	1：1000	±0.30	±0.24
	1：2000	±0.60	±0.48
困难地区、隐蔽地区	1：500	±0.23	±0.18
	1：1000	±0.45	±0.36
	1：2000	±0.90	±0.72

(8) 地形图符号及注记按《1：500 1：1000 1：2000 地形图图式》(GB/T 20257.1—2007) 的规定执行。对图式中没有规定的地物、地貌符号，由实训指导教师统一规定，不得自行设计使用。

8.1.9 实践成果

8.1.9.1 每个实训小组应交下列成果

(1) 经过严格检查的各种观测手册。

(2) 整饰合格的数字地形图。

8.1.9.2 每人应交下列成果

(1) 控制网的选点草图。

(2) 导线计算成果。

(3) 控制点成果表。

(4) 实训报告（技术总结、个人总结）。

项目8.2 全野外数字化测图实训指导书

8.2.1 技术设计

在明确任务、了解测区、广泛收集资料的情况下，进行技术设计书的编写。

8.2.1.1 任务概述

说明任务名称、来源、作业区范围、地理位置、行政隶属、测图比例尺、拟采用的技术依据、要求达到的主要精度指标和质量要求、计划开工期及完成期等。

8.2.1.2 测区概况

重点介绍测区的社会、自然、地理、经济、人文等方面的基本情况。

8.2.1.3 已有资料利用情况

需对以上既有成果情况加以说明，包括其等级、精度。

8.2.1.4 作业依据

说明测图作业所依据的规范、图式及有关的技术资料。

8.2.1.5 控制测量方案

控制测量方案包括平面控制测量方案和高程控制测量方案。

1. 平面控制测量方案

此部分内容略。

2. 高程控制测量方案

此部分内容略。

8.2.1.6 数字测图方案

首先介绍数字测图的测图比例尺、基本等高距、地形图采用的分幅与编号方法、图幅大小等，并绘制整个测区的地形图分幅编号图；再介绍数据采集方案；最后介绍数据处理、图形处理、成果输出方法。

8.2.1.7 检查验收方案

检查验收方案应重点说明数字地形图的检测方法、实地检测工作量与要求；中间工序检查的方法与要求；自检、互检、组检方法与要求；各级各类检查结果的处理意见等。

8.2.1.8 应提交的资料

技术设计书中应列出需要提交的所有资料的清单，并编制成表。

8.2.1.9 建议与措施

技术设计书中不仅就如何组织力量、提高效益、保证质量等方面提出建议，而且要充分、全面、合理预见工程实施过程中可能遇到的技术难题、组织漏洞和各种突发事件等，并有针对性地制定处理预案，提出切实可行的解决方法。

8.2.2 数据采集

8.2.2.1 图根控制测量

图根点是测图的依据，它为数字化测图提供平面和高程基准，应该在各级国家等级控制点、城市等级控制点、控制点下加密。图根控制测量方法主要以全站仪导线测量和

GNSS－RTK 测量为主，也可以采用“一步测量法”和“辐射点法”。导线可布设成单一附合导线、单一闭合导线及导线网，因地形限制图根导线无法附合时，可布设成支导线。以下以全站仪导线测量为例说明图根控制测量方法。

1. 选点

图根点的密度应根据测图比例尺和地形条件而定，数字化测图图根点的密度不宜小于表 8.4 的规定。地形复杂、隐蔽以及城市建筑区，应以满足测图需要并结合具体情况加大密度。

表 8.4　　　　数字化测图图根点密度

测图比例尺	1∶500	1∶1000	1∶2000
图根控制点的密度/（点数/km^2）	64	16	4

图根控制点应选在土质坚实、便于长期保存、便于仪器安置、通视良好、视野开阔、便于测角和测距、便于施测碎部点的地方。要避免将图根点选在道路中间。若导线点为临时点，则只需在点位打一个木桩，桩顶面钉一个小钉，其小钉几何中心即为点位；若点位在水泥路面，则在点位上钉一个水泥钉即可，或用油漆在地面上画“⊕”作为临时标志；需长期保存的点，应埋设混凝土标石，标石中心钢筋顶面应有十字线，十字交点即点位。埋石点应选在第一次附合的图根点上，并应做到至少能与另一个埋石点互相通视。

图根控制点相对于起算点的点位中误差按测图比例尺：1∶500 不应大于 5cm；1∶1000 不应大于 10cm。高程中误差不得大于测图基本等高距的 1/10。

2. 全站仪导线测量

全站仪导线测量可以直接测算出图根点的三维坐标。

（1）测边。导线的边长采用全站仪双向施测，每个单向施测一测回，即盘左盘右分别进行观测，读数较差和往返测较差均不宜超过 20mm。测边应进行气象改正。

（2）测角。水平角施测一测回，测角中误差不宜超过 20″。

（3）高程测量。每边的高差采用全站仪往返观测，每个单向施测一测回，即盘左盘右分别进行观测，盘左盘右和往返测高差较差均不宜超过 $0.02D$m。D 为边长，单位 km，300m 以内按 300m 计算。

（4）精度要求。全站仪导线测量角度闭合差不大于$\pm 60''\sqrt{n}$（n 为测站数），导线相对闭合差不大于 1/2500，高差闭合差不大于$\pm 40\sqrt{D}$mm（D 为边长，单位 km）。

因地形限制图根导线无法附合时，可布设支导线。支导线不多于 3 条边，长度不超过 450m，最大边长不超过 160m。边长可单向观测一测回。

3. 测站点加密

当局部地区图根点密度不足时，可在等级控制点或一次附合图根点上，采用全站仪辐射点法加密。

辐射点法就是在某一通视良好等级控制点安置全站仪，用极坐标测量方法，按全圆方向观测方式直接测定周围选定的图根点坐标，测站点相对于邻近图根点，点位的中误差不应大于 $0.1\times M\times 10^{-3}$ m（M 为比例尺分母），高程中误差不应大于测图基本等高距的

1/6。

4. 内业计算

采用南方平差易进行计算，也可采用手算的方法进行。起算数据由指导教师给定。

8.2.2.2 碎部点数据采集

碎部点数据采集可采用全站仪进行，也可以采用 GNSS－RTK 进行。GNSS－RTK 数据采集操作见“项目 2 野外数据采集”的“任务 2.3GNSS－RTK 数据采集”，全站仪数据采集方法如下。

1. 碎部点数据采集的准备工作

数字测图开始前，应做好下列准备工作：

（1）已知控制点的录入。全站仪在测图前最好在室内就将控制点成果录入到全站仪内存中，从而提高工作效率。

（2）仪器参数设置及内存文件整理。仪器在使用前要对仪器中影响测量成果的内部参数进行检查、设置，包括温度、气压、棱镜常数、测距模式等；检查仪器内存中的文件，如果内存不足可删掉已传输完毕的无用文件。

2. 碎部点数据采集工作步骤

（1）安置仪器。在测站上进行对中、整平后，量取仪器高，仪器高量至毫米。打开电源开关 POWER 键，转动望远镜，使全站仪进入观测状态，再按 NEMU 菜单键，进入主菜单。

（2）输入数据采集文件名。在数据采集菜单下，输入数据采集文件名。文件名可直接输入，比如以工程名称命名或以日期命名等；也可以从全站仪内存调用。若需调用坐标数据文件中的坐标作为测站点或后视点用，则预先应由数据采集菜单选择一个坐标数据文件。

（3）输入测站数据。测站数据的设定有两种方法：一是调用内存中的坐标数据（作业前输入或调用测量数据）；二是直接由键盘输入坐标数据。

（4）输入后视点数据。后视定向数据一般有三种方法：一是调用内存中的坐标数据；二是直接输入控制点坐标；三是直接键入定向边的方位角。

（5）定向。当测站点和后视点设置完后按测量键，再照准后视点，选择一种测量方式如坐标，这时定向方位角设置完毕。

（6）碎部点测量。在数据采集菜单下，开始碎部点采集。输入点号后，再输入编码和棱镜高（棱镜高量至毫米）。按测量键，照准目标，再按坐标键，开始测量，数据被存储。进入下一点，点号自动增加，如果不输入编码采用无码作业或镜高不变，可选同前键。

3. 仪器设置及定向检查

（1）仪器对中误差不大于 5mm。

（2）以较远一测站点（或其它控制点）标定方向（起始方向），另一测站点（或其它控制点）作为检核，算得检核点平面位置误差不大于 $0.2 \times M \times 10^{-3}$ m。M 为比例尺分母。

（3）检查另一测站点（或其它控制点）的高程，其较差不应大于 1/6 等高距。

（4）每站数据采集结束时应重新检测标定方向，检测结果如超出（2）、（3）两项所规定的限差，其检测前所测的碎部点成果须重新计算，并应检测不少于两个碎部点。

4. 地形测绘基本要求

（1）地形点密度。地形点间距应按表 8.5 的规定执行。地性线和断裂线应按其地形变化增大采点密度。

高程注记点分布应符合下列规定：

1）地形图上高程注记点应分布均匀。

2）山顶、鞍部、山脊、山脚、谷底、谷口、沟底、沟口、凹地、台地、河川湖池岸旁、水崖线上以及其它地面倾斜变换处，均应测高程注记点。

3）城市建筑区高程注记点应测设在街道中心线、街道交叉中心、建筑屋墙基脚和相应的地面、管道检查井井口、桥面、广场、较大的庭院内或空地上以及地面倾斜变换处。

4）基本等高距为 0.5m 时，高程注记点应注至厘米；基本等高距大于 0.5m 时可注至分米。

表 8.5　　**地 形 点 间 距**　　单位：m

比例尺	1∶500	1∶1000	1∶2000
地形点平均间距	25	50	100

（2）碎部点测距长度。碎部点测距最大长度一般应按表 8.6 的规定执行。如遇特殊情况，在保证碎部点精度的前提下，碎部点测距长度可适当加长。

表 8.6　　**碎 部 点 测 距 长 度**　　单位：m

比例尺	1∶500	1∶1000	1∶2000
最大测距长度	200	350	500

5. 地形图测绘内容及取舍

地形图应表示测量控制点、居民地和垣栅、工矿建（构）筑物及其它设施、交通及附属设施、管线及附属设施、水系及附属设施、境界、地貌和土质、植被等各项地物地貌要素以及地理名称注记等。

地物、地貌各要素的表示方法和取舍原则，除应按现行国家标准《国家基本比例尺地形图第一部分：1∶500　1∶1000　1∶2000 地形图图式》（GB/T 20257.1—2007）执行外，还应符合下列规定：

（1）控制点的测绘。各级测量控制点是测绘地形图的主要依据，在图上按图示规定符号精确表示。

（2）居民地和垣栅的测绘。居民地的各类建筑物、构筑物及主要附属设施应准确测绘实地外围轮廓和如实反映建筑结构特征。房屋以墙基外角为准正确测绘出轮廓线，并注记建筑材料和性质分类，注记楼房层数。1∶500、1∶1000 测图房屋应逐个表示，临时性建筑物可舍去。建筑物、构筑物轮廓凸凹在图上小于 0.4mm 时可用直线连接。

依比例尺表示垣栅，准确测出基部轮廓并配置相应的符号，围墙、栏杆、栅栏等可根据其永久性、规整性、重要性等综合考虑取舍。不以比例尺的垣栅测绘出定位点、线并配置相应的符号。

(3) 工矿建（构）筑物及其它设施的测绘。工矿建（构）筑物及其它设施包括矿山工业、农业、文教、卫生、体育设施和公共设施等，地形图上应正确表示其位置、形状和性质特征。以比例尺表示的应准确测出轮廓，配置相应的符号并加注文字说明；不以比例尺表示的设施应准确测定定位点、定位线的位置，用不依比例符号表示，并加注文字说明。

凡具有判定方位、确定位置、指示目标的设施应测注高程点，烟囱、打谷场、水文站、岗亭、纪念碑、钟楼、寺庙、地下建筑物的出入口等。

(4) 交通及附属设施的测绘。图上应准确反映陆地道路的类别和等级，附属设施的结构和关系；正确处理道路的相关关系及与其它要素的关系。

公路与其它双线道路在图上均应按实宽依比例尺表示公路应在图上每隔15～20cm注出公路等级代码。车站及附属建筑物、隧道、桥涵、路堑、路堤、里程碑等均需表示。在道路稠密地区，次要的人行道可适当取舍。铁路轨顶（曲线要取内轨顶）、公路中心及交叉处、桥面等应测取高程注记点，隧道、涵洞应测注底面高程。

公路、街道按其铺面材料分为水泥、沥青、砾石、碎石和土路等，应分别以砼、沥、砾、渣、土等注记于图中路面上。

路堤、路堑应按实地宽度绘出边界，并应在其坡顶、坡脚适当测记高程。

道路通过居民地不宜中断，按真实位置绘出。

城区道路以路沿线测出街道边沿线，无路沿线的按自然形成的边线表示。街道中的安全岛、绿化带及街心花园应绘出。

道路、街道的中心处、交叉处、转折处图上每隔10～15cm及路面坡度变化处应测注高程点。

(5) 管线及附属设施的测绘。正确测绘管线的实地定位点和走向特征，正确表示管线类别。

永久性电力线、通信线均应准确表示，电杆、电线架、铁塔位置均应实测。多种线路在同一杆线上，只表示主要的。电力线应区分高压线（输电线）和低压线（配电线）。城市建筑区内电力线、通信线可不连线，但应在杆架处绘出连线方向。

地面和架空的管线均应表示，分别用相应符号表示，并注记其类别。地下管线根据用途需要决定表示与否，检修井宜测绘表示。管道附属设施均应实测位置。

(6) 水系及附属设施的测绘。江、河、湖、海、水库、运河、池塘、沟渠、泉、井及附属设施等均应测绘，有名称的加注名称。海岸线以平均大潮高潮所形成实际痕迹线为准，河流、湖泊、池塘、水库、塘等水涯线一般按测图时的水位为准，当水涯线在图上投影距离小于1mm时以陡崖线符号表示。河流在图上宽度小于0.5mm的、沟渠宽度小于1mm的用单线表示。表示固定水流方向及潮流向。水深和等深线按用图需要表示。水渠应测注渠顶边和渠底高程；池塘应测注塘顶边及塘底高程；时令河应测注河床高程；堤、坝应测注顶部及坡脚高程。河流交叉处、泉、井等要测注高程，瀑布、跌水测注比高。

(7) 境界的测绘。正确表示境界的类别、等级、准确位置以及与其它要素的关系。县级以上行政区划界应表示，乡、镇和乡级以上国营农林牧场以及自然保护区界线按用图需要表示。两级以上境界重合时，只绘高级境界符号，但需同时注出各级名称。

(8) 地貌和土质的测绘。自然形态的地貌宜用等高线表示，崩塌残蚀地貌、坡、坎和其它特殊地貌应用相应符号或用等高线配合符号表示。各种天然形成和人工修筑的坡、坎，其坡度在 70°以上时表示为陡坎，在 70°以下表示为斜坡。斜坡在图上投影宽度小于 2mm 时宜表示为陡坎并测注比高，当比高小于 1/2 等高距时，可不表示。梯田坎坡顶及坡脚在图上投影大于 2mm 以上实测坡脚，小于 2mm 时，测注比高，当比高小于 1/2 等高距时，可不表示。梯田坎较密若两坎间距在图上小于 10mm 时可适当取舍。断崖应延其边沿以相应的符号测绘于图上。冲沟和雨裂视其宽度按图式在图上分别以单线、双线或陡壁冲沟符号绘出。居民地可不绘等高线，但高程注记点应能显示坡度变化特征。

各种土质按图式规定的相应符号表示。应注意区分沼泽地、沙地、岩石地、露岩地、龟裂地、盐碱地。

（9）植被的测绘。地形图上应正确反映出植被的类别特征和分布范围。对耕地、园地应实测范围，配置相应的符号。在同一地段内生长多种植物时，图上配置符号（包括土质）不超过三种。耕地需区分稻田、旱地、菜地及水生经济作物地。以树种和作物名称区分园地类别并配置相应的符号，有方位和纪念意义的独立树要表示。田埂宽度在图上大于 1mm 以上用双线表示，小于 1mm 用单线表示。田角、田埂、耕地、园地、林地、草地均需测注高程。

（10）独立地物。独立地物是判定方位、指示目标、确定位置的重要依据，必须准确测定位置。凡地物轮廓图上大于符号尺寸的，均以比例符号表示，加绘符号；小于符号尺寸的用非比例符号表示，并测注高程，有的独立地物应加注其性质。

（11）注记。地形图上对各种名称、说明注记和数字注记准确注出。图上所有居民地、道路、城市、工矿企业、山岭、河流、湖泊、交通等地理名称均应进行调查核实，正确注记。注记使用的字体、字级、字向、字序形式按《1：500　1：1000　1：2000 地形图图式》（GB/T 20257.1—2007）执行。

8.2.3　数据处理（地形图绘制）

8.2.3.1　数据传输

数据通讯的作用是完成电子手簿或带内存的全站仪、GNSS - RTK 操作手簿与计算机两者之间的数据相互传输。

对于全站仪数据传输，首先在全站仪上进行数据通讯的操作，通过传输线缆连接计算机，然后通过执行 CASS 2008 系统的数据处理菜单下“读入全站仪数据”或“电子手簿”命令，按照软件的提示完成。

对于 GNSS - RTK 数据传输，首先在操作手簿上进行数据转换，然后通过传输线缆连接计算机，操作 ActiveSync4 软件，将手簿中的数据复制到计算机上。

8.2.3.2　绘制地形图

草图法作业采用测点点号定位成图法绘图。

（1）定显示区。

（2）选择测点点号定位成图法。

（3）绘制平面图。

（4）地形图的注记与编辑。

（5）绘制等高线。

（6）地形图的分幅与整饰。

8.2.3.3 数字地形图的编辑原则

1. 居民地

街区与道路的衔接处，应留0.2mm间隔；建筑在陡坎和斜坡上建筑物，按实际位置绘出，陡坎无法准确绘出时，可移位表示，并留0.2mm间隔。

2. 点状地物

两个点状地物相距很近，同时绘出有困难时，可将高大突出的准确表示，另一个移位表示，但应保持相互的位置关系；点状地物与房屋、道路、水系等其它地物重合时，可中断其它地物符号，间隔0.2mm，以保持独立符号的完整性。

3. 交通

双线道路与房屋、围墙等高出地面的建筑物边线重合时，可用建筑物边线代替道路边线。道路边线与建筑物的接头处，应间隔0.2mm；公路路堤（路堑）应分别绘出路边线与堤（堑）线，两者重合时，可将其中之一移动0.2mm绘出。

4. 管线

城市建筑区内电力线、通讯线可不连线，但应绘出连线方向；同一杆架上架有多种线路时，表示其中主要的线路，但各种线路走向应连贯，线类应分明。

5. 水系

河流遇桥梁、水坝、水闸等应断开；水涯线与陡坎重合时，可用陡坎边线代替水涯线；水涯线与斜坡脚重合时，仍应在坡脚将水涯线绘出。

6. 境界

境界以线状地物为界时，应离线状地物0.2mm按图示绘出；如以线状地物中心为界，不能在线状地物符号中心绘出时，可沿两侧每隔3～5cm交错绘出3～4节符号。但在境界相交或明显拐弯及图廓处，境界符号不应省略，以明确走向和位置。

7. 等高线

等高线遇到房屋及其它建筑物、双线道路、路堤、路堑、坑穴、陡坎、斜坡、湖泊、双线河、双线渠以及注记等均应断开；等高线的坡向不能判别时，应加绘示坡线。

8. 植被

同一地类范围内的植被，其符号可均匀配置；大面积分布的植被在能表达清楚的情况下，可采用注记说明；地类界与地面上有实物的线状符号重合时，可省略不绘；与地面上无实物的线状符号重合时，地类界移位0.2mm绘出。

9. 注记

文字注记要使所表达的地物能明确判读，字头朝北，道路河流名称可随线状弯曲的方向排列，名字底边平行于南、北图廓线；注记文字之间最小间距为0.5mm，最大间距不宜超过字大的8倍，注记时应避免遮盖主要地物和地形特征部分；高程注记一般注于点的右方，离点间隔0.5mm；等高线注记字头应指向山顶或高地，但字头不宜指向图纸的下方，地貌复杂的地方，应注意合理配置，以保持地貌的完整；图廓整饰注记按《国家基本比例尺地形图第一部分：1∶500 1∶1000 1∶2000地形图图式》（GB/T 20257.1—2007）执行。

8.2.4 地形图的检查与验收

地形图的检查包括自检、互检和专人检查。在全面检查认为符合要求之后，即可予以验收，并按质量评定等级。数字地形图检查内容及方法如下。

8.2.4.1 数学基础检查

将图廓点、公里网交点、控制点的坐标按检索条件在屏幕上显示，并与理论值和控制点已知坐标值核对。

8.2.4.2 平面和高程精度的检查

1. 选取检测点的一般规定

数字地形图平面检测点应是均匀分布，随机选取的明显地物点。平面和高程检测点数量视地物复杂程度等具体情况确定，每幅图一般选取 20～50 个点。

2. 检测方法

检测点的平面坐标和高程采用外业散点法按测站点精度施测。用钢尺或测距仪（全站仪）量测地物点间距，量测边数每幅图一般不少于 20 处。检测中如发现被检测的地物点和高程点具有粗差时，应视情况重测。当一幅图检测结果算得的中误差超过“数字测图成果质量要求”当中位置基准的平面精度和高程精度的规定，应分析误差分布的情况，再对邻近图幅进行抽查。中误差超限的图幅应重测。

8.2.4.3 接边精度的检查

通过量取两相邻图幅接边处要素端点的距离是否等于 0 来检查接边精度，未连接的要素记录其偏离值；检查接边要素几何上自然连接情况，避免生硬；检查面域属性、线划属性的一致性，记录属性不一致的要素实体个数。

8.2.4.4 属性精度的检查

（1）检查各个层的名称是否正确，是否有漏层。

（2）逐层检查各属性表中的属性项是否正确，有无遗漏。

（3）按地理实体的分类、分级等语义属性检索，在屏幕上将检测要素逐一显示，并与要素分类代码核对来检查属性的错漏，用抽样点检查属性值、代码、注记的正确性。

（4）检查公共边的属性值是否正确。

8.2.4.5 逻辑一致性检查

（1）用相应软件检查各层是否建立拓扑关系及拓扑关系的正确性。

（2）检查各层是否有重复的要素。

（3）检查有向符号、有向线状要素的方向是否正确。

（4）检查多边形闭合情况、标识码是否正确。

（5）检查线状要素的结点匹配情况。

（6）检查各要素的关系表示是否正确，有无地理适应性矛盾，是否能正确反映各要素的分布特点和密度特征。

（7）检查水系、道路等要素是否连续。

8.2.4.6 整饰质量检查

（1）检查各要素是否正确，尺寸是否符合图式规定。

（2）检查图形线划是否连续光滑、清晰，粗细是否符合规定。

(3) 检查要素关系是否合理，是否有重叠、压盖现象。

(4) 检查高程注记点密度是否满足每 $100cm^2$ 内 8～20 个的要求。

(5) 检查各名称注记是否正确，位置是否合理，指向是否明确，字体、字大、字向是否符合规定。

(6) 检查注记是否压盖重要地物或点状符号。

(7) 检查图面配置、图廓内外整饰是否符合规定。

8.2.4.7 附件质量检查

(1) 检查所上交的文档资料填写是否正确、完整。

(2) 逐项检查元数据文件是否正确、完整。

8.2.5 地形图的输出

地形图可以输出在电脑屏幕上，供指导教师检查；也可以通过绘图仪打印输出，作为上交成果之一。

8.2.6 实训报告（技术总结）

8.2.6.1 实训基本情况

(1) 封面：实训名称、班级、姓名、学号、指导教师。

(2) 目录：写清楚本实训报告的主要内容及对应页码。

(3) 前言：实训的目的、任务、要求及实训的基本情况。

8.2.6.2 作业依据、设备和软件

(1) 作业技术依据及其执行情况，执行过程中技术性更改情况等。

(2) 使用的仪器设备与工具的型号、规格与特性，使用的软件基本情况介绍等。

(3) 作业人员组成。

8.2.6.3 坐标、高程系统

采用的坐标系统、高程系统，地形图的等高距等。

8.2.6.4 图根控制测量

(1) 图根控制网的等级、网形、密度、埋石情况、观测方法、技术参数，记录方法，控制测量成果等。

(2) 内业计算软件的使用情况，平差计算方法及各项限差等。

(3) 实训过程中出现的主要技术问题和处理方法，特殊情况的处理及其达到的效果，新技术、新方法、新设备等应用情况，经验教训、遗留问题、改进意见和建议等。

8.2.6.5 地形图测绘

(1) 测图方法，外业采集数据的内容、密度、记录的特征，数据处理、图形处理所用软件和成果输出的情况等。

(2) 测图精度的统计、分析和评价，检查验收情况，存在的主要问题及处理方法等。

8.2.6.6 实训体会

实训中遇到的问题及解决的方法，对本次实训的意义和建议，实训收获等。

8.2.6.7 提交成果

(1) 技术设计书。

(2) 测图控制点展点图，埋石点点之记等。

(3) 控制测量平差报告、平差成果表。

(4) 地形图元数据文件，地形图全图和分幅图数据文件等。

(5) 输出的地形图。

(6) 实训报告。

(7) 其它需要提交的成果。

参 考 文 献

[1] 张博．数字化测图［M］．北京：测绘出版社，2010.

[2] 张博．数字化测图［M］．武汉：武汉大学出版社，2012.

[3] 潘正风．数字测图原理与方法［M］．武汉：武汉大学出版社，2004.

[4] 杨晓明．数字测图［M］．北京：测绘出版社，2009.

[5] 国家测绘局．全球定位系统实时动态（RTK）测量技术规范（CH/T 2009—2010）［S］．北京：测绘出版社，2009.

[6] 国家测绘局．测绘技术总结编写规定（CH/T 1001—2005）［S］．北京：测绘出版社，2005.

[7] 中国国家标准化管理委员会．1：500　1：1000　1：2000 地形图图式（GB/T 20257.1—2007）［S］．北京：中国标准出版社，2007.

[8] 中国国家标准化管理委员会．1：500　1：1000　1：2000 外业数字测图技术规程（GB/T 14912—2005）［S］．北京：中国标准出版社，2005.

[9] 中国国家标准化管理委员会．数字测绘成果质量检查与验收（GB/T 18316—2008）［S］．北京：中国标准出版社，2008.

[10] 中国国家标准化管理委员会．数字测图成果质量要求（GB/T 17941—2008）［S］．北京：中国标准出版社，2008.

[11] 国家测绘局．测绘技术设计规定（CH/T 1004—2005）［S］．北京：测绘出版社，2005.